工业和信息化普通高等教育"十三五"规划教材立项项目

网页设计与制作

（第2版）

❋ 21世纪高等教育数字艺术类规划教材 ——

王君学 牟建波 主编

人民邮电出版社

北　京

图书在版编目（CIP）数据

网页设计与制作 / 王君学，牟建波主编. -- 2版
. -- 北京 ：人民邮电出版社，2016.8（2024.1重印）
21世纪高等教育数字艺术类规划教材
ISBN 978-7-115-42685-7

Ⅰ. ①网… Ⅱ. ①王… ②牟… Ⅲ. ①网页制作工具
－高等学校－教材 Ⅳ. ①TP393.092

中国版本图书馆CIP数据核字(2016)第144435号

内 容 提 要

本书共 16 章，详细介绍了网页制作的基础知识和使用 Dreamweaver CS6 进行网页设计的方法和技巧，内容包括网站建设基础，Dreamweaver 站点的创建和管理，在网页中使用文本、图像、媒体和超级链接，运用表格、框架、CSS+Div、AP Div 和 Spry 等技术对页面进行布局，使用库和模板批量制作网页，使用行为完善网页功能，使用表单和数据对象开发 ASP 应用程序等。

本书采用"案例驱动+理论讲解"的方式进行编排，内容全面、重点突出、实例丰富、步骤清晰，并力争把理论知识融入实践操作中，尽量使学生学起来简单，教师教起来容易。

本书适合作为高等院校"网页设计与制作"课程的教材，也可以作为网页设计爱好者的入门读物。

♦ 主　编　王君学　牟建波
　　责任编辑　武恩玉
　　责任印制　杨林杰

♦ 人民邮电出版社出版发行　　北京市丰台区成寿寺路 11 号
　邮编 100164　电子邮件 315@ptpress.com.cn
　网址 http://www.ptpress.com.cn
　北京天宇星印刷厂印刷

♦ 开本：787×1092　1/16
　印张：21.25　　　　　　2016 年 8 月第 2 版
　字数：554 千字　　　　 2024 年 1 月北京第 8 次印刷

定价：52.00 元

读者服务热线：(010)81055256　印装质量热线：(010)81055316
反盗版热线：(010)81055315

第 2 版前言

Dreamweaver 是一款优秀的所见即所得式的网页制作软件。它不仅集网页制作、网站管理、程序开发于一身，可以帮助用户在同一个软件中完成网站建设的所有相关工作；而且它易学、易用，已经成为非常流行的网页制作软件之一。目前，我国很多高等院校的计算机相关专业，都将网页制作作为一门重要的专业课程。为了帮助高等院校的教师比较全面、系统地讲授这门课程，使学生能够熟练地使用 Dreamweaver CS6 进行网页设计，我们策划编写了本书。

本书为网站建设和网页制作快速入门提供了一个理论和实践平台，无论从基础知识安排还是实践能力的训练，都充分考虑了学生的实际需求。本书最大的特点是采用"案例驱动+理论讲解"的编写方式，每节基本都以教学案例切入，让学生通过教学案例对该节的基本内容有个感性认识，然后再按知识门类讲解相应的知识，让学生具备专业知识与实践技能，达到理论联系实际的目的和效果。同时，在案例素材的选择上，注重内容的知识性、多样性、典型性和趣味性，让学生既能学到知识，又能受到教育，达到课堂立德树人的目的和效果。

本书共 16 章，建议教学课时为 96 课时，各章的参考课时见以下的课时分配表。教师可根据实际需要进行调整。

章	课 程 内 容	课 时 分 配	
		讲授	实践训练
第 1 章	网站建设基础	2	2
第 2 章	Dreamweaver 基础	2	2
第 3 章	设置页面和文本	2	4
第 4 章	使用图像和媒体	2	4
第 5 章	创建超级链接	2	2
第 6 章	使用表格	2	6
第 7 章	使用 CSS 样式	2	6
第 8 章	使用 CSS+Div 布局	4	6
第 9 章	使用 AP Div 和 Spry	2	4
第 10 章	使用框架	2	2
第 11 章	使用行为	2	2
第 12 章	使用库和模板	2	4
第 13 章	使用表单	2	4
第 14 章	开发 ASP 应用程序基础	2	4
第 15 章	制作 ASP 应用程序	4	6
第 16 章	网站制作综合实训	2	2
课 时 总 计		36	60

素材内容及用法

本书为授课教师免费提供素材，内容包括"案例素材""案例结果""课后习题""PPT 课件"等。

一、案例素材和案例结果

本书提供 37 个案例，案例在内容上具有知识性，在类型上具有多样性，同时注重典型性和趣味性，不仅能激发学生的学习兴趣，还能提高学生的实际应用能力。

二、课后习题

本书提供 16 套课后习题及参考答案，课后习题分问答题和操作题两种类型。学生可通过练习，强化巩固每章所学知识，从而能够温故而知新。

三、PPT 课件

本书提供 16 套 PPT 课件，每个 PPT 课件都是对教材相应章节内容的高度概括，是每章内容的精华，不仅便于老师顺利开展教学工作，还能帮助学生深入、综合、系统地掌握知识。

读者可根据需要登录人邮教育社区网站（http://www.ryjiaoyu.com）本书页面自行下载。

上述素材资源

电子邮件：ryjiaoyu@ptpress.com.cn

联系电话：010-81055242

本书由王君学、牟建波主编，参加本书编写工作的还有沈精虎、黄业清、宋一兵、谭雪松、冯辉、计晓明、董彩霞、管振起、田晓芳等。由于作者水平有限，书中难免存在疏漏之处，敬请各位老师和同学指正。

编　者

2016 年 7 月

目 录

1

第1章
网站建设基础

互联网是现代社会信息传播的重要途径。在上网成为时尚的今天，了解网站建设和网页制作的基本方法，无疑具有重要的现实意义。本章将介绍与网站建设相关的一些基本知识，为后续内容的学习奠定基础。

【学习目标】
- 了解网站建设的基本概念。
- 了解网站设计的基础知识。
- 了解网页制作的基本技术。
- 了解网页制作的常用工具。
- 了解网站设计的基本流程。

1.1　互联网基础

下面简要介绍与网站建设有关的基本概念。

1.1.1　因特网

因特网，英文名为 Internet，是目前全球最大的一个电子计算机互联网络，它的前身是美国国防部高级研究计划局（ARPA）主持研制的 ARPAnet。因特网分为 3 个层次：底层网、中间层网和主干网。其中，底层网为大学校园网或企业网；中间层网为地区网络和商用网络；最高层为主干网，一般由国家或大型公司投资组建，目前美国高级网络服务（Advanced Network Services，ANS）公司所建设的 ANSNET 为因特网的主干网。因特网提供的服务主要有万维网 WWW、文件传输 FTP 和电子邮件 E-mail 等。

1.1.2　万维网

万维网，英文名为 World Wide Web，通常缩写为 WWW，也可简称为 Web、3W，是因特网的一种信息服务。从技术角度上说，万维网是因特网上那些支持 WWW 协议和超文本传输协议 HTTP 的客户机与服务器的集合，透过它可以存取世界各地的超媒体文件。万维网的内核部分是由 3 个标准构成的：超文本传输协议 HTTP、统一资源定位器 URL 和超文本标记语言 HTML。

1.1.3 HTTP

超文本传输协议，英文名为 HyperText Transfer Protocol，通常缩写为 HTTP，它负责规定浏览器和服务器之间如何互相交流，这就是浏览器中的网页地址很多是以 "http://" 开头的原因，有时也会看到以 "https" 开头的。安全超文本传输协议（Secure Hypertext Transfer Protocol，HTTPS）是一个安全通信通道，基于 HTTP 开发，用于在客户计算机和服务器之间交换信息，可以说它是 HTTP 的安全版。

1.1.4 IP 地址

在因特网上有千百万台主机，为了区分这些主机，人们给每台主机都分配了一个专门的地址，称为 IP 地址。通过 IP 地址就可以访问到每一台主机。IP 地址由 4 部分数字组成，每部分都不大于 256，各部分之间用小数点分开，如 "10.0.0.1"。IP 地址有固定 IP 地址和动态 IP 地址之分。固定 IP 地址是长期固定分配给一台计算机使用的 IP 地址，一般情况下，特殊的服务器才拥有固定 IP 地址。通过 Modem、ISDN、ADSL、有线宽频、小区宽频等方式上网的计算机不具备固定 IP 地址，而是由因特网服务提供商动态分配暂时的一个 IP 地址。普通用户一般不需要去了解动态 IP 地址，这些都是计算机系统自动完成的。

1.1.5 域名

要记住那么多的 IP 地址数字串是非常困难的，为此，因特网提供了域名（Domain Name）。企业可以根据公司名、行业特征等制订合适、易记的域名，这就大大方便了人们的访问。对于普通用户而言，他们只需要记住域名就可以浏览到网页。域名的格式通常是由若干个英文字母或数字组成，然后由 "." 分隔成几部分，如 "163.com"。近年来，一些国家也纷纷开发使用本民族语言构成的域名，我国也开始使用中文域名。按照 Internet 的组织模式，通常对域名进行分级，一级域名主要有以下几种：.com（商业组织）、.net（网络中心）、.edu（教育机构）、.gov（政府部门）、.mil（军事机构）、.org（国际组织）等。大部分国家和地区都拥有自己独立的域名，如.cn（中国）、.us（美国）、.uk（英国）等。

1.1.6 URL

统一资源定位器（Uniform Resource Locator，URL），是一个世界通用的负责给万维网中诸如网页这样的资源定位的系统。简单地说，URL 就是 Web 地址，俗称网址。当使用浏览器访问网站的时候，需要在浏览器的地址栏中输入网站的网址。URL 通常由 3 部分组成：协议类型，主机名和路径及文件名。最常用的协议是 HTTP 协议，它也是目前万维网中应用最广的协议。主机名是指服务器在网络中的域名或 IP 地址。路径是由 "/" 符号隔开的字符串，一般用来表示主机上的一个目录或文件地址。

1.1.7 FTP

FTP（File Transfer Protocol，即文本传输协议），是 Internet 上使用非常广泛的一种通信协议。FTP 是由支持 Internet 文件传输的各种规则所组成的集合，这些规则使 Internet 用户可以把文件从一个主机传送到另一个主机上。FTP 通常也表示用户执行这个协议所使用的应用程序，如 CutFTP 等。用户使用的方法很简单，启动 FTP 软件先与远程主机建立连接，然后向远程发出指令即可。

1.2　网页制作技术

下面介绍与网页制作有关的一些基础知识。

1.2.1　HTML

HTML 是 HyperText Markup Language 的缩写，中文名为超文本标记语言，是用来描述网页的一种标记语言。HTML 标记标签通常被称为 HTML 标签，HTML 标签是由尖括号包围的关键词，通常是成对出现的，如<html>和</html>。包含 HTML 标签和纯文本的文档称为 HTML 文档，可以使用记事本、写字板、Dreamweaver 等编辑工具来编写，其扩展名是 ".htm" 或 ".html"。HTML 文档通常使用 Web 浏览器来读取，并以网页的形式显示出来。浏览器不会显示 HTML 标签，而是使用 HTML 标签来解释页面的内容。

1. HTML 文档的基本结构

HTML 文档的基本结构如下所示。

```
<html>
<head>
<title>人生哲理名言</title>
</head>
<body>
<p>1、钟表，可以回到起点，却已不是昨天。</p>
<p>2、使人成熟的是经历，而不是岁月。</p>
<p>3、低头要有勇气，抬头要有底气。</p>
</body>
</html>
```

在浏览器中的浏览效果如图 1-1 所示。

HTML 代码中包含 3 对最基本的 HTML 标签。

- <html>…</html>

<html>标记符号出现在每个 HTML 文档的开头，</html>标记符号出现在每个 HTML 文档的结尾。通过对这一对标记符号的读取，浏览器可以判断目前正在打开的是网页文件而不是其他类型的文件。

- <head>…</head>

<head>…</head>构成 HTML 文档的开头部分，在<head>和</head>之间可以使用<title>…</title>、<script>…</script>等标记，这些标记都是用于描述 HTML 文档相关信息的，不会在浏览器中显示出来。其中<title>…</title>标记是最常用的，在<title>和</title>标记之间的文本将显示在浏览器的标题栏中。

- <body>…</body>

<body>…</body>是 HTML 文档的主体部分，在此标记之间可以包含<p>…</p>、
、<hr>、<img>、<table>…</table>、<div>…</div>等大部分 HTML 标记，它们所定义的文本、水平线、图像等将会在浏览器中显示出来。

2. HTML 标题

每篇文档都要有自己的标题，每篇文档的正文都要划分段落。为了突出正文标题的地位和它们之间的层次关系，HTML 设置了 6 级标题。HTML 标题是通过<h1> - <h6>等标签进行定义的。其中，数字越小，字号越大；数字越大，字号越小。格式如下。

```
<h1>标题文字</h1>
<h2>标题文字</h2>
...
<h6>标题文字</h6>
```

3．HTML 段落

HTML 语言使用<p>…</p>标签给网页正文分段，它将使标记后面的内容在浏览器窗口中另起一段。用户可以通过该标记中的 align 属性对段落的对齐方式进行控制。align 属性的值通常有 left、right、center 3 种，可分别使段落内的文本居左、居右、居中对齐。例如：

```
<p>如果你的成功定义是超越别人，那么注定会失败，因为世上总有比你强的人。<br>如果成功的定义是超越自己，那么真的只要努力就会成功。</p>
```

```
<p>世界上的事情，最忌讳的就是十全十美，你看那天上的月亮，一旦圆满了，马上就要亏欠；<br>树上的果子，一旦熟透了，马上就要坠落。<br>凡事总要稍留欠缺，才能持恒。</p>
```

在浏览器中的浏览效果如图 1-2 所示。使用段落标记<p>…</p>与使用换行标记
是不同的，
标记只能起到另起一行的作用，不等于另起一段，换行仍然是发生在段落内的行为。

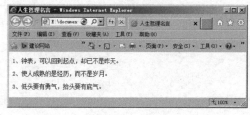

图 1-1　浏览效果

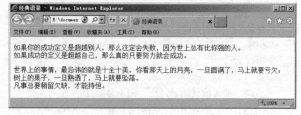

图 1-2　段落和换行

4．HTML 链接

HTML 使用超级链接与网络上的另一个文档相连，在所有的网页中几乎都有超级链接，单击超级链接可以从一个页面跳转到另一个页面。超级链接可以是一个字、一个词或者一组词，也可以是一幅图像或图像的某一部分，可以单击这些内容来跳转到新的文档或者当前文档中的某个部分。

HTML 语言通常使用<a>…</a>标签在文档中创建超级链接，例如：

```
<a href="http://www.163.com" target="_blank">网易</a>
```

其中 href 属性用来创建指向另一个网址的链接，使用 target 属性定义被链接的文档在何处显示，_blank 表示在新窗口中打开文档。

5．HTML 表格

在 HTML 中，表格使用<table>标签来定义，每个表格有若干行，行使用<tr>标签来定义，每行又分为若干单元格，单元格使用<td>标签来定义。如果表格有行标题或列标题，标题单元格使用<th>标签来定义。如果表格有标题，标题使用<caption>标签来定义。表格的宽度使用 width 属性进行定义，表格的边框粗细使用 border 属性进行定义。例如：

```
<table width="200" border="1" cellpadding="0" cellspacing="0">
<caption>学生名单</caption>
<tr>
<th width="50%" height="30">姓名</th>
<th>班级</th>
</tr>
```

```
<tr>
<td width="50%" height="30" align="center">王一翔</td>
<td align="center">二年级 3 班</td>
</tr>
<tr>
<td width="50%" height="30" align="center">王一楠</td>
<td align="center">二年级 2 班</td>
</tr>
</table>
```

在浏览器中的浏览效果如图 1-3 所示。

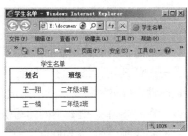

关于 HTML 的内容很多，有兴趣的读者可以查阅更多资料，这里不再详述。目前 HTML 的最新版本是 HTML 5.0，它与 HTML 4.01 有着较大的差异，是下一代的 Web 标准。HTML 5.0 具有全新的、更加语义化的、合理的结构化元素，新的更具表现性的表单控件以及多媒体视频和音频支持，更加强大的交互操作功能，一切都是全新的。

图 1-3   HTML 表格

1.2.2   CSS

CSS 是 Cascading Style Sheets 的缩写，中文名为层叠样式表或级联样式表，其作用主要是用于定义如何显示 HTML 元素。CSS 可以称得上是 Web 设计领域的一个突破，因为它允许一个外部样式表同时控制多个页面的样式和布局，也允许一个页面同时引用多个外部样式表。其优点是，如需进行网站样式全局更新，只要简单地改变样式表，网站中的所有元素就会自动更新。外部样式表文件通常以 ".css" 为扩展名。

1. CSS 的保存方式

CSS 允许使用多种方式保存样式信息，可以保存在单个的 HTML 标签元素中（称为内联样式），也可以保存在 HTML 文档的头部元素<head>标签中（称为内部样式表），还可以保存在一个外部的 CSS 样式表文件中（称为外部样式表），如图 1-4 所示。在同一个 HTML 文档中可同时引用多个外部样式表。如果对 HTML 元素没有进行任何样式设置，浏览器会按照默认设置进行显示。如果同一个 HTML 元素被不止一个样式定义时，会按照内联样式、内部样式表、外部样式表和浏览器默认设置的优先顺序进行显示。

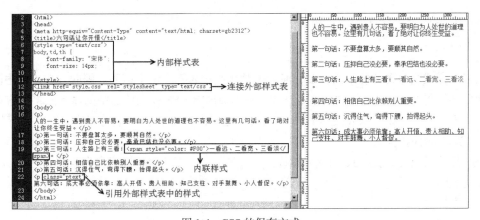

图 1-4   CSS 的保存方式

2．CSS 的语法结构

CSS 格式设置规则由两部分组成：选择器和声明（大多数情况下为包含多个声明的代码块）。选择器是标识已设置格式元素的术语（如 HTML 标签、类名称或 ID），而介于大括号（即{}）之间的所有内容都是声明块，声明块主要用于定义样式属性，可以是一条也可以是多条，每条声明由一个属性和一个值组成。

```
选择器 {声明 1；声明 2；... 声明 N}
```

属性是需要设置的样式属性，属性和值用冒号分开。在 CSS 语法中，所使用的冒号等分隔符号均是英文状态下的符号。例如：

```
h3 {color: red; font-size: 14px;}
```

上面代码的作用是将 h3 元素内的文本颜色定义为红色，字体大小设置为 14 像素。在这个例子中，h3 是选择器，它有两条声明："color: red" 和 "font-size: 14px"，其中 "color" 和 "font-size" 是属性，"red" 和 "14px" 是值。

在 CSS 中，值有不同的写法和单位。在上面的例子中，除了英文单词 "red"，还可以使用十六进制的颜色值 "#ff0000"；为了节约字节，还可以使用 CSS 的缩写形式 "#f00"，例如：

```
p {color: #ff0000;}
p {color: #f00; }
```

也可以通过两种方法使用 RGB 值，例如：

```
p {color: rgb(255,0,0);}
p {color: rgb(100%,0%,0%);}
```

当使用 RGB 百分比时，即使当值为 "0" 时也要写百分比符号。但是在其他情况下，就不需要这么做了。例如，当尺寸为 "0" 像素时，"0" 之后不需要使用单位 "px"。

另外，如果值不是一个单词而是多个单词时，则要使用逗号分隔每个值，并给每个值加引号，例如：

```
p {font-family: "sans", "serif";}
```

上面代码的作用是将 p 元素内的文本字体依次定义为 "sans" 和 "serif"，表示如果计算机中有第 1 种字体则使用第 1 种字体显示该段落内的文本，否则使用第 2 种字体显示该段落内的文本。

如果声明不止一个，则需要用分号将每个声明分开。通常最后一条声明是不需要加分号的，因为分号在英语中是一个分隔符号，不是结束符号。但是，大多数有经验的设计师会在每条声明的末尾都加上分号，其好处是，当从现有的规则中增减声明时，会尽可能减少出错的机会。例如：

```
p {text-align: center; color: red;}
```

为了增强样式定义的可读性，建议在每行只描述一个属性，例如：

```
p {
text-align: center;
color: black;
font-family: arial;
}
```

大多数样式表包含的规则比较多，而大多数规则包含不止一个声明。因此，在声明中注意空格的使用会使得样式表更容易被编辑，包含空格不会影响 CSS 在浏览器中的显示效果。同时，CSS 对大小写不敏感，但是如果涉及与 HTML 文档一起工作，class 和 id 名称对大小写是敏感的。

3．CSS 的样式类型

CSS 样式可以分为类样式、ID 名称样式、标签样式、复合内容样式和内联样式几种形式，下面做简要说明。

（1）类样式

类样式可应用于任何 HTML 元素，它以一个点号来定义，例如：

```
.pstyle {text-align: left}
```

上面代码的作用是将所有拥有 pstyle 类的 HTML 元素显示为居左对齐。在 HTML 文档中引用类 CSS 样式时，通常使用 class 属性，在属性值中不包含点号。在下面的 HTML 代码中，h1 和 p 元素中都有 pstyle 类，表示两者都将遵守 pstyle 选择器中的规则。

```
<h1 class="pstyle">网络流行语</h1>
<p class="pstyle">在海边不要讲笑话，会引起"海笑"的。</p>
```

（2）ID 名称样式

ID 名称样式可以为标有特定 ID 名称的 HTML 元素指定特定的样式，它只能应用于同一个 HTML 文档中的一个 HTML 元素，ID 选择器以"#"来定义，例如：

```
#p1 {color: blue;}
#p2 {color: green;}
```

在下面的 HTML 代码中，ID 名称为 p1 的 p 元素内的文本显示为蓝色，而 ID 名称为 p2 的 p 元素内的文本显示为绿色。

```
<p id="p1">细节决定成败，态度决定一切。</p>
<p id="p2">习惯决定成绩，细节决定命运。</p>
```

（3）标签样式

最常见的 CSS 选择器是标签选择器。换句话说，文档的 HTML 标签就是最基本的选择器，例如：

```
table {color: blue;}
h2 {color: silver;}
p {color: gray;}
```

标签样式匹配 HTML 文档中标签类型的名称，也就是说，标签样式不需要使用特定的方式进行引用。一旦定义了标签样式，在 HTML 文档中凡是含有该标签的地方自动应用该样式。

（4）复合内容样式

复合内容样式主要是指标签组合、标签嵌套等形式的 CSS 样式。标签组合即同时为多个 HTML 标签定义相同的样式，例如：

```
h1,p{font-size: 12px}
```

标签嵌套即在某个 HTML 标签内出现的另一个 HTML 标签，可以包含多个层次。例如，每当标签 h2 出现在表格单元格内时使用的选择器格式是：

```
td h2{font-size: 18px}
```

复合内容选择器有时也会是多种形式的组合，例如：

```
#mytable a:link, #mytable a:visited{color: #000000}
```

上面的样式只会应用于 ID 名称是 mytable 的标签内的超级链接。

（5）内联样式

内联样式设置在单个的 HTML 元素中，通常使用标签<span>进行定义，例如：

```
<p>人在<span style="color: #F00;">江湖</span>，身不由己</p>
```

上面定义的内联样式将使文本"江湖"以红色显示。

上面对 CSS 样式进行了最基本的介绍，其内容还有很多，有兴趣的读者可以查阅相关资料进行研究，这里不再详述。总之，通过使用 CSS 样式设置页面的格式，可将页面的内容与表现形式分离。将内容与表现形式分离，不仅使站点的外观维护更加容易，而且还使 HTML 文档代码更加简练，缩短了浏览器的加载时间，可谓一举两得。

1.2.3 ASP、.NET、PHP 和 JSP

如果仅制作简单的静态网页，通常不会涉及网页编程语言，但是要制作具有交互式功能的动态网页，就要用到网页编程语言了。ASP、.NET、PHP、JSP 是现在制作网站应用最广泛的编程语言，那么一般做网站通常使用哪种语言比较合适呢？下面通过比较进行简要说明。

（1）ASP

动态服务器主页（Active Server Pages，ASP），是 Microsoft 公司在 1996 年底推出的一种运行于服务器端的 Web 应用程序开发技术。ASP 既不是一种语言，也不是一种开发工具，而是一种内含于 IIS 之中的集成 Script 语言（如 VBScript、JavaScript）到 HTML 主页的服务器端的脚本语言环境，其主要功能是为生成动态的、交互的 Web 服务器应用程序提供一种功能强大的方式或技术。可以说，ASP 是一种类似 HTML、Script 与 CGI 的结合体，但是其运行效率却比 CGI 更高，程序编制比 HTML 更方便且更有灵活性，程序安全及保密性也比 Script 好。ASP 文件的扩展名为".asp"，其中包括 HTML 标记、文本和脚本语句，其脚本语句代码包含于"<%...%>"之间。ASP 具有开发快、易上手、效率高的优点，但是存在的安全隐患也是 4 种语言里最大的，平台的局限性也限制了 ASP 的发展。

（2）.NET

.NET 相当于 ASP 的升级版本，提供了一种新的编程模型结构，可以生成伸缩性和稳定性更好的应用程序，并提供更好的安全保护。但是由于是微软的产品，平台有限制，数据库的链接也很复杂。

（3）PHP

PHP 是当下主流网站开发语言之一，PHP 源码是完全公开的，更新及时，使得 PHP 无论在 UNIX 还是在 WINDOWS 平台都可以有更多新功能。它提供丰富的函数，使得在程序设计方面有着更好的资源。平台无关性以及安全是 PHP 最大的优点，虽然也存在一些小的缺点，但是作为应用最为广泛的一种后台语言，PHP 的优点多于缺点。

（4）JSP

JSP 技术平台和服务器互相独立，同 PHP 一样也是开放的源码。JSP 出现至今已经是一门很成熟的程序语言，具有集成的数据源能力、易于维护、能有效防止系统崩溃等优点。无疑，JSP 是 4 种语言里最好、最强大的，但是由于它的强大决定了其使用的技术性，因而不是一般网站网页编程语言的首选。

综上所述，如果是新手正在学习编程语言，建议首先选择简单的 ASP，在此基础上再选择 PHP 进一步深入学习。

1.2.4 VBScript

Script（脚本）是一种介于 HTML、Java 和 C++之类高级编程语言之间的一种特殊语言，它由一组可以在 Web 服务器或客户端浏览器上运行的命令组合而成。尽管 Script 更接近高级语言，但它不具有编程语言复杂、严谨的语法规则。VBScript 是 ASP 的默认脚本语言，它是 VB 家族的最新成员，可以说 VBScript 是 VB 的子集，也可以说 VBScript 是为了符合 Internet 小而精的条件而从 VB 之中萃取出精华功能的程序语言，其语法规则、函数与 VB 很相似，但功能上有所限制。VBScript 可以在客户端使用，也可以在服务器端使用，这是程序本身决定的。但并不是所有的浏览器都支持 VBScript，因此，一般在安装 IIS 的服务器端使用 VBScript。下面来看一段 VBScript

代码。

```
…
<script language="VBScript">
  MsgBox"欢迎访问我们的主页！"
</script>
…
```

其中，<script language="VBScript">与</script>之间就是 VBScript 的脚本代码，language 告诉浏览器脚本代码的语言类型是 VBScript。MsgBox 是 VBScript 语言中显示消息框的函数，其功能是弹出一个具有 确定 按钮的对话框，并显示双引号之间的字符串。

1.2.5　JavaScript

JavaScript 也是 ASP 经常使用的脚本语言。提到 JavaScript 脚本语言，读者有可能会把它与 Java 语言混淆起来，认为它也像 VBScript 与 VB 这对"孪生兄弟"一样，其实 JavaScript 与 Java 是两种完全不同的语言。虽然它们的语法元素都和 C++非常相似，但彼此之间是不同的。JavaScript 是一种解释型的语言，而 Java 是一种编译型的语言。

JavaScript 是一种跨平台、基于对象的脚本语言，由 JavaScript 核心语言、JavaScript 客户端扩展、JavaScript 服务器端扩展 3 部分组成。核心语言部分在客户端、服务器端均可使用，包括 JavaScript 的基本语法（如操作符、语句、函数）以及一些内置对象等。客户端扩展部分是在 JavaScript 核心语言的基础上，扩展了控制浏览器的对象模型 DOM。这样，在客户端编写脚本时，用户就可以方便地对页面中的对象进行控制，完成许多功能。服务器端扩展部分是在 JavaScript 核心语言的基础上，扩展了在服务器端运行需要的对象，这些对象同样可以与 Web 数据库连接，对服务器上的文件进行控制，在应用程序之间交换信息，从而实现与 CGI 同样的功能。下面来看一段 JavaScript 代码。

```
…
<script language="JavaScript">
  alert("您是访问我们主页的第88位浏览者！");
</script>
…
```

其中，<script language="JavaScript">与</script>之间就是 JavaScript 的脚本代码，language 告诉浏览器脚本代码的语言类型是 JavaScript。Alert()是 JavaScript 语言中显示消息框的函数，其功能是弹出一个具有 确定 按钮的对话框，并显示括号中双引号之间的字符串。

1.3　网页制作工具

对于初学网页制作的读者来说，只要掌握 3 个工具软件就可以制作出出色的网页。

1.3.1　Dreamweaver

Dreamweaver 是集网页制作和网站管理于一身的所见即所得的网页编辑器，利用它可以轻而易举地制作出跨越平台限制和跨越浏览器限制的充满动感的网页。它最初的版本由美国 Macromedia 公司开发，在 Adobe 收购 Macromedia 后又发布了几个版本，如 Dreamweaver CS3、Dreamweaver CS4、Dreamweaver CS5、Dreamweaver CS6、Dreamweaver CC、Dreamweaver CC 2014

等。由于具有出色的网页代码编辑和网页架构设计功能，Dreamweaver 成为目前网页制作者使用最多的网站设计工具之一。

1.3.2 Flash

Flash 是一种动画创作与应用程序开发于一身的创作软件，最初的版本也是由美国 Macromedia 公司开发，在 Adobe 收购 Macromedia 后又发布了几个版本，如 Flash CS3、Flash CS4、Flash CS5、Flash CS6、Flash CC、Flash CC 2014 等。Flash 是一个非常优秀的矢量动画制作软件，它以流式控制技术和矢量技术为核心，制作的动画具有短小、精悍的特点，所以被广泛应用于网页动画的设计中，已成为当前网页动画设计最为流行的软件之一。

1.3.3 Photoshop

Adobe 公司出品的 Photoshop 具有强大的图形图像处理功能，自推出之日起就一直深受广大用户的好评。Photoshop 功能强大、操作灵活，为用户提供了更为广阔的使用空间和设计空间，使图像设计工作更加方便、快捷。Photoshop 应用领域也非常广泛，在图像、图形、文字、视频、出版等各方面都有涉及。目前比较常用的 Photoshop 版本有 Photoshop CS5、Photoshop CS6、Photoshop CC、Photoshop CC 2014 等。

1.4 网页布局类型

制作网页需要了解页面布局的基本类型，下面进行简要介绍。

1.4.1 一字型结构

一字型结构是最简单的网页布局类型，即无论是从纵向上看还是从横向上看都只有 1 栏，通常居中显示，它是其他布局类型的基础。

1.4.2 左右型结构

左右型结构将网页分割为左右两栏，左栏小右栏大或者左栏大右栏小，如图 1-5 所示。

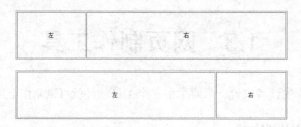

图 1-5　左右结构

1.4.3 川字型结构

川字型结构将网页分割为左、中、右 3 栏，左右两栏小，中栏大，如图 1-6 所示。

图 1-6　左中右结构

1.4.4　二字型结构

二字型结构将网页分割为上、下两栏，上栏小，下栏大，或上栏大，下栏小，如图 1-7 所示。

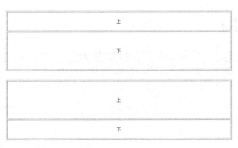

图 1-7　上下结构

1.4.5　三字型结构

三字型结构将网页分割为上、中、下 3 栏，上下栏小，中栏大，如图 1-8 所示。

图 1-8　上中下结构

1.4.6　厂字型结构

厂字型结构将网页分割为上、下两栏，下栏又分为左、右两栏，如图 1-9 所示。

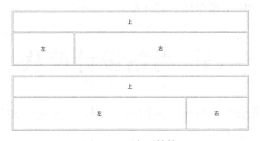

图 1-9　厂字型结构

1.4.7　匡字型结构

匡字型结构将网页分割为上、中、下 3 栏，中栏又分为左、右两栏，如图 1-10 所示。

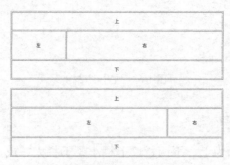

图 1-10   匡字型结构

1.4.8   同字型结构

同字型结构将网页分割为上、下两栏，下栏又分为左、中、右 3 栏，如图 1-11 所示。

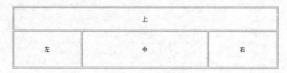

图 1-11   同字型结构

1.4.9   回字型结构

回字型结构将网页分割为上、中、下 3 栏，中栏又分为左、中、右 3 栏，如图 1-12 所示。

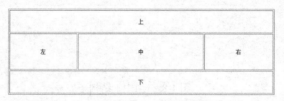

图 1-12   回字型结构

平时浏览网页经常发现许多网页很长，实际上不管网页多长，其结构大多是以上几种结构类型的综合应用，万变不离其宗。另外需要说明的是，上面介绍的只是页面的大致区域结构，在每个小区域内通常还需要继续使用布局技术进行布局。

1.5   网站设计流程

在创建站点之前，首先要对网站进行一个总体规划，具体包括前期策划、网页制作、网站发布、网站推广以及后期维护等工作。

1.5.1   前期策划

无论是大的门户站点还是只有少量页面的个人站点，都需要做好前期策划工作。明确网站主题、网站名称、网站结构、网站风格、网站创意等，是制作一个网站的良好开端。

网站主题。网站主题就是网站所要表达的主要内容。作为一个网页设计者，在动手制作网站之前，首先要考虑的就是网站究竟要做什么，通过这个网站要表达什么。网站主题没有好坏之分，只有设计失败的网站，没有选择失败的主题。尽管网站主题没有好坏之分，但在选择时还是要遵循以下原则：①主题最好是自己感兴趣且擅长的，只有对主题感兴趣，才会下功夫去搜集材料，及时进行更新和维护。②主题要鲜明，要突出个性和特色，在内容的深和精上下功夫。③主题要小而精，要选择自己感兴趣、题材范围较小的内容，在自己力所能及的范围内尽量把它做好，而且在选定的主题范围内要尽可能地搜集相关材料，把最新、最快、最好的内容奉献给用户。

网站名称。网站名称如果起得简单易记又具有丰富的内涵，能够体现出网站的主题和特色，一定会给读者留下深刻的印象。网站的命名应该遵循以下原则：①能够很好地概括网站的主题。②在合情合理的前提下读起来朗朗上口。③简短便于记忆。④富有个性和内涵，能给用户更多的想象力和冲击力。

网站结构。在创建网站之前先画出网站的结构图。结构图也有很多种，如顺序结构、网状结构、继承结构等，应依据网站内容而定。多数复杂的网站会综合应用到几种不同的结构图。画出结构图的目的，主要是便于有逻辑地组织站点和链接，而且将来也可以用这个结构图去分配工作和任务。例如，你可以告诉某个开发人员，让他完成结构图中某个分支的内容；你可以把这个图递交给业务人员，告诉他们哪些页面需要他们进一步提供内容或资料；你可以把结构图给专业美工看，让美工人员考虑以什么样的形式来表现你要表达的内容等。简而言之，这个结构图将为你下一步进行工作分配，人员安排提供依据。

网站风格。网站风格是指站点的整体形象给用户的综合感受。这个"整体形象"包括站点的标志、色彩、版面布局、交互性、内容价值、存在意义以及站点荣誉等诸多因素。网站风格没有一个固定的模式，即使是同一个主题，任何两个人都不可能设计出完全一样的网站，就像一个作文题目不同的人会写出不同的文章一样。

网站创意。俗话说"没有做不到，只有想不到"，作为网页设计师，最棘手的就是没有创意来源，而创意又是一个网站生存的关键。那么如何做好创意呢？这没有固定的答案。不过，如果你用心观察因特网上的大部分创意就可以发现，它们都来自生活。因此，平时多观察周围的事物，多体验生活，多动脑筋，就会有好的创意。

1.5.2 网页制作

在前期策划完成后，接着就进入网页设计与制作阶段。这一时期的工作按其性质可以分为 3 类：页面美工设计、静态页面制作和程序开发。

美工设计首先要对网站风格有一个整体定位，包括标准字、Logo、标准色彩、广告语等，然后再根据此定位分别做出首页、二级栏目页以及内容页的设计稿。首页设计包括版面、色彩、图像、动态效果、图标等风格设计，也包括 Banner、菜单、标题、版块等模块设计。在设计好各个页面的效果后，就需要制作成 HTML 页面。在大多数情况下，网页制作员需要实现的是静态页面。对于一个简单的网站，可能只有静态页面，这时就不需要程序开发了，但对于一个复杂的网站，程序开发是必须的。

1.5.3 网站发布

发布站点前，必须确定网页的存储空间。如果自己有远程服务器，配置好后，直接发布到上面即可。如果自己没有远程服务器，则最好在网上申请一个空间来存放网页，并申请一个域名来指定站点在网上的位置。发布网页可以直接使用 Dreamweaver CS6 的发布站点功能进行上传，也可以使用 FTP 工具软件上传。

1.5.4　网站推广

网站推广活动一般发生在网站发布之后，当然也不排除一些网站在筹备期间就开始宣传的可能。网站推广是网络营销的主要内容，可以说，大部分的网络营销活动都是为了网站推广的需要，如发布新闻、搜索引擎登记、交换链接、网络广告等。

1.5.5　后期维护

站点上传到远程服务器后，首先要检查网站运行是否正常，如果有错误要及时更正。另外，还应对站点中的内容及时进行更新，以便提供最新信息，吸引更多的浏览者。

习　　题

一、问答题

1. 因特网提供的服务主要有哪些？
2. 简要说明 HTML 文档的基本结构。
3. 简要说明 Dreamweaver、Flash 和 Photoshop 在网站制作中所起的主要作用。

二、操作题

根据自己的喜好浏览 3～5 个网站，说明其主页布局特点。

第2章
Dreamweaver 基础

现在互联网上各种类型的网站应有尽有，掌握一门网站建设和网页制作工具，对网页制作爱好者来说是非常必要的。本章将介绍 Dreamweaver CS6 的基础知识，为后续 Dreamweaver CS6 的深入学习打下坚实基础。

【学习目标】
- 了解 Dreamweaver CS6 的工作界面。
- 掌握设置 Dreamweaver CS6 首选参数的方法。
- 掌握在 Dreamweaver CS6 中创建和管理站点的方法。
- 掌握在站点中创建文件夹和文件的方法。
- 掌握在网页中使用常见文件头标签的方法。

2.1　认识工作界面

下面对 Dreamweaver CS6 的工作界面进行简要介绍。

2.1.1　欢迎屏幕

启动 Dreamweaver CS6 后通常会显示欢迎屏幕，如图 2-1 所示。欢迎屏幕主要用于打开最近使用过的文档或创建新文档。用户还可以通过欢迎屏幕了解有关 Dreamweaver 的更多主要功能等信息。如果希望以后启动 Dreamweaver CS6 时不再显示欢迎屏幕，勾选底部的【不再显示】复选框即可。

图 2-1　欢迎屏幕

2.1.2　文档窗口

在欢迎屏幕中选择【新建】/【HTML】命令新建一个文档，此时工作窗口界面如图2-2所示。文档窗口的中间空白区为文档编辑区，其上方为【文档】工具栏和菜单栏等，【文档】工具栏的左上方为文档标签，通常显示文档的名称。文档编辑区下方为状态栏和【属性】面板。文档编辑区右方为面板组，通常包括【插入】面板、【文件】面板和【资源】面板等。

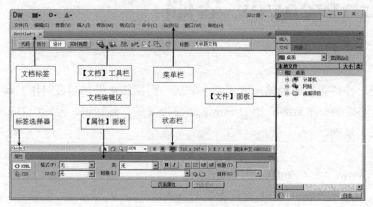

图 2-2　Dreamweaver CS6 文档窗口

文档窗口主要是用来显示和编辑当前的文档页面，通常有【代码】、【拆分】、【设计】和【实时视图】4 种视图模式。如图 2-3 所示为【拆分】视图模式，【拆分】视图可以将文档窗口拆分为【代码】视图和【设计】视图两种模式，读者既可以进行可视化操作，又可以随时查看源代码。

图 2-3　【拆分】视图

状态栏位于文档窗口的底部，其主要功能简要说明如下。

● 标签选择器⟨body⟩：用于以 HTML 标签方式来显示鼠标光标当前位置处的网页对象信息。如果鼠标光标当前位置处有多种信息，则可显示出多个 HTML 标签。单击标签选择器中的 HTML 标签，Dreamweaver 会自动选取与该标签相对应的网页对象，用户可对该对象进行编辑。

● 选取工具：在使用手形工具或缩放工具后，单击该工具按钮可以取消手形工具或缩放工具的使用，此时可以在文档中进行文档编辑操作。

● 手形工具：选取该工具后，在【文档】窗口中按住鼠标左键不放，可以上下左右拖动文档，要取消该工具的使用直接单击选取工具即可。

- 缩放工具：选取该工具后，用鼠标左键在文档窗口中每单击一次，文档窗口中的内容将放大一次进行显示，要取消该工具的使用直接单击选取工具即可。
- 设置缩放比率 100%：用于设置文档的缩放比率。
- 手机大小：以手机屏幕大小（480 × 800）预览页面。
- 平板电脑大小：以平板电脑屏幕大小（768 × 1024）预览页面。
- 桌面电脑大小：以桌面电脑屏幕大小（1000 宽）预览页面。
- 窗口大小 732 x 297：用于调整显示窗口的大小。
- 下载文件大小/下载时间 1 K / 1 秒：显示文档大小的字节数和预计下载时间。
- 文档编码 简体中文(GB2312)：用于显示当前文档的编码方式。

2.1.3　工作区布局

Dreamweaver CS6 的文档窗口有多种布局模式，可以通过选择【窗口】/【工作区布局】中的相应菜单命令来更换 Dreamweaver CS6 的工作区布局。建议初学者使用设计布局模式，因为它简洁直观，容易上手。

读者也可以根据自己的喜好和实际需要设置个性工作区布局模式，首先调整文档窗口界面要显示的内容及其显示位置，然后在图 2-4 所示【工作区布局】下拉菜单中选择【新建工作区】命令，打开【新建工作区】对话框，输入工作区名称，如图 2-5 所示，单击 确定 按钮进行保存，启动 Dreamweaver CS6 后就可以在【工作区布局】下拉菜单中选择自己的布局模式进行工作了，如图 2-6 所示。

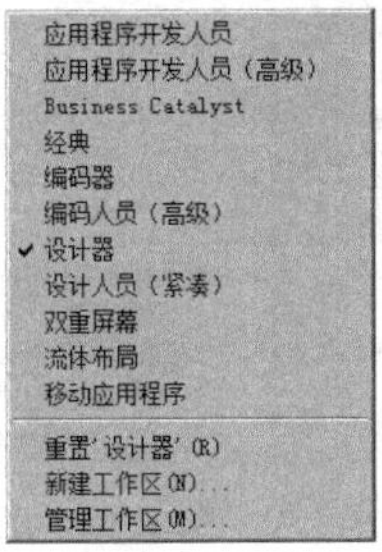

图 2-4 【工作区布局】下拉菜单

图 2-5 【新建工作区】对话框

如果要对工作区布局的名称进行修改或删除，可在【工作区布局】下拉菜单中选择【管理工作区】命令，打开【管理工作区】对话框，选择工作区布局名称，然后单击 重命名... 按钮或 删除 按钮，进行重命名或删除操作，如图 2-7 所示。

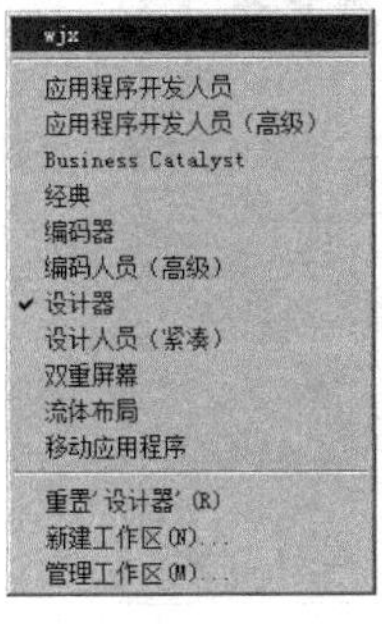

图 2-6　具有个性的布局模式

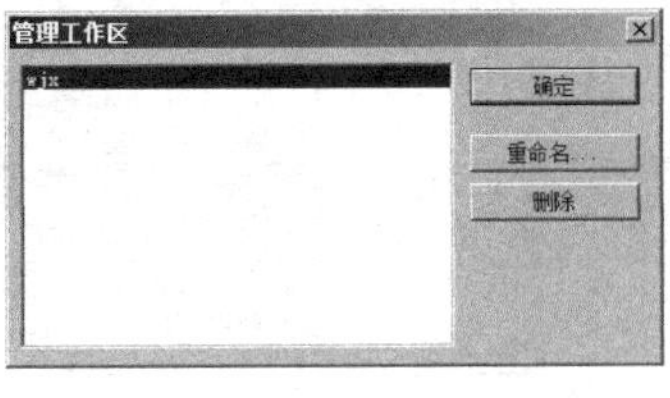

图 2-7 【管理工作区】对话框

2.1.4 常用工具栏

Dreamweaver CS6 中的工具栏通常有【样式呈现】、【文档】和【标准】3 个，下面对其进行简要介绍。

1.【文档】工具栏

选择菜单命令【查看】/【工具栏】/【文档】，如图 2-8 所示，可以显示【文档】工具栏，如图 2-9 所示。通常【文档】工具栏是默认显示的，不用特意去选择。在【文档】工具栏中，单击 设计 按钮可以显示设计视图，在其中可以对网页进行可视化编辑；单击 代码 按钮可以显示代码视图，在其中可以编写或修改网页源代码；单击 拆分 按钮可以显示拆分视图，其中左侧为代码视图，右侧为设计视图；单击 实时视图 按钮可以显示实时视图，以便实时预览网页外观。

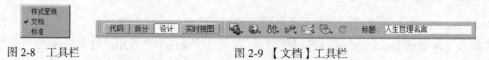

图 2-8　工具栏　　　　　　　　　　图 2-9　【文档】工具栏

在【标题】文本框中可以设置显示在浏览器标题栏中的标题，如图 2-10 所示。单击 （多屏幕预览）按钮，在弹出的下拉菜中选择相应的选项，可以预览页面在手机、平板电脑和台式机屏幕中的显示效果，如图 2-11 所示。单击 （在浏览器中预览/调试）按钮，在弹出的下拉菜单中可以选择预览网页的方式，如图 2-12 所示。

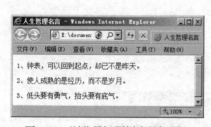

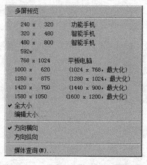

图 2-10　浏览器标题栏中的标题　　图 2-11　选择屏幕的显示方式　图 2-12　选择预览网页的方式

在图 2-12 所示的下拉菜单中选择【编辑浏览器列表】命令，将打开【首选参数】对话框，可以在【在浏览器中预览】分类中添加其他浏览器，如图 2-13 所示。

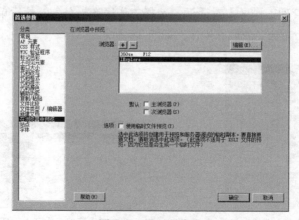

图 2-13　设置浏览器

在该对话框中，单击文本【浏览器】右侧的 + 按钮将打开【添加浏览器】对话框来添加已安装的其他浏览器，如图 2-14 所示；单击 − 按钮将删除在【浏览器】列表框中所选择的浏览器；单击 编辑(E)... 按钮将打开【编辑浏览器】对话框，对在【浏览器】列表框中所选择的浏览器进行编辑，还可以通过设置【默认】选项为"主浏览器"或"次浏览器"来设定所添加的浏览器是主浏览器还是次浏览器，如图 2-15 所示。

图 2-14　【添加浏览器】对话框

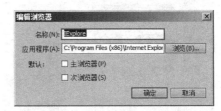

图 2-15　【编辑浏览器】对话框

2.【标准】工具栏

在默认情况下，【标准】工具栏是不显示的，可以选择菜单命令【查看】/【工具栏】/【标准】来显示，如图 2-16 所示，其中各个按钮的作用简要说明如下。

图 2-16　【标准】工具栏

- 【📄（新建）】：用于打开【新建文档】对话框来创建新文档。
- 【📂（打开）】：用于打开【打开】对话框来打开所选择的文件。
- 【📋（在 Bridge 中浏览）】：用于启动 Bridge 进行浏览。
- 【💾（保存）】：用于保存当前文档。
- 【🗂（全部保存）】：用于保存所有已打开的文档。
- 【🖨（打印源代码）】：用于打开【打印】对话框对源代码进行打印。
- 【✂（剪切）】：用于对所选择的对象进行剪切。
- 【📋（复制）】：用于对所选择的对象进行复制。
- 【📋（粘贴）】：用于对所剪切或复制的对象进行粘贴。
- 【↶（还原）】：用于撤消上一步的操作。
- 【↷（重做）】：用于对撤消的操作进行恢复。

2.1.5　常用面板

Dreamweaver CS6 中的面板主要集中在菜单栏的【窗口】菜单中，显示面板的方法是在菜单栏的【窗口】菜单中选择相应的面板名称。下面对常用面板进行简要介绍。

1. 面板组

面板组通常是指一个或几个放在一起显示的面板集合的统称。单击面板组右上角的 ▸▸ 按钮可以将所有面板向右侧折叠为图标，单击 ◂◂ 按钮可以向左侧展开面板。在展开面板的标题栏上单击鼠标右键，在弹出的快捷菜单中选择【最小化】命令，可将面板最小化显示。在最小化后的面板标题栏上单击鼠标右键，在弹出的快捷菜单中选择【展开标签组】命令，可将面板展开显示，如图 2-17 所示。

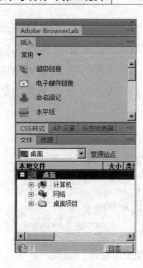

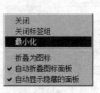

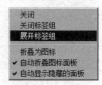

图 2-17　面板组

2.【文件】面板

【文件】面板如图 2-18 所示，其中左图是在没有创建站点时的显示状态，右图是在创建了站点后的显示状态。通过【文件】面板可以在站点中创建、打开、重命名或删除文件夹和文件，也可以上传和下载文件。可以说，【文件】面板是站点管理器的缩略图。

图 2-18　【文件】面板

3.【属性】面板

【属性】面板通常显示在文档窗口的最下面，如果工作界面中没有显示【属性】面板，在菜单栏中选择【窗口】/【属性】命令即可显示。通过【属性】面板可以设置和修改所选对象的属性。选择的对象不同，【属性】面板显示的参数也不同。文本【属性】面板还提供了【HTML】和【CSS】两种类型的属性设置，如图 2-19 所示。

图 2-19　文本【属性】面板

在【属性（HTML）】面板中可以设置文本的标题和段落格式、对象的 ID 名称、列表格式、缩进和凸出、粗体和斜体以及超级链接、类样式的应用等，这些将采取 HTML 的形式进行设置。在【属性（CSS）】面板中可以设置文本的字体、大小、颜色、对齐方式等，这些将采用 CSS 样式的形式进行设置。在【属性（CSS）】面板的【目标规则】下拉列表中，选择【<新 CSS 规则>】选项后，在设置文本的字体、大小、颜色、粗体或斜体以及对齐方式时，均将打开【新建 CSS 规则】对话框，供用户设置 CSS 样式的类型、名称、保存位置等内容。

4.【插入】面板

【插入】面板包含各种类型的对象按钮，如图 2-20 所示，通过单击这些按钮，可将相应的对象插入到网页文档中。【插入】面板中的按钮分为常用、布局、表单、数据等类别，如图 2-21 所示。单击相应的类别名，将在面板中显示相应类别的对象按钮。

在图 2-21 中，选择【隐藏标签】命令，【插入】面板变为图 2-22 左图所示的格式。此时图 2-21 中的【隐藏标签】命令变为【显示标签】命令，如图 2-22 右图所示。此时如果选择【显示标签】命令，【插入】面板就变回图 2-20 所示的格式。

  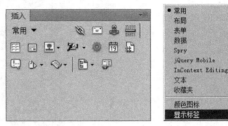

图 2-20　【插入】面板　　　图 2-21　按钮类别　　　图 2-22　【插入】面板【隐藏标签】格式

2.2　设置首选参数

在使用 Dreamweaver CS6 制作网页之前，可以选择菜单命令【编辑】/【首选参数】，打开【首选参数】对话框来定义使用 Dreamweaver CS6 的基本规则。

2.2.1　【常规】分类

在【首选参数】对话框的【常规】分类中可以定义【文档选项】和【编辑选项】两部分内容，如图 2-23 所示。选择【显示欢迎屏幕】复选框，表示在启动 Dreamweaver CS6 时将显示欢迎屏幕，否则将不显示；选择【允许多个连续的空格】复选框，表示允许使用键盘上的 Space（空格）键来输入多个连续的空格，否则只能输入一个空格。用户还可以根据需要设置其他的选项。

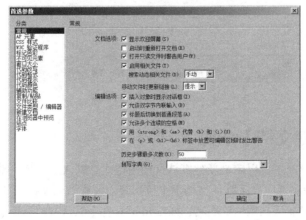

图 2-23　【常规】分类

2.2.2   【不可见元素】分类

在【不可见元素】分类中可以定义不可见元素是否显示，如图 2-24 所示。在选择【不可见元素】分类后，还要确认菜单栏中的【查看】/【可视化助理】/【不可见元素】命令已经选择。在选择该命令后，包括换行符在内的不可见元素会在文档中显示出来，以帮助设计者确定它们的位置。

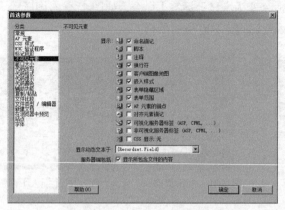

图 2-24 【不可见元素】分类

2.2.3   【复制/粘贴】分类

在【复制/粘贴】分类中，可以定义粘贴到文档中的文本格式，如图 2-25 所示。在设置了一种适用的粘贴方式后，就可以直接选择菜单命令【编辑】/【粘贴】来粘贴文本，而不必每次都选择【编辑】/【选择性粘贴】命令。如果需要改变粘贴方式，再选择【选择性粘贴】命令进行粘贴即可。

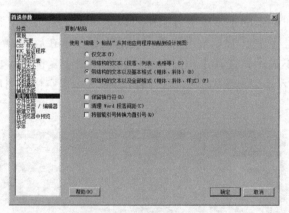

图 2-25 【复制/粘贴】分类

2.2.4   【新建文档】分类

在【新建文档】分类中可以定义新建默认文档的格式、默认扩展名、默认文档类型和默认编码等，如图 2-26 所示。可以在【默认文档】下拉列表中设置默认文档，如"HTML"；在【默认扩展名】文本框中设置默认文档的扩展名，如".htm"；在【默认文档类型】下拉列表中设置文档类型，如"HTML 5"；在【默认编码】下拉列表中设置编码类型，如"简体中文(GB2312)"。

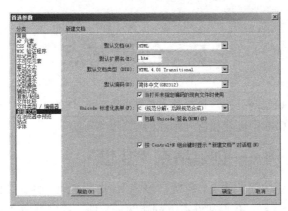

图 2-26　【新建文档】分类

在【默认文档类型】下拉列表框中可以设置默认文档的类型，包括 8 个选项，除了"无"外大体可分为 HTML 和 XHTML 两类。HTML 常用版本是 HTML4，目前最新版本是 HTML5。XHTML 是在 HTML 的基础上优化和改进的，目的是基于 XML 应用。XHTML 并不是向下兼容的，有严格的约束和规范。在可视化环境中制作和编辑网页，用户并不需要关心 HTML 和 XHTML 两者实质性的区别，只要选择一种文档类型，编辑器就会相应生成一个标准的 HTML 或 XHTML 文档。

在【默认编码】下拉列表框中可以设置默认文档的编码，包括 31 个选项，其中最常用的是 "Unicode（UTF-8）"和"简体中文(GB2312)"。在制作以中文简体为主的网页时，基本上选择"简体中文(GB2312)"选项，也可以选择"简体中文(GB18030)"选项。另外，需要说明的是，在一个网站中，所有网页的编码最好统一，特别是在涉及含有后台数据库的交互式网页时更是如此，否则网页容易出现乱码。

Unicode（统一码、万国码、单一码）是一种在计算机上使用的字符编码。它为每种语言中的每个字符设定了统一并且唯一的二进制编码，以满足跨语言、跨平台进行文本转换、处理的要求。1990 年开始研发，1994 年正式公布。目前，Unicode 已逐渐得到普及。

GB2312 或 GB2312-1980 是一个简体中文字符集的中国国家标准，全称为《信息交换用汉字编码字符集·基本集》，由中国国家标准总局发布，1981 年 5 月 1 日实施。GB2312 标准共收录 6763 个汉字，其中一级汉字 3755 个，二级汉字 3008 个；同时，它还收录了包括拉丁字母、希腊字母、日文平假名及片假名字母、俄语西里尔字母在内的 682 个字符。目前，几乎所有的中文系统和国际化的软件都支持 GB2312。GB2312 的出现，基本满足了汉字的计算机处理需要。但对于人名、古汉语等方面出现的罕用字，GB2312 不能处理，这也是后来 GBK 及 GB18030 汉字字符集出现的原因。

GB18030，全称国家标准 GB18030-2005《信息技术中文编码字符集》，是中华人民共和国现时最新的内码字集，是 GB18030-2000《信息技术信息交换用汉字编码字符集基本集的扩充》的修订版。与 GB2312-1980 完全兼容，与 GBK 基本兼容，支持 GB13000 及 Unicode 的全部统一汉字，共收录汉字 70244 个。GB18030 主要有以下特点：与 UTF-8 相同，采用多字节编码，每个字可以由 1 个、2 个或 4 个字节组成；编码空间庞大，最多可定义 161 万个字符；支持中国国内少数民族的文字，不需要动用造字区；汉字收录范围包含繁体汉字以及日韩汉字。本标准的初版是由中华人民共和国信息产业部电子工业标准化研究所起草，由国家质量技术监督局于 2000 年 3 月 17 日发布。现行版本为国家质量监督检验总局和中国国家标准化管理委员会于 2005 年 11 月 8 日发布，2006 年 5 月 1 日实施。此标准为在中国境内所有软件产品支持的强制标准。

2.3 创建站点

在 Dreamweaver 中制作网页通常是在站点中进行的，这样便于对多个网页进行统一管理。下面介绍在 Dreamweaver CS6 中创建和管理站点的基本方法。

2.3.1 教学案例——创建站点"梦想"

要求：创建一个本地站点，站点名称为"梦想"，指向本地文件夹"D:\mengxiang"，然后在站点中创建文件夹"images"，在根文件夹下创建网页文件，并保存为"index.htm"，最终效果如图 2-27 所示。

【操作步骤】

1. 首先在硬盘上创建文件夹"D:\mengxiang"。

2. 在 Dreamweaver CS6 中，选择菜单命令【站点】/【新建站点】，在打开对话框的【站点名称】文本框中输入站点名称"梦想"，在【本地站点文件夹】文本框中定义站点所在位置"D:\mengxiang"，如图 2-28 所示。

 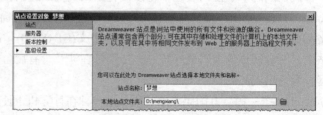

图 2-27 梦想　　　　　　　　　　　　　图 2-28 设置站点信息

3. 单击 保存 按钮关闭对话框，然后在【文件】面板中用鼠标右键单击根文件夹，在弹出的快捷菜单中选择【新建文件夹】命令，在"untitled"处输入新的文件夹名"images"，并按 Enter 键确认，如图 2-29 所示。

4. 在【文件】面板中用鼠标右键单击根文件夹，在弹出的快捷菜单中选择【新建文件】命令，然后在"untitled.htm"处输入新的文件名"index.htm"，并按 Enter 键确认，如图 2-30 所示。

 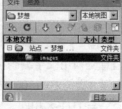   

图 2-29 创建文件夹　　　　　　　　　　　　图 2-30 创建文件

这样，在 Dreamweaver CS6 中创建站点以及文件夹和文件的工作就完成了。

2.3.2 定义 Dreamweaver 站点

在 Dreamweaver 中，站点是指属于某个 Web 站点文档的本地或远程存储位置，是所有网站文件和资源的集合。通过 Dreamweaver 站点，用户可以组织和管理所有的网页文档。

　　在使用 Dreamweaver 制作网页时，应首先定义一个 Dreamweaver 站点。在定义 Dreamweaver 站点时，通常只需要定义一个本地站点。如果要向 Web 服务器传输文件或开发 Web 应用程序，还需要设置远程站点和测试站点。在定义 Dreamweaver 站点时，是否需要同时定义远程站点和测试站点，取决于开发环境和所开发的 Web 站点类型。在定义站点时，读者需要理解以下基本概念。

　　● 【本地站点】：在 Dreamweaver 中又称本地文件夹，通常位于本地计算机上，主要用于存储用户正在处理的网页文件和资源，制作者通常在本地计算机上编辑网页文件，然后将它们上传到远程站点供浏览者访问。

　　● 【远程站点】：在 Dreamweaver 中又称远程文件夹，通常位于运行 Web 服务器的计算机上，主要用于发布站点文件以便人们可以联机查看。

　　● 【测试站点】：在 Dreamweaver 中又称测试服务器文件夹，可以位于本地计算机上，也可以位于网络服务器上，主要用来测试动态网页文件，在制作静态网页时不需要设置测试站点。

　　通过本地站点和远程站点的结合使用，可以在本地硬盘和 Web 服务器之间传输文件，这将帮助用户轻松地管理 Web 站点中的文件。

　　在 Dreamweaver CS6 中，新建 Dreamweaver 站点的方法是：选择菜单命令【站点】/【新建站点】，在打开的对话框中输入站点名称，并设置好本地站点文件夹即可，如图 2-31 所示。如果现在不需要创建动态网页文件或不需要将网页文件发布到远程站点上，可以暂时不设置【服务器】选项，在需要时再行设置即可。

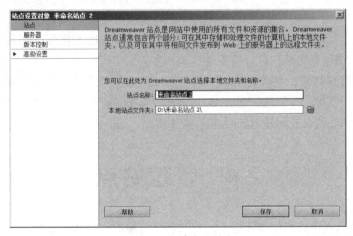

图 2-31　新建本地站点

2.3.3　创建文件夹和文件

　　在【文件】面板中创建文件夹和文件最简便的操作方法是：用鼠标右键单击根文件夹或其他文件夹，在弹出的快捷菜单中选择【新建文件夹】或【新建文件】命令，如图 2-32 左图所示，然后输入新的文件夹或文件名称即可。也可单击【文件】面板组标题栏右侧的▼ 按钮，在弹出的菜单中选择【文件】/【新建文件夹】或【新建文件】命令，如图 2-32 右图所示。此时创建的文件是没有内容的，双击鼠标左键，打开文件，添加内容并保存后才有实际意义。

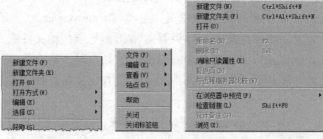

图 2-32　快捷菜单

　　一个站点中创建哪些文件夹，通常需要根据网站结构来进行。建立站点文件夹结构的原则就是层次最少，结构最清晰，访问最容易。当然，很难一次确定所有的文件夹，首先可以将明确的文件夹创建好，以后根据需要还可以继续创建相应的文件夹。文件夹创建好以后就可在各自的文件夹里面创建文件了。当然，首先要创建首页文件。一般首页文件名为"index.htm"或者"index.html"。如果页面是使用 ASP 语言编写的，那么文件名变为"index.asp"。如果页面是用 ASP.NET 语言编写的，则文件名为"index.aspx"。

　　在给文件夹和文件（包括网页文件、图像文件、音频文件和视频文件以及其他在网站中出现的文件等）命名时应该遵循一定的规则，特别是应该注意以下几点。

　　● 最好使用英文原义（如"booklist.htm"）或英文缩写（如"asp.htm"）命名，也可以使用汉语拼音（如"jianjie.htm"）命名，在文件数量非常多的情况下，尽量不要使用拼音缩写（"gsjj.htm"）命名，更不要使用中文命名。命名时可以与数字、符号组合使用，如"book1.htm" "book_1.htm"。

　　● 最好使用小写字母，尽量不要使用大写字母，因为 Unix 等操作系统对大小写敏感，为了让浏览者能够顺利浏览到文件，最好将文件夹名和文件名小写。

　　● 不要使用特殊符号、空格以及"～""！""@""#""$""%""^""&""*"等符号进行命名，但可以使用下划线"_"，如"title_news.htm" "booklist_01.htm"等。

　　● 文件夹名和文件名长短适宜，一定不要过长。

2.4　管理站点

　　站点定义完毕后还可以根据实际需要，对站点进行编辑、复制、删除、导出或导入等基本操作。下面对这些内容进行简要介绍。

2.4.1　编辑站点

　　编辑站点是指对 Dreamweaver CS6 中已经存在的站点重新进行设置。编辑站点的方法是，在菜单栏中选择【站点】/【管理站点】命令，打开【管理站点】对话框，如图 2-33 所示。在【您的站点】列表中将显示在 Dreamweaver 中创建的所有站点，包括站点名称和站点类型，用鼠标单击可以选择站点。选中要编辑的站点，然后单击 ✎ 按钮将打开【站点设置对象】对话框来编辑当前选定的站点，对话框的形式与新建站点时对话框的形式相同。

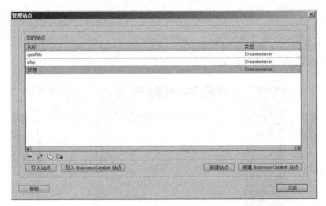

图 2-33　【管理站点】对话框

2.4.2　复制站点

如果要创建的站点与 Dreamweaver CS6 中已经存在的站点有许多参数设置是相同的，可以通过"复制站点"的方法进行复制，然后再进行编辑即可。复制站点的方法是，在【管理站点】对话框中选中要复制的站点，然后单击 ⬚ 按钮复制选定的站点，并显示在【您的站点】列表框中，如图 2-34 所示，此时再对复制的站点进行编辑即可。

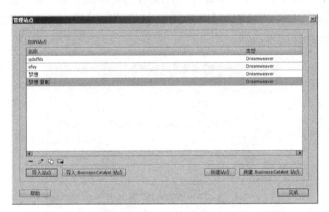

图 2-34　复制站点

2.4.3　删除站点

在 Dreamweaver 中有些站点已经不再需要了可以将其删除。删除站点的方法是，在【管理站点】对话框中选中要删除的站点，然后单击 ⬚ 按钮，这时将弹出提示对话框，如图 2-35 所示，单击 ⬚是⬚ 按钮将该站点删除。在【管理站点】对话框中删除站点仅仅是删除了在 Dreamweaver CS6 中定义的站点信息，磁盘上相对应的文件夹及文件仍然存在。

图 2-35　删除站点提示对话框

2.4.4　导出站点

如果要在其他计算机上的 Dreamweaver 中创建与此计算机 Dreamweaver 中相同的站点，其实不需要重新创建。可以将此计算机 Dreamweaver 中的站点信息导出，然后在另一台计算机上的

Dreamweaver 中导入即可。导出站点的方法是，在【管理站点】对话框中选中要导出的站点，然后单击  按钮打开【导出站点】对话框，设置导出站点文件的保存位置和文件名进行导出即可。导出的站点文件的扩展名为 ".ste"，如图 2-36 所示。

图 2-36 【导出站点】对话框

2.4.5 导入站点

导出的站点只有导入到 Dreamweaver 中才能发挥它的作用。导入站点的方法是，在【管理站点】对话框中单击 导入站点 按钮，打开【导入站点】对话框，选中要导入的站点文件，单击 打开(O) 按钮导入即可，如图 2-37 所示。

图 2-37 【导入站点】对话框

2.4.6 新建站点

在【管理站点】对话框中单击 新建站点 按钮可以打开对话框新建站点，这与菜单命令【站点】/【新建站点】的作用是相同的。

2.5 插入文件头标签

网页文件头标签包括 Meta、关键字、说明、刷新、基础和键接 6 项。文件头标签通常位于网页的 \<head\>…\</head\> 标签之间。在 Dreamweaver CS6 中，插入文件头标签可通过【插入】/【HTML】/【文件头标签】菜单中的相应子命令进行。下面对 Meta、关键字、说明和刷新进行简要介绍。

2.5.1　Meta

　　Meta 标签用于提供网页的说明信息，如字符编码、作者、版权信息或关键字，也可以用来向服务器提供信息，如页面的失效日期、刷新间隔等。在文件头部可包含多个 Meta 标签，书写顺序可以任意。添加 Meta 标签的方法是，选择菜单命令【插入】/【HTML】/【文件头标签】/【Meta】，打开【META】对话框，进行相应的参数设置即可，如图 2-38 所示。

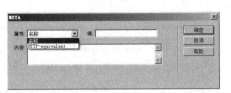

图 2-38　【META】对话框

　　在【META】对话框中，【属性】用来设置 Meta 标签是否包含有关页面的描述性信息（name）或 HTTP 标题信息（http-equiv）。【值】用来设置要在此标签中提供的信息的类型，有些值（如 description、keywords 和 refresh）是已经定义好的，而且在 Dreamweaver 中有其各自对应的【属性】面板，也可以根据实际情况指定任何值，例如 creationdate、documentID、level 等。【内容】用来设置实际的信息，例如，如果为【值】指定了等级 level，则可以为【内容】指定 beginner、intermediate 或 advanced。

　　当在【META】对话框的【属性】列表框中选择"名称"或"HTTP-equivalent"时，Meta 标签的 HTML 格式分别如下。

```
<meta name="值" content="值">
<meta http-equiv="值" content="值">
```

　　带有 name 属性的 Meta 标签是说明性标签，name 属性定义标签的性质，content 属性定义标签的值，它对网页的显示效果没有任何影响。name 属性常用的有关键字（keywords）、说明（description）和作者（author）等，由于关键字（keywords）和说明（description）在【文件头标签】菜单中有单独的子命令，因此下面只对作者（author）的设置方法作简要说明。作者（author）指标明网页的作者名或联系方式等信息，如图 2-39 所示。

　　其对应的源代码为：

```
<meta name="author" content="制作：王一翔；Email: wyx2020@163.com">
```

　　带有 http-equiv 属性的 Meta 标签是功能性标签，它对网页的显示效果有一定影响。http-equiv 属性常用的有字符集（Content-Type）、pragma、window-target 和刷新（refresh）等。由于刷新（refresh）在【文件头标签】菜单中有单独的子命令，因此下面只对其他 3 项进行简要说明。

　　● 字符集（Content-Type）：用于指定网页使用的字符集，即网页文档编码，如图 2-40 所示指定了网页使用的字符集是简体中文（gb2312）。

　　其对应的源代码为：

```
<meta http-equiv="Content-Type" content="text/html; charset=gb2312">
```

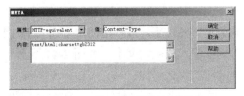

图 2-39　设置网页的制作者信息　　　　　　图 2-40　设置网页使用的字符集

如果一个网页中没有指定字符集，用户的浏览器就会用浏览器默认的字符集显示网页，如果它和网页本身实际使用的字符集不一样，有可能造成整个网页成为乱码，所以这项声明一般是必需的。在 Dreamweaver CS6 中，通过【首选参数】对话框的【新建文档】分类可以设置在创建网页文档时使用的默认编码类型，在【页面属性】对话框的【标题/编码】分类中也可以设置或修改当前网页所使用的编码类型。

- pragma：禁止浏览器从本地缓存中调阅页面，如图 2-41 所示。

其对应的源代码为：

```
<meta http-equiv="pragma" content="no-cache">
```

当网页中使用这项声明时，用户将无法用脱机形式浏览该网页。

- window-target，用于指定显示页面的浏览器窗口，如图 2-42 所示。

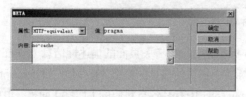

图 2-41 禁止浏览器从本地缓存中调阅页面　　　图 2-42 指定显示页面的浏览器窗口

其对应的源代码为：

```
<meta http-equiv="window-target" content="_top">
```

本例指定网页只能在浏览器顶层窗口显示，这样可防止其他人在框架中调用这个网页。

2.5.2 关键字

关键字是为网络中的搜索引擎准备的，关键字一般要尽可能地概括网页主题，以便浏览者在输入很少关键字的情况下，就能最大程度地搜索到网页，多个关键字之间要用半角的逗号分隔。设置网页关键字的方法是：选择菜单命令【插入】/【HTML】/【文件头标签】/【关键字】，打开【关键字】对话框，输入关键字即可，如图 2-43 所示。

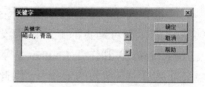

图 2-43 设置关键字

其对应的源代码为：

```
<meta name="keywords" content="崂山, 青岛 ">
```

2.5.3 说明

许多搜索引擎装置读取网页的说明 Meta 标签的内容，并使用该信息在它们的数据库中将页面编入索引，有些还在搜索结果页面中显示该信息。需要注意的是，有些搜索引擎限制索引的字符数，因此最好将说明限制为较少的文字。在 Dreamweaver 中，除了可以使用上面介绍的 META 对话框设置

图 2-44 【说明】对话框

网页的关键字外，还可以直接使用【插入】/【HTML】/【文件头标签】/【说明】命令，打开【说明】对话框输入说明性文本，如图 2-44 所示。

其对应的源代码为：

```
<meta name="description" content="崂山自古有"海上名山第一"之称。">
```

2.5.4　刷新

定时刷新网页功能也是经常用到的。设置方法是：选择菜单命令【插入】/【HTML】/【文件头标签】/【刷新】，打开【刷新】对话框，进行参数设置即可，如图 2-45 所示。

其对应的源代码为：

```
<meta http-equiv="refresh" content="10">
```

浏览器窗口中的网页显示 10 秒后，将自动刷新文档。定时刷新功能是非常有用的，在制作论坛或者聊天室时，可以实时反映在线的用户。如果选择【转到 URL】选项并设置了 URL，将在规定的时间后自动转到该 URL 指定的网址，如图 2-46 所示。

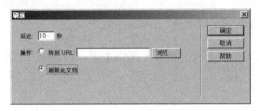

图 2-45　定时刷新网页　　　　　　　　图 2-46　【刷新】对话框

当网页被打开后，经过 10 秒就自动跳转到 "http://www.baidu.com"，此时其对应的源代码为：

```
<meta http-equiv="refresh" content="10;URL=http://www.baidu.com">
```

在【刷新】对话框中，【延迟】用于设置在浏览器刷新页面前需要等待的时间（以秒为单位）。若要使浏览器在完成加载后立即刷新页面，应在文本框中输入 "0"。【操作】用于设置在经过了指定的延迟时间后，浏览器是转到另一个 URL 还是刷新当前页面。

2.6　编辑文件头标签

如果要对已经插入到文档中的文件头标签重新进行参数设置，通常有源代码和【属性】面板两种修改方式。

2.6.1　通过源代码

将文档窗口切换到【代码】视图，对源代码中的文件头标签进行修改即可，如图 2-47 所示。

图 2-47　通过【代码】视图修改

2.6.2　通过【属性】面板

保证文档窗口处于【设计】视图状态，然后选择菜单命令【查看】/【文件头内容】命令，如

图2-48所示，来显示【文件头内容】工具栏。接着在【文件头内容】工具栏中单击相应的图标来显示其对应的【属性】面板，并在【属性】面板中重新设置相关属性，如单击 ⟳（刷新）图标，【属性】面板如图2-49所示。

图2-48　选择菜单命令　　　　　　　　图2-49　通过【属性】面板修改文件头标签

【文件头内容】工具栏只有在【设计】视图状态下才显示，如果【文档】窗口切换到【代码】视图或【拆分】视图，【文件头内容】工具栏将不会显示。

习　题

一、问答题

1. Dreamweaver CS6 常用工具栏有哪些？
2. 如何理解首选参数的作用？
3. 通过【管理站点】对话框可以进行哪些操作？
4. 网页文件头标签通常包括哪几项？

二、操作题

在 Dreamweaver CS6 中创建站点以及相应的文件夹和文件，具体要求如下。

（1）定义站点：站点名字为 "mysite"，保存在 "D:\mysite" 文件夹下。

（2）导出站点：将定义好的站点进行导出，保存为 "mysite.ste"。

（3）创建文件夹：分别创建文件夹 "images" 和 "files"。

（4）创建文件：在根文件夹下创建主页文件 "index.htm"，在 "files" 文件夹下创建网页文件 "myfile_1.htm" 和 "myfile_2.htm"。

第3章
设置页面和文本

制作网页离不开文本，文本是网页传递信息最基本的手段，掌握文本的使用方法在网页制作中无疑是非常重要的。本章将介绍设置文档页面属性和文本属性的基本方法。

【学习目标】

- 掌握创建和保存文档的方法。
- 掌握设置页面属性的方法。
- 掌握设置字体属性的方法。
- 掌握设置段落属性的方法。
- 掌握使用列表的方法。
- 掌握插入水平线和日期的方法。

3.1 创建和保存文档

下面首先介绍在 Dreamweaver CS6 中新建、保存、打开、关闭文档和在文档中添加文本内容的基本方法。

3.1.1 新建文档

在 Dreamweaver CS6 中，除了通过【文件】面板创建文档外，还可以通过欢迎屏幕和菜单命令来创建文档。

1. 通过欢迎屏幕

在启动 Dreamweaver CS6 时，通常会显示【欢迎屏幕】，在【新建】列表中选择相应的选项，即可创建相应类型的文档，如选择【新建】/【HTML】命令，即可创建一个空白的 HTML 文档。

2. 通过菜单命令

选择菜单命令【文件】/【新建】，打开【新建文档】对话框，根据需要选择相应的选项，如图 3-1 所示，最后单击 创建(R) 按钮来创建文档。

在【新建文档】对话框中，还可以设置文档类型，如果需要还可附加 CSS 样式表文件。关于 CSS 样式表将在后续章节进行介绍。

3.1.2 保存文档

创建文档后可选择菜单命令【文件】/【保存】或【另存为】，打开【另存为】对话框来命名保存文件，如图 3-2 所示。在【保存在】下拉列表中可选择要保存文档的文件夹，也可单击 按钮新建一个文件夹，在【文件名】文本框中可设置要保存文档的文件名称，在【保存类型】下拉列表中可选择要保存文档的文档类型。

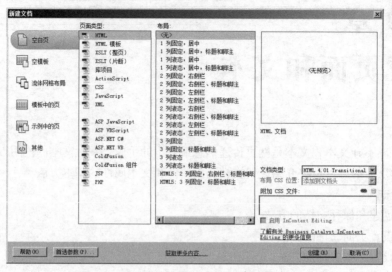

图 3-1 【新建文档】对话框

图 3-2 【另存为】对话框

如果要打开已经保存的文档，选择菜单命令【文件】/【另存为】可重新命名保存，原来的文档依然存在。也可以在【文件】面板中单击文件名使其处于修改状态进行修改，这样只存在修改过名称的一份文件。如果想同时保存所有打开的文档，可选择菜单命令【文件】/【保存全部】。在保存单个文档时，可以根据需要设置文档的保存类型。在编辑文档的过程中要养成随时保存的习惯，以免出现意外造成文档内容丢失。

3.1.3 打开文档

在 Dreamweaver CS6 中，可通过【文件】面板和菜单命令两种方式来打开网页文档。

1. 通过【文件】面板

在【文件】面板的文件列表中，用鼠标直接双击文件名即可打开该文档，也可用鼠标右键单击文件，在弹出的快捷菜单中选择【打开】命令来打开该文档。

2. 通过菜单命令

选择菜单命令【文件】/【打开】，在打开的对话框中选择文件，如图 3-3 所示，单击 打开(O) 按钮即可打开该文件。在【查找范围】下拉列表中可定位要打开文档的文件夹。

图 3-3　【打开】对话框

3.1.4　关闭文档

在 Dreamweaver CS6 中，可通过文档标签和菜单命令两种方式来关闭网页文档。

1. 通过文档标签

打开文档后，可用鼠标单击文档标签后面的 × 按钮，来关闭该文档，如图 3-4 所示。

2. 通过菜单命令

选择菜单命令【文件】/【关闭】，可关闭当前打开的文档。选择菜单命令【文件】/【全部关闭】，可关闭所有打开的文档。

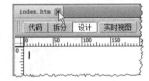

图 3-4　通过文档标签关闭文档

3.1.5　添加内容

在 Dreamweaver CS6 中创建空白网页文档后，需要添加文本、图像、动画等内容网页文档才有意义，其中文本是最重要也是最经常用到的网页内容表现形式。

在网页文档中，可以通过键盘直接输入文本，也可以将其他文档中的内容导入或复制/粘贴到当前网页文档中，对于一些无法输入的特殊字符还可以通过 Dreamweaver CS6 中的相关命令插入到文档中。下面对复制/粘贴文本、导入文本和插入特殊字符的方法进行简要介绍。

1. 复制/粘贴文本

使用复制/粘贴的方法从其他文档中复制/粘贴文本，此时 Dreamweaver CS6 将按【首选参数】对话框的【复制/粘贴】分类选项的格式设置进行粘贴文本。如果选择菜单命令【编辑】/【选择性粘贴】，将打开【选择性粘贴】对话框，如图 3-5 所示，可以根据需要选择相应的选项粘贴文本。

图 3-5　【选择性粘贴】对话框

2．导入文本

选择菜单命令【文件】/【导入】/【Word 文档】、【Excel 文档】或【表格式数据】，将分别打开【导入 Word 文档】、【导入 Excel 文档】或【导入表格式数据】对话框，进行参数设置后可按要求将 Word 文档、Excel 文档或表格式数据导入到网页文档中。在【导入 Word 文档】和【导入 Excel 文档】对话框的【格式化】选项中均可以设置导入格式，但在【导入 Excel 文档】对话框中，【清理 Word 段落间距】选项不可用，如图 3-6 所示。关于菜单命令【导入表格式数据】将在后续内容中进行详细介绍。

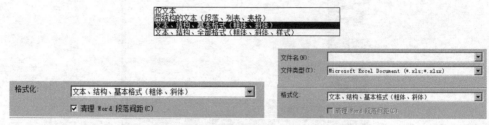

图 3-6 【格式化】选项

3．插入特殊字符

选择【插入】/【HTML】/【特殊字符】菜单中的相应命令，可以插入版权、商标等特殊字符。还可以选择【其他字符】命令，打开【插入其他字符】对话框来插入其他一些特殊字符，如图 3-7 所示。但这些特殊字符对文档的编码有一定要求，如果不符合要求，可能会影响在浏览器中的正常显示。

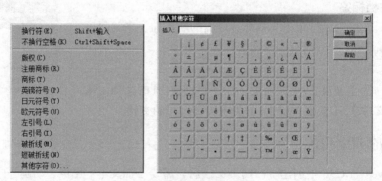

图 3-7 插入特殊字符

3.2 设置页面属性

选择菜单命令【修改】/【页面属性】或在【属性】面板中单击 页面属性... 按钮，可打开【页面属性】对话框，对当前页面进行属性设置，包括页面字体、背景、标题格式、浏览器标题及文档编码等。

3.2.1 教学案例——北京获得 2022 年冬奥会举办权

根据要求设置文档页面属性，在浏览器中的显示效果如图 3-8 所示。

（1）创建一个新文档并保存为"3-2-1.htm"，然后导入素材文档"北京获得 2022 年冬奥会举办权.doc"。

（2）设置页面字体为"宋体"，大小为"14px"。

（3）设置背景颜色为"#CDFAF8"，页边距均为"10px"。

（4）将【标题 2】的字体修改为"黑体"，大小修改为"24px"，颜色为红色"#F00"，然后将其应用到文档标题"北京获得 2022 年冬奥会举办权"，同时设置文档标题居中对齐。

（5）设置浏览器标题为"北京获得 2022 年冬奥会举办权"。

【操作步骤】

1. 选择菜单命令【文件】/【新建】，打开【新建文档】对话框，单击 创建(R) 按钮新建一个空白 HTML 文档。

2. 选择菜单命令【文件】/【保存】，打开【另存为】对话框，将文档保存为"3-2-1.htm"。

3. 选择菜单命令【文件】/【导入】/【Word 文档】，打开【导入 Word 文档】对话框，选择素材文件"北京获得 2022 年冬奥会举办权.doc"，设置【格式化】参数，如图 3-9 所示。

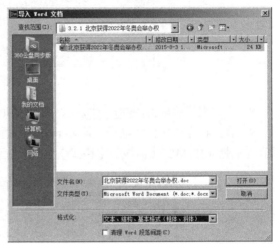

图 3-8　北京获得 2022 年冬奥会举办权　　　　图 3-9　【导入 Word 文档】对话框

4. 单击 打开(O) 按钮导入 Word 文档，如图 3-10 所示。

图 3-10　导入 Word 文档

5. 选择菜单命令【修改】/【页面属性】，打开【页面属性】对话框，在【外观（CSS）】分类中设置页面字体为"宋体"，大小为"14px"，背景颜色为"#CDFAF8"，页边距均为"10px"，如图 3-11 所示。

6. 在【分类】列表框中选择【标题（CSS）】分类，然后修改【标题 2】的字体为"黑体"，大小为"24px"，颜色为红色"#F00"，如图 3-12 所示。

图 3-11 【外观（CSS）】分类　　　　　　　图 3-12 【标题（CSS）】分类

7. 在【分类】列表框中选择【标题/编码】分类，然后在【标题】文本框中输入文档的浏览器标题"北京获得 2022 年冬奥会举办权"，如图 3-13 所示。

图 3-13 【标题/编码】分类

8. 设置完毕后单击 确定 按钮，关闭【页面属性】对话框。
9. 在文档窗口中，将鼠标光标置于文档标题"北京获得 2022 年冬奥会举办权"所在行，然后在【属性（HTML）】面板的【格式】下拉列表中选择"标题 2"，如图 3-14 所示。

图 3-14 【属性（HTML）】面板

10. 接着选择菜单命令【格式】/【对齐】/【居中对齐】，使标题居中显示。
11. 最后选择菜单命令【文件】/【保存】再次保存文档，效果如图 3-15 所示。

图 3-15 页面效果

3.2.2 外观属性

外观属性主要包括页面的基本属性，如页面字体类型、字体大小、字体颜色、背景颜色、背景图像和页边距等。Dreamweaver CS6 的【页面属性】对话框提供了【外观（HTML）】和【外观

（CSS）】两种外观设置方式。

　　选择【外观（HTML）】分类将使用传统的 HTML 方式来设置网页外观，如图 3-16 所示是使用 HTML 方式设置网页背景颜色。通过【外观（HTML）】分类，可以设置页面的背景图像、背景颜色、文本颜色、超级链接不同状态颜色以及页边距等。

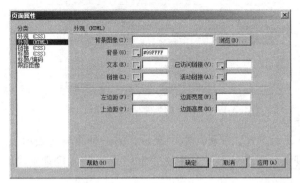

图 3-16　使用 HTML 方式设置网页背景

　　选择【外观（CSS）】分类将使用标准的 CSS 样式来设置网页外观，如图 3-17 所示是使用 CSS 样式设置网页背景颜色。通过【外观（CSS）】分类，可以设置页面字体类型、粗体和斜体样式、文本大小、文本颜色、背景颜色、背景图像、重复方式以及页边距等。

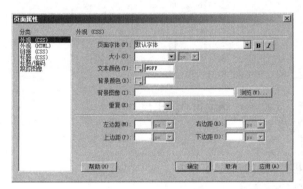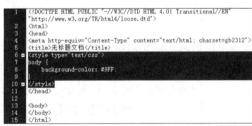

图 3-17　使用 CSS 样式设置网页背景

　　通过比较可以看出，使用 CSS 样式和使用 HTML 方式设置网页外观的网页源代码是不一样的。另外，通过【页面属性】对话框设置的文本字体、大小和颜色，将对当前网页中所有的文本起作用。

　　在【外观（CSS）】分类的【页面字体】下拉列表中，有些字体列表每行有三四种不同的字体，这些字体均以逗号隔开，如图 3-18 所示。浏览器在显示时，首先会寻找第 1 种字体，如果没有第 1 种字体就继续寻找下一种字体，以此类推，这样可确保计算机在缺少某种字体的情况下能够找到替代字体，网页的外观不会出现大的变化。

　　如果【页面字体】下拉列表中没有需要的字体列表，可选择【编辑字体列表…】选项，打开【编辑字体列表】对话框进行添加，如图 3-19 所示。单击 **+** 按钮可在【字体列表】中增加字体列表，单击 **−** 按钮可在【字体列表】中删除所选字体列表。单击 **▲** 按钮可在【字体列表】中上移字体列表，单击 **▼** 按钮可在【字体列表】中下移字体列表。当在【字体列表】中增加字体列表项后，还需要给字体列表项添加具体的字体。单击 **≪** 按钮可将在【可用字体】列表框中选择的字体添加到【选择的字体】列表框中，需要多少种字体就添加多少次，这样它们就组成了一个字体列表。对于不需要的字体，可在【选择的字体】列表框中将其选定，然后单击 >> 按钮进行删除即可。

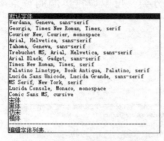

图 3-18 【页面字体】下拉列表

图 3-19 【编辑字体列表】对话框

在【大小】下拉列表中，文本大小有两种表示方式，一种用数字表示，另一种用英文表示，如图 3-20 所示。当选择数字时，其后面会出现大小单位列表，其中比较常用的是 px（像素），如图 3-21 所示。

图 3-20 文本大小

图 3-21 单位列表

单位可分为"相对值"和"绝对值"两类。下面 4 种属于相对值单位。

- 【px（像素）】：像素，相对于屏幕的分辨率。
- 【em（字体高）】：相对于字体的高度。
- 【ex（字母 x 的高）】：相对于任意字母"x"的高度。
- 【%（百分比）】：百分比，相对于屏幕的分辨率。

下面 5 种属于绝对值单位。

- 【pt（点数）】：以"点"为单位（1 点=1/72 英寸）。
- 【in（英寸）】：以"英寸"为单位（1 英寸=2.54 厘米）。
- 【cm（厘米）】：以"厘米"为单位。
- 【mm（毫米）】：以"毫米"为单位。
- 【pc（帕）】：以"帕"为单位（1 帕=12 点）。

在【文本颜色】和【背景颜色】后面的文本框中可以直接输入颜色代码，也可以单击 ■ （颜色）按钮打开调色板选择需要的颜色方块，如图 3-22 所示。

在 HTML 中，颜色可以表示成十六进制值（如"#FF0000"）或者表示为颜色名称（如"red"）。网页安全色是指以 256 色模式运行时，无论在 Windows 还是在 Macintosh 系统中，在 Safari 和 Internet Explorer 中均显示为相同的颜色。传统经验是有 216 种常见颜色，而且任何结合了 00、33、66、99、CC 或 FF 对（RGB 值分别为 0、51、102、153、204 和 255）的十六进制值都代表网页安全色。但测试显示仅有 212 种网页安全色而不是全部 216 种，原因在于 Internet Explorer 不能正确呈现颜色"#0033FF(0,51,255)""#3300FF(51,0,255)""#00FF33(0,255,51)"和"#33FF00(51,255,0)"。

　　如果要选择网页安全范围以外的颜色,可在调色板中单击右上角的 🌐(系统颜色拾取器)按钮打开系统颜色拾取器,从中调制添加更多的颜色,如图 3-23 所示。系统颜色拾取器不限于网页安全色。

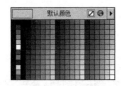

图 3-22　调色板

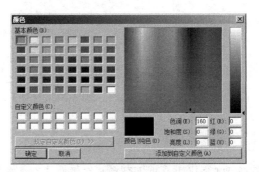

图 3-23　【颜色】拾取器调色板

　　在调色板中,单击顶部右侧的 ▶ 按钮,将弹出一个下拉菜单,如图 3-24 所示,通过选取不同的选项可以设置不同情形下的调色板,如立方色、连续色调、Windows 系统、Mac 系统、灰度等级等。其中,"立方色"(默认)和"连续色调"调色板使用 216 色网页安全调色板。

　　当在下拉菜单中选择【颜色格式】时,将弹出【颜色格式】菜单,如图 3-25 所示,通过选取不同的选项可以设置不同的颜色格式。例如,同样是红色,依次选取"rgb( )""rgba( )""hsl ( )""hsla( )""三位十六进制数""六位十六进制数",其对应的颜色代码分别为"rgb(255,0,0)""rgba(255,0,0,1)""hsl(0,100%,50%)""hsla(0,100%,50%,1)""#F00""#FF0000"。

图 3-24　下拉菜单

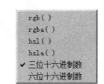

图 3-25　【颜色格式】菜单

　　单击【背景图像】后面的 浏览(W)... 按钮,可以定义当前网页的背景图像,还可以在【重复】下拉列表中设置重复方式,如"no-repeat(不重复)""repeat(重复)""repeat-x(横向重复)"和"repeat-y(纵向重复)"。

　　在【左边距】、【右边距】、【上边距】和【下边距】文本框中,可以输入数值定义页边距,常用单位是"px(像素)"。

3.2.3　链接属性

　　通过【链接】分类,可以设置超级链接文本的字体、大小、链接文本的状态颜色以及下划线样式,如图 3-26 所示。【链接颜色】、【变换图像链接】、【已访问链接】、【活动链接】分别对应链接文本在正常显示时的颜色、鼠标光标悬停时的颜色、鼠标单击后的颜色和鼠标单击时的颜色。默认状态下,链接文字为蓝色,已访问过的链接颜色为紫色。【下划线样式】下拉列表主要用于设置链接字体的显示样式,读者可以根据实际需要进行设置。关于链接属性将在后续章节进行详细介绍。

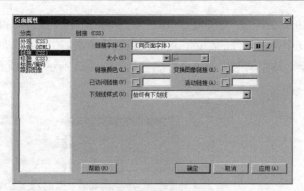

图 3-26 【链接】分类

3.2.4 标题属性

Dreamweaver 提供了 6 种标题格式：标题 1～标题 6，网页通常会按其默认格式显示。但是，读者也可以通过【页面属性】对话框的【标题（CSS）】分类来重新设置标题 1～标题 6 的字体、大小和颜色属性，如图 3-27 所示。

图 3-27 【标题】分类

3.2.5 标题/编码属性

在【标题/编码】分类中，可以设置浏览器标题、文档类型和编码方式，如图 3-28 所示。其中，浏览器标题的 HTML 标签是 "<title>…</title>"，它位于 HTML 标签 "<head>…</head>" 之间。

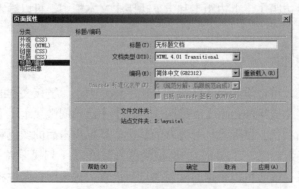

图 3-28 【标题/编码】分类

3.2.6　跟踪图像属性

在【跟踪图像】分类中，可以将设计草图设置成跟踪图像，铺在编辑的网页下面作为参考图，用于引导网页的设计，如图 3-29 所示。除了可以设置跟踪图像，还可以设置跟踪图像的透明度，透明度越高，跟踪图像显示得越明显。

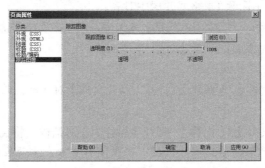

图 3-29　【跟踪图像】分类

如果要显示或隐藏跟踪图像，可以选择菜单命令【查看】/【跟踪图像】/【显示】。在网页中选定一个页面元素，然后选择菜单命令【查看】/【跟踪图像】/【对齐所选范围】，可以使跟踪图像的左上角与所选页面元素的左上角对齐。选择菜单命令【查看】/【跟踪图像】/【调整位置】，可以通过设置跟踪图像的坐标值来调整跟踪图像的位置。选择菜单命令【查看】/【跟踪图像】/【重设位置】，可以使跟踪图像自动对齐编辑窗口的左上角。

3.3　设置字体属性

字体属性包括字体类型、颜色、大小、粗体和斜体等内容。除了可以使用【页面属性】对话框对页面中的所有文本设置字体属性外，还可以通过【属性（CSS）】面板对所选文本的字体类型、颜色、大小、粗体和斜体等属性进行设置，也可通过【格式】菜单中的相应命令对所选文本进行颜色、粗体和斜体等属性设置。

3.3.1　教学案例——冬季运动的益处

根据要求创建文档并进行格式设置，在浏览器中的显示效果如图 3-30 所示。

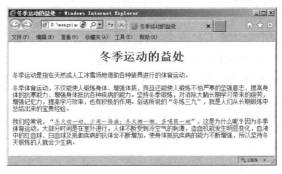

图 3-30　冬季运动的益处

（1）创建一个新文档并保存为"3-3-1.htm"。

（2）将素材文档"冬季运动的益处.doc"中的内容复制粘贴到网页文档中，【粘贴为】选项选择【带结构的文本以及基本格式（粗体、斜体）】，并取消选择【清理 Word 段落间距】。

（3）将页面字体设置为"宋体"，大小设置为"14px"，页边距设为"10px"，将浏览器标题设置为"冬季运动的益处"。

（4）将文档标题应用【标题 1】格式并居中对齐。

（5）将正文中"冬天动一动，少闹一场病；冬天懒一懒，多喝药一碗"的字体设置为"楷体"，颜色设置为"#F00"，同时添加下划线效果。

【操作步骤】

1. 选择菜单命令【文件】/【新建】，打开【新建文档】对话框，单击 创建(R) 按钮新建一个空白 HTML 文档。

2. 选择菜单命令【文件】/【保存】，打开【另存为】对话框，将文档保存为"3-3-1.htm"。

3. 打开素材文档"冬季运动的益处.doc"，全选所有文本，然后单击鼠标右键，在弹出的快捷菜单中选择【复制】命令。

4. 在 Dreamweaver 中选择菜单命令【编辑】/【选择性粘贴】，打开【选择性粘贴】对话框并进行参数设置，如图 3-31 所示，然后单击 确定(0) 按钮粘贴文本。

5. 选择菜单命令【修改】/【页面属性】，打开【页面属性】对话框，在【外观（CSS）】分类中，设置页面字体为"宋体"，大小为"14px"，页边距均为"10px"，在【标题/编码】分类中，设置文档的浏览器标题为"冬季运动的益处"。

6. 设置完毕后单击 确定 按钮关闭【页面属性】对话框，效果如图 3-32 所示。

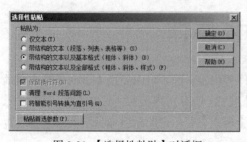

图 3-31 【选择性粘贴】对话框　　　　　　图 3-32 设置页面属性后的效果

7. 将鼠标光标置于文档标题"冬季运动的益处"所在行，然后在【属性（HTML）】面板的【格式】下拉列表中选择"标题 1"，接着选择菜单命令【格式】/【对齐】/【居中对齐】，设置文档标题居中显示，如图 3-33 所示。

8. 在正文第 3 段中选中文本"冬天动一动，少闹一场病；冬天懒一懒，多喝药一碗"，然后在【属性（CSS）】面板的【字体】下拉列表中选择"楷体"，弹出【新建 CSS 规则】对话框，在【选择器名称】文本框中输入"textstyle"，如图 3-34 所示。

9. 单击 确定 按钮关闭对话框，然后在【属性（CSS）】面板中单击 ▼（文本颜色）按钮，设置文本颜色为红色"#F00"，如图 3-35 所示。

10. 接着选择菜单命令【格式】/【样式】/【下划线】，给所选文本添加下划线效果，如图 3-36 所示。

11. 选择菜单命令【文件】/【保存】保存文档。

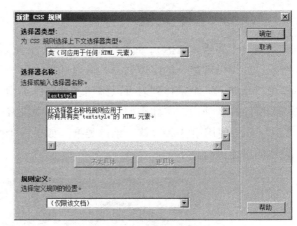

图 3-33　设置文档标题

图 3-34　【新建 CSS 规则】对话框

图 3-35　设置文本颜色

图 3-36　添加下划线效果

3.3.2　文档标题

在设计网页时，一般都会加入一个或多个文档标题，用来对页面内容进行概括或分类。就像一篇文章有一个总的标题，在行文中可能还有小标题一样。文档标题和显示在浏览器标题栏的浏览器标题不是一个概念，它们的作用、显示方式以及 HTML 标签都是不同的。

Dreamweaver 提供了 6 种标题格式：标题 1～标题 6，可以在【属性（HTML）】面板的【格式】下拉列表中进行选择，如图 3-37 所示。设置文档标题的 6 种 HTML 标签依次是：<h1>…</h1>，<h2>…</h2>，<h3>…</h3>，<h4>…</h4>，<h5>…</h5>，<h6>…</h6>。数字越小字号越大，数字越大字号越小。

图 3-37　【属性（HTML）】面板和【格式】下拉列表

3.3.3　字体类型

通过【属性（CSS）】面板中的【字体】下拉列表可以设置所选文本的字体类型，如图 3-38 所示，如果没有适合的字体列表，可以选择【编辑字体列表】选项，打开【编辑字体列表】对话框进行添加。一个字体列表可以添加多种字体类型，浏览器在显示网页时，将按照字体列表中字体的顺序确认使用的字体类型。如果计算机中没有第 1 种字体，将使用第 2 种字体，如果没有第 2 种字体将使用第 3 种字体，依此类推。如果一个网页没有设置字体，浏览器会使用浏览器本身设置的字体进行显示。

图 3-38　【属性（CSS）】面板

3.3.4　字体颜色

在【属性（CSS）】面板中单击 按钮，可以打开调色板，利用该调色板设置所选文本的颜色，如图 3-39 左图所示。也可以单击 按钮或选择菜单命令【格式】/【颜色】，打开【颜色】对话框，利用该对话框自定义颜色，如图 3-39 右图所示。

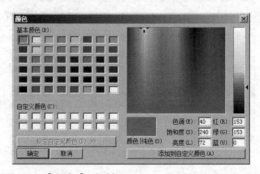

图 3-39　【颜色】对话框

3.3.5　文本大小

通过【属性（CSS）】面板的【大小】选项可以设置所选文本的大小。在【大小】下拉列表中可以选择已预设的选项，也可以在文本框中直接输入数字，然后在后边的下拉列表中选择单位。单位可分为“相对值”和“绝对值”两类。除百分比以外，建议读者在制作网页时固定使用一种类型的单位，不要混用，否则会给网页的维护带来不必要的麻烦。

3.3.6　粗体和斜体

选择【格式】/【样式】菜单中的相应命令，如图 3-40 所示，可以设置所选文本的粗体、斜体、下划线、删除线等样式。在【插入】面板的【文本】类别中，可以设置粗体、斜体、加强和强调等样式，如图 3-41 所示。通过【属性】面板可以直接设置粗体和斜体两种样式。通过【格式】/【样式】菜单可以使用的样式命令相对多一些。

图 3-40　菜单命令　　　　　　　　　　　图 3-41　【插入】面板

3.3.7　CSS 规则

在设置文本的字体、大小和颜色属性时，通常会打开【新建 CSS 规则】对话框。在【选择器类型】下拉列表中选择选择器类型（在本章建议选择第 1 项，这也是默认项），然后在【选择器名称】文本框中输入名称，如图 3-42 所示。

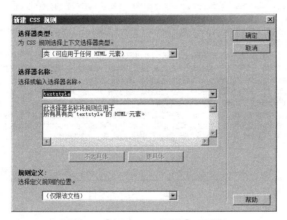

图 3-42　【新建 CSS 规则】对话框

单击　确定　按钮后，在【属性（CSS）】面板的【目标规则】下拉列表中自动出现了样式名称，如图 3-43 所示，如果此时接着定义文本大小、颜色等属性，默认都将在此 CSS 样式中进行定义，除非在【目标规则】下拉列表中选择了【<新 CSS 规则>】选项。

图 3-43　CSS【属性】面板

如果要对其他文本应用该样式，可以先选中这些文本，然后在【属性（CSS）】面板中的【目标规则】下拉列表中选择该样式名称，也可以在【属性（HTML）】面板的【类】下拉列表中选择该样式名称。

如果要取消应用该样式，先将鼠标光标置于文本上，然后在【属性（CSS）】面板中的【目标规则】下拉列表中选择【<删除类>】选项或在【属性（HTML）】面板的【类】下拉列表中选择【无】选项。

3.4 设置段落属性

段落在页面版式中占有重要的地位。下面介绍段落所涉及的基本知识，如分段与换行、文本对齐方式、文本缩进和凸出、列表、水平线等。

3.4.1 教学案例——冬季运动项目

根据要求创建文档并进行格式设置，在浏览器中的显示效果如图 3-44 所示。

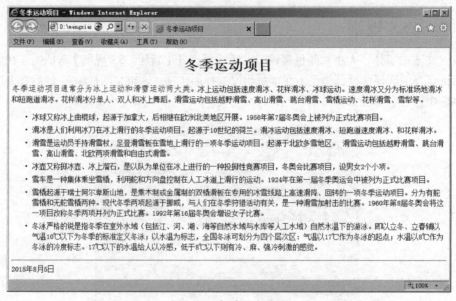

图 3-44 冬季运动项目

（1）创建一个新文档并保存为"3-4-1.htm"，然后导入素材文档"冬季运动项目.doc"。

（2）将页面字体设置为"宋体"，大小设置为"14px"，页边距设为"5px"，将浏览器标题设置为"冬季运动项目"。

（3）将文档标题应用【标题 1】格式并居中对齐，将正文中"冬季运动项目通常分为冰上运动和滑雪运动两大类"的字体设置为"仿宋"，大小设置为"16px"，颜色设置为"#00F"。

（4）添加 CSS 样式代码，使行与行之间的距离为"20px"，段前段后和列表项目前后距离均为"5px"。

（5）在文档最后插入一条水平线，在水平线下面插入能够自动更新的日期。

（6）将正文第 2～8 段设置为项目列表格式显示。

【操作步骤】

1. 选择菜单命令【文件】/【新建】，打开【新建文档】对话框，单击 创建(R) 按钮，新建一个空白 HTML 文档。

2. 选择菜单命令【文件】/【保存】，打开【另存为】对话框，将文档保存为"3-4-1.htm"。

3. 选择菜单命令【文件】/【导入】/【Word 文档】，打开【导入 Word 文档】对话框，选择素材文件"冬季运动项目.doc"，设置【格式化】参数，如图 3-45 所示。

图 3-45　【导入 Word 文档】对话框

4. 单击 打开(0) 按钮导入 Word 文档，如图 3-46 所示。

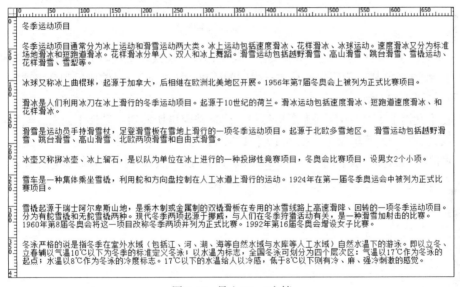

图 3-46　导入 Word 文档

5. 选择菜单命令【修改】/【页面属性】，打开【页面属性】对话框，在【外观（CSS）】分类中，设置页面字体为"宋体"，大小为"14px"，页边距均为"5px"；在【标题/编码】分类中，设置文档的浏览器标题为"冬季运动项目"，设置完毕后单击 确定 按钮，关闭【页面属性】对话框。

6. 将鼠标光标置于文档标题"冬季运动项目"所在行，然后在【属性（HTML）】面板的【格式】下拉列表中选择"标题 1"，并选择菜单命令【格式】/【对齐】/【居中对齐】，使其居中显示。

7. 选中文本"冬季运动项目通常分为冰上运动和滑雪运动两大类"，然后在【属性（CSS）】面板的【字体】下拉列表中选择"仿宋"，弹出【新建 CSS 规则】对话框，在【选择器名称】文本框中输入"tstyle"，如图 3-47 所示。

8. 单击 确定 按钮关闭对话框，然后在【大小】下拉列表中选择"16px"，单击 按钮，设置文本颜色为蓝色"#00F"，如图 3-48 所示。

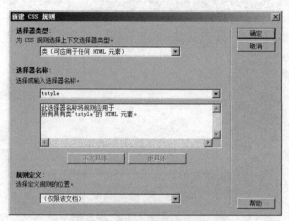

图 3-47 【新建 CSS 规则】对话框

图 3-48 设置文本属性

9. 在【文档】工具栏中单击 代码 按钮，将文档窗口切换到【代码】视图，然后在<head>与</head>之间添加 CSS 样式代码，使行与行之间的距离为 "20px"，段前段后和列表项前后距离均为 "5px"，如图 3-49 所示。

10. 在【文档】工具栏中单击 设计 按钮，将文档窗口切换到【设计】视图，然后将鼠标光标置于文档最后，选择菜单命令【插入】/【HTML】/【水平线】来插入一条水平线。

11. 将鼠标光标置于水平线后面按 Enter 键另起一段，然后选择菜单命令【插入】/【日期】，打开【插入日期】对话框，参数设置如图 3-50 所示。

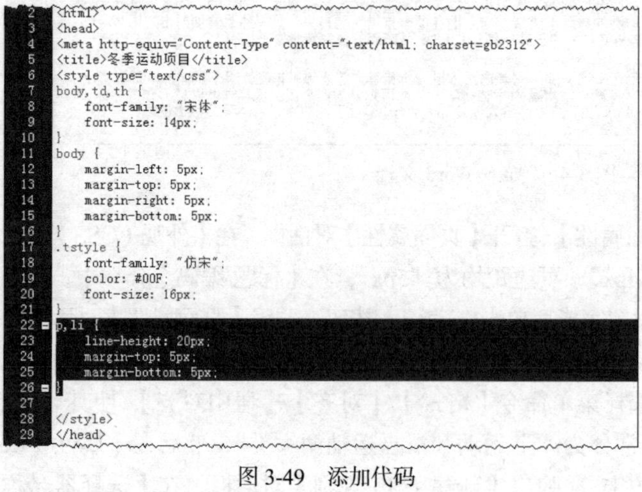

```
2  <html>
3  <head>
4  <meta http-equiv="Content-Type" content="text/html; charset=gb2312">
5  <title>冬季运动项目</title>
6  <style type="text/css">
7  body,td,th {
8      font-family: "宋体";
9      font-size: 14px;
10 }
11 body {
12     margin-left: 5px;
13     margin-top: 5px;
14     margin-right: 5px;
15     margin-bottom: 5px;
16 }
17 .tstyle {
18     font-family: "仿宋";
19     color: #00F;
20     font-size: 16px;
21 }
22 p,li {
23     line-height: 20px;
24     margin-top: 5px;
25     margin-bottom: 5px;
26 }
27
28 </style>
29 </head>
```

图 3-49 添加代码

图 3-50 【插入日期】对话框

12. 单击 确定 按钮插入日期，然后选中正文第 2～8 段，如图 3-51 所示。

13. 在【属性（HTML）】面板中单击 按钮使所选文本呈项目列表格式显示，如图 3-52 所示。

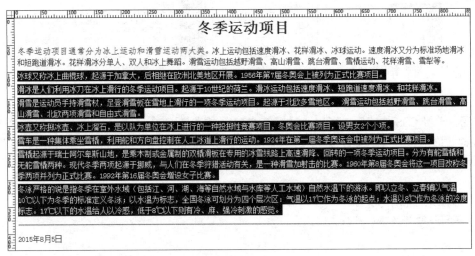

图 3-51　选中正文第 2~8 段

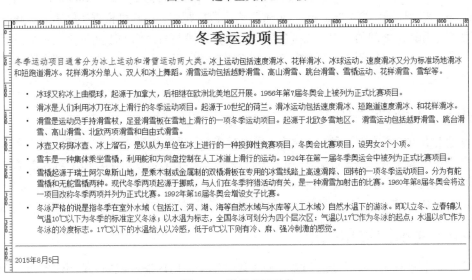

图 3-52　设置项目列表

14. 选择菜单命令【文件】/【保存】保存文档。

3.4.2　段落与换行

通过【属性（HTML）】面板的【格式】下拉列表，可以设置正文的段落格式，即 HTML 标签 "<p>…</p>" 所包含的所有文本为一个段落，用户可以设置文档的标题格式为"标题 1"~"标题 6"，还可以将某一段文本按照预先格式化的样式进行显示，即选择【预先格式化的】选项，其HTML 标签是 "<pre>…</pre>"，如果要取消已设置的格式，选择【无】选项即可，如图 3-53 所示，也可以利用【格式】/【段落格式】菜单中的相应命令来进行设置。在文档中输入文本时直接按 Enter 键也可以形成一个段落，其 HTML 标签是 "<P>…</P>"，如果按 Shift+Enter 组合键或选择菜单命令【插入】/【HTML】/【特殊字符】/【换行符】，则可以在段落中进行换行，其 HTML标签是 "<br>"，XHTML 标签是 "<br />"。默认状态下，段与段之间是有间距的，而通过换行符进行换行不会在两行之间形成大的间距，如图 3-54 所示。

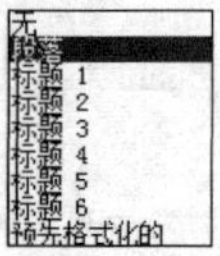

图 3-53 【格式】下拉列表

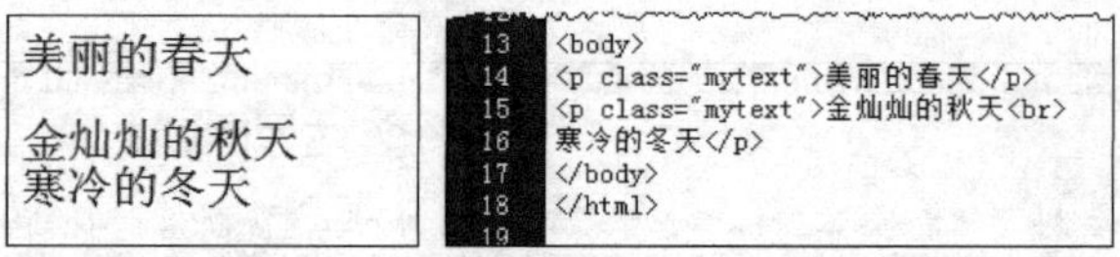

美丽的春天

金灿灿的秋天
寒冷的冬天

图 3-54 段落与换行符

```
13  <body>
14  <p class="mytext">美丽的春天</p>
15  <p class="mytext">金灿灿的秋天<br>
16  寒冷的冬天</p>
17  </body>
18  </html>
19
```

在文档中输入文本时，通常行与行之间的距离非常小，而段与段之间的距离又非常大，显得很不美观。学习 CSS 样式后，可以通过标签 CSS 样式和类 CSS 样式进行设置。在没学习如何设置 CSS 样式之前，读者不妨直接在网页文档源代码的<head>和</head>标签之间添加如下代码。

```
<style type="text/css">
p {
    line-height: 20px;
    margin-top: 5px;
    margin-bottom: 5px;
}
</style>
```

这是一段标签 CSS 样式，其中，"p" 是 HTML 的段落标记符号，"line-height" 表示行高，"margin-top" 表示段前距离，"margin-bottom" 表示段后距离。用户可根据实际需要，修改这些数字来调整行距和段落之间的距离。需要特别说明的是，段与段之间的距离等于上一个段落的段后距离加下一个段落的段前距离，再加行高。如果段前和段后距离均设置为 0，那么段与段之间的距离就等于行距。

3.4.3　文本对齐方式

文本的对齐方式通常有 4 种：左对齐、居中对齐、右对齐和两端对齐。可以在【属性（CSS）】面板中分别单击▤、▤、▤和▤按钮来进行设置，也可以通过【格式】/【对齐】菜单中的相应命令来实现。这两种方式的效果是一样的，但使用的代码不一样。前者使用 CSS 样式进行定义，后者使用 HTML 标签进行定义。如果同时设置多个段落的对齐方式，则需要先选中这些段落。

3.4.4　文本缩进和凸出

在文档排版过程中，有时会遇到需要使某段文本整体向内缩进或向外凸出的情况。单击【属性】面板上的▤按钮（或▤按钮），或者选择菜单命令【格式】/【缩进】（或【凸出】），可以使段落整体向内缩进（或向外凸出）。如果同时设置多个段落的缩进和凸出，则需要先选中这些段落。

3.4.5　设置列表

列表的类型通常有编号列表、项目列表和定义列表等，最常用的是项目列表和编号列表。在【属性（HTML）】面板中单击▤（项目列表）按钮或者选择菜单命令【格式】/【列表】/【项目列表】可以设置项目列表格式，在【属性（HTML）】面板中单击▤（编号列表）按钮或者选择菜单命令【格式】/【列表】/【编号列表】可以设置编号列表格式，如图 3-55 所示。

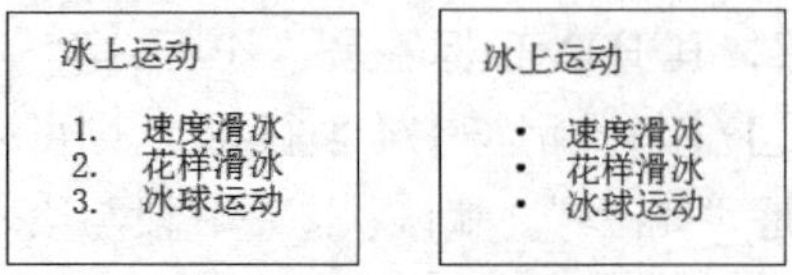

冰上运动

1. 速度滑冰
2. 花样滑冰
3. 冰球运动

冰上运动

· 速度滑冰
· 花样滑冰
· 冰球运动

图 3-55 编号列表和项目列表

用户可以根据需要设置列表属性，方法是将鼠标光标置于列表内，然后通过以下任意一种方法打开【列表属性】对话框进行设置即可，如图 3-56 所示。

- 选择菜单命令【格式】/【列表】/【属性】。
- 在鼠标右键快捷菜单中选择【列表】/【属性】命令。
- 在【属性】面板中单击 列表项目... 按钮。

图 3-56　【列表属性】对话框

列表可以嵌套，方法是首先设置 1 级列表，然后在 1 级列表中选择需要设置为 2 级列表的内容并使其缩进一次，最后根据需要重新设置缩进部分的列表类型，如图 3-57 所示。

图 3-57　列表的嵌套

在制作列表时，如何设置行与行之间的距离以及列表项前后的距离，才能使列表显得美观呢？前面介绍了设置段落行距以及段落前后距离的方法，设置列表的行距以及列表项前后距离的 CSS 代码也可以这么写：

```
<style type="text/css">
li {
    line-height: 20px;
    margin-top: 5px;
    margin-bottom: 5px;
}
</style>
```

这是一段标签 CSS 样式，其中，"li"是 HTML 的列表项符号，"line-height"表示行高，"margin-top"表示列表项前距离，"margin-bottom"表示列表项后距离。读者可根据实际需要，修改这些数字来调整行距和列表项之间的距离。如果需要同时设置段落和列表项的行距以及段落和列表项前后的距离，可以将段落和列表放在一起定义 CSS 样式，这也是平常所说的复合内容 CSS 样式，格式如下。

```
<style type="text/css">
P, li {
    line-height: 20px;
    margin-top: 5px;
    margin-bottom: 5px;
}
</style>
```

P 和 li 之间用英文逗号隔开，这段代码表示段落和列表项的行距都是 20px，段落和列表项前后的距离都是 5px。

3.4.6　插入水平线

在制作网页时，经常需要插入水平线来对内容区域进行分割。选择菜单命令【插入】/【HTML】/【水平线】可以插入一条水平线。选中水平线，在【属性】面板中还可以设置水平线的 id 名称、宽度、高度、对齐方式和是否具有阴影效果等参数，如图 3-58 所示。

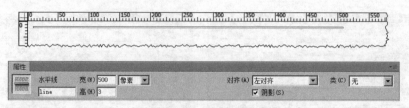

图 3-58　插入水平线

3.4.7　插入日期

许多网页在页脚位置都有制作或修改日期，而且每次修改保存后都会自动更新。选择菜单命令【插入】/【日期】，打开【插入日期】对话框，根据需要进行参数设置即可。只有在【插入日期】对话框中选中【储存时自动更新】复选框，才能在更新网页时自动更新日期，而且也只有选择了该选项，才能使单击日期时显示日期的【属性】面板，否则插入的日期仅仅是一段文本而已，如图 3-59 所示。

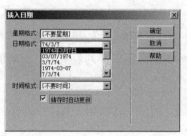

图 3-59　插入日期

习　　题

一、问答题

1. 总结创建文档的基本方法有哪些？
2. 页面属性包括哪几个类别？
3. 文档标题格式有哪几种？
4. 段落和换行有何区别？
5. 列表有哪些类型？

二、操作题

将素材文件复制到站点文件夹下，然后根据要求创建和设置文档，最终效果如图 3-60 所示。

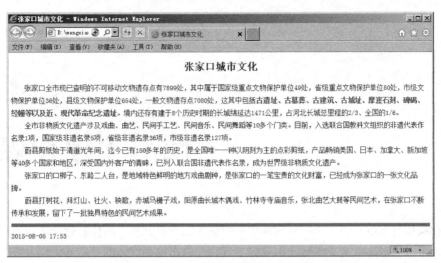

图 3-60　张家口城市文化

（1）创建一个新文档并保存为"lianxi.htm"。

（2）设置页面字体为"宋体"，大小为"14px"，页边距均为"5"，浏览器标题为"张家口城市文化"。

（3）将"张家口城市文化.doc"中的内容导入到网页文档中。

（4）设置文档标题为"标题 2"并居中显示，正文第 1 段中的"古遗址、古墓葬、古建筑、古城址、摩崖石刻、碑碣、经幢等以及近、现代革命纪念遗址"文本颜色为"#00F"并加粗显示，选择器名称为".ptext"。

（5）在正文每段的开头插入 4 个空格，然后在正文最后插入一条水平线，高为"5"，没有阴影，在水平线下面插入日期，不要显示星期，日期格式为"1974-03-07"，时间格式为"22:18"，并能在储存时自动更新。

（6）添加 CSS 样式代码，使行与行之间的距离为"25px"，段前段后和列表项目前后距离均为"0"。

第4章
使用图像和媒体

图像和媒体与文本一样，是网页制作中不可缺少的重要元素。图像和媒体不仅可以为网页增色添彩，还可以更好地配合文本传递信息。本章将介绍图像和媒体的基本知识以及在网页中插入图像和媒体的基本方法。

【学习目标】
- 了解网页中常用的图像和媒体的基本类型。
- 掌握插入图像和图像占位符的方法。
- 掌握插入 SWF 动画、FLV 视频和 ActiveX 控件的方法。
- 掌握设置图像属性和不同媒体属性的方法。

4.1 图像格式

网页中图像的作用基本上可分为两种：一种起装饰作用，如制作网页时使用的背景图像、各种边框图像等；另一种起传递信息的作用，如新闻图像、人物图像和风景图像等。图像与文本的地位和作用是相似的，甚至文本只有配备了相应的图像，在传递信息时才显得生动形象。目前，在网页中使用的最为普遍且被各种浏览器广泛支持的主要图像格式是 GIF 和 JPG/JPEG，PNG 格式也在逐步地被越来越多的浏览器所接受。

4.1.1 GIF 图像

GIF 格式（Graphics Interchange Format，图像交换格式，文件扩展名为 ".gif"），是 CompuServe 公司在 1987 年开发的图像文件格式。

GIF 格式的数据是一种连续色调的无损压缩格式，采用了可变长度等压缩算法，压缩率一般在 50%左右。只要图像不多于 256 色，GIF 格式既可减少文件的大小，又能保持成像的质量。但是 GIF 格式不多于 256 色的限制局限了其应用范围，不适合显示有晕光、渐变色彩等颜色细腻的图像和照片等。GIF 格式最适合显示色调不连续或具有大面积单一颜色的图像（如图表、按钮、图标、徽标）或其他具有统一色彩和色调或只需少量颜色的图像（如黑白照片等）。GIF 分为静态 GIF 和动画 GIF 两种，支持透明背景图像，适用于多种操作系统。动画 GIF 是将多幅图像保存为一个图像文件，从而形成动画。

GIF 格式因其具有图像文件体积小、成像相对清晰、下载速度快、下载时隔行显示、支持透明色以及多个图像能组成动画的特点，因此大受欢迎，是一种在网络上使用最早、应用非常广泛的图形文件格式。目前几乎所有相关软件都支持 GIF 格式，公共领域有大量的软件在使用 GIF 格式图像文件。

4.1.2　JPG/JPEG 图像

JPG/JPEG 格式（Joint Photographic Experts Group，联合图像专家组文件格式，文件扩展名为".jpg"或".jpeg"），是 24 位的图像文件格式，也是一种与平台无关的高效率压缩格式。JPG/JPEG 标准由 ISO 与 CCITT（国际电报电话咨询委员会）共同制定，是面向连续色调静止图像的一种压缩标准。

JPG/JPEG 最初目的是使用 64kbit/s 的通信线路传输 720×576 分辨率压缩后的图像。通过损失极少的分辨率，可以将图像所需存储量减少至原图像大小的 10%。由于其高效的压缩效率和标准化要求，目前已广泛用于彩色传真、静止图像、电话会议、印刷及新闻图片的传送上。但那些被删除的资料无法在解压时还原，所以 JPG/JPEG 格式文件并不适合放大观看，输出成印刷品时品质也会受到影响。但由于 JPG/JPEG 格式的压缩算法十分先进，它对图形图像的损失影响不是很大，一幅 16MB（24 位）的 JPG/JPEG 格式图像看上去与照片没有多大差别。一般情况下，JPG/JPEG 格式文件只有几十个 KB 大小，而色彩数最高可达到 24 位，所以它被广泛运用在网络上以节约网络传输资源。

JPG/JPEG 格式的文件一般有两种文件扩展名，即".jpg"和".jpeg"，这两种扩展名的实质是相同的，可以把".jpg"的文件改名为".jpeg"，而对文件本身不会有任何影响。严格来讲，JPEG 的文件扩展名应该为".jpeg"，但由于 DOS 系统的 8.3 文件名命名规则，PC 机使用了".jpg"的扩展名，而由于 Mac 系统并不限制扩展名的长度，因此当时苹果电脑上都使用了".jpeg"的扩展名。虽然现在 Windows 系统也可以支持任意长度的扩展名，但大家已经习惯了".jpg"的用法。这与 HTML 网页文档扩展名".htm"和".html"的情况是一样的，虽然扩展名不一样，但实际上是一回事。

4.1.3　PNG 图像

PNG 格式（Portable Network Graphics Format，便携式网络图形格式，文件扩展名为".png"）。PNG 格式设计的目的是试图替代 GIF 和 TIFF 文件格式，同时增加一些 GIF 文件格式所不具备的特性。PNG 用来存储灰度图像时，灰度图像的深度可达到 16 位，存储彩色图像时，彩色图像的深度可达到 48 位，并且还可存储达到 16 位的 α 通道数据。

网络通信中因受带宽制约，在保证图像清晰、逼真的前提下，PNG 格式图像文件体积小，特别适合网络传输。PNG 格式文件具有高压缩比，它利用特殊的编码方法标记重复出现的数据，因而对图像的颜色没有影响，也不可能产生颜色的损失，这样就可以重复保存而不降低图像质量。PNG-8 格式与 GIF 图像类似，同样采用 8 位调色板将 RGB 彩色图像转换为索引彩色图像。图像中保存的不再是各个像素的彩色信息，而是从图像中挑选出来的具有代表性的颜色编号，每一编号对应一种颜色，图像的数据量也因此减少，这对彩色图像的传播非常有利。PNG 格式图像在浏览器上采用流式浏览，即经过交错处理的图像会在完全下载之前提供给浏览者一个基本的图像内容，然后再逐渐清晰起来。它允许连续读出和写入图像数据，这个特性很适合在通信过程中显示和生成图像。PNG 格式可以为原图像定义 256 个透明层次，使得彩色图像的边缘能与任何背景平滑地融合，从而彻底地消除锯齿边缘。这种功能是 GIF 和 JPEG 没有的。PNG 格式还支持真彩和灰度级图像的 Alpha 通道透明度。

PNG 格式对于几乎任何类型的网页图像都是非常适合的，是目前使用量逐渐增多的图像格式。

4.2　应用图像

下面介绍在网页中使用图像的基本方法。

4.2.1　教学案例——五月飞雪

将素材文档复制到站点文件夹下，然后根据要求设置网页背景和插入图像，在浏览器中的显示效果如图 4-1 所示。

（1）设置整个网页的背景图像为"snowbg.jpg"，要求背景图像纵向和横向都重复。

（2）依次插入 3 个 JPG 格式的图像"snow01.jpg""snow02.jpg""snow03.jpg"以及一个 PSD 格式的图像"snow04.psd"，替换文本依次为"雪中红花""雪后森林""雪中绿树""雪后大地"。

图 4-1　五月飞雪

【操作步骤】

1. 在【文件】面板中双击打开素材文档"4-2-1.htm"，如图 4-2 所示。

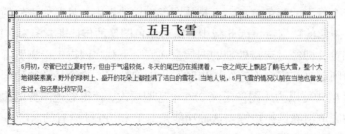

图 4-2　打开素材文档

2. 在【属性（HTML）】或【属性（CSS）】面板中单击 页面属性... 按钮，打开【页面属性】对话框；在【外观（CSS）】分类中单击【背景图像】文本框后面的 浏览(W)... 按钮，打开【选择图像源文件】对话框，选择背景图像文件"snowbg.jpg"，如图 4-3 所示；然后单击 确定 按钮关闭对话框。

3. 在【重复】下拉列表中选择"repeat"来设置图像在纵向和横向上都重复，如图 4-4 所示。

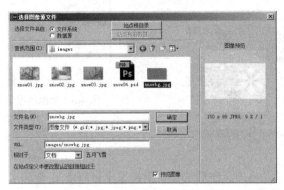

图 4-3 【选择图像源文件】对话框 　　　　　　 图 4-4 设置背景图像

4. 单击 确定 按钮，设置的背景图像效果如图 4-5 所示。

图 4-5 设置网页背景图像

5. 将鼠标光标置于文档标题"五月飞雪"下面一行左侧单元格内，然后选择菜单命令【插入】/【图像】，打开【选择图像源文件】对话框，选择图像文件"snow01.jpg"，如图 4-6 所示。

图 4-6 插入图像

6. 单击 确定 按钮插入图像，然后在图像【属性】面板的【替换】列表框中将图像的替换文本设置为"雪中红花"，如图 4-7 所示。

7. 在【文件】面板中选中图像文件"snow02.jpg"，如图 4-8 所示，然后将其拖曳到文档标题"五月飞雪"下面一行右侧单元格内。

图 4-7　设置图像属性　　　　　　　　　　　　　　　　　图 4-8　拖曳图像

8. 在图像【属性】面板的【替换】列表框中将图像的替换文本设置为"雪中森林"，如图 4-9 所示。

9. 将鼠标光标置于文档正文下面一行左侧单元格内，然后选择菜单命令【窗口】/【资源】，打开【资源】面板，单击▣按钮切换到图像分类，选中图像文件"snow03.jpg"，单击 插入 按钮将图像插入到文档中，如图 4-10 所示。

图 4-9　设置图像属性　　　　　　　　　　　　　　　　　图 4-10　【资源】面板

10. 在图像【属性】面板的【替换】列表框中将图像的替换文本设置为"雪中绿树"，如图 4-11 所示。

图 4-11　设置图像属性

11. 将鼠标光标置于文档正文下面一行右侧单元格内，然后选择菜单命令【插入】/【图像】，打开【选择图像源文件】对话框，选择图像文件"snow04.psd"，如图 4-12 所示。

12. 单击 确定 按钮打开【图像优化】对话框，参数设置如图 4-13 所示。

13. 单击 确定 按钮，打开【保存 Web 图像】对话框，设置图像的保存位置和名称，如图 4-14 所示，然后单击 保存(S) 按钮保存并插入图像。

14. 在图像【属性】面板的【替换】列表框中将图像的替换文本设置为"雪后大地"，如图 4-15 所示。

15. 选择菜单命令【文件】/【保存】保存文档，效果如图 4-16 所示。

图 4-12　选择图像文件 "snow04.psd"

图 4-13　【图像优化】对话框

图 4-14　【保存 Web 图像】对话框

图 4-15　设置图像属性

图 4-16　网页效果

4.2.2 设置背景

在制作网页时，经常需要设置背景图像或背景颜色。设置整个网页的背景图像或背景颜色，可通过【页面属性】对话框进行。方法是选择菜单命令【修改】/【页面属性】或在【属性】面板中单击 页面属性... 按钮，打开【页面属性】对话框，在【外观（CSS）】分类中，可通过【背景颜色】文本框来设置网页的背景颜色，通过【背景图像】文本框来设置网页背景图像，通过【重复】下拉列表来设置背景图像的重复方式，如图 4-17 所示。

在【重复】下拉列表中共有 4 个选项，可以用来设置背景图像的平铺方式。

- 【no-repeat（不重复）】：只显示实际图像大小，不进行平铺显示。
- 【repeat（重复）】：图像在水平、垂直方向平铺显示。
- 【repeat-x（横向重复）】：图像只在水平方向上平铺显示。
- 【repeat-y（纵向重复）】：图像只在垂直方向上平铺显示。

在如图 4-18 所示的【外观（HTML）】分类中，也可以设置网页的背景图像和背景颜色，但不能设置图像的重复方式，设置背景图像后其默认就是平铺的。外观（HTML）方式是使用 HTML 方式设置背景图像和背景颜色，而外观（CSS）方式是使用 CSS 方式设置背景图像和背景颜色。

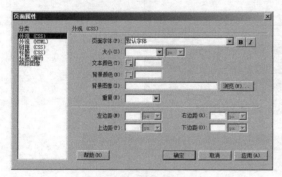

图 4-17　外观（CSS）

图 4-18　外观（HTML）

在设置网页背景时，如果同时设置了背景颜色和背景图像，背景颜色通常平铺在最底层，然后是背景图像，背景图像平铺时会覆盖背景颜色。而在背景图像没有平铺的区域，会显示背景颜色。

4.2.3 插入图像

如果说背景图像处于底层的话，那么插入到网页中的图像就位于上层了。插入图像常用的方法基本上有通过【选择图像源文件】对话框插入图像、通过【文件】面板拖曳图像、通过【资源】面板插入图像 3 种。

1. 通过【选择图像源文件】对话框插入图像

将鼠标光标置于要插入图像的位置，然后选择菜单命令【插入】/【图像】，或者在【插入】面板的【常用】类别中单击图像按钮组中的 ▼·图像 按钮，打开【选择图像源文件】对话框，选择需要的图像并单击 确定 按钮，即可将图像插入文档中，如图 4-19 所示。

在【选择图像源文件】对话框中，如果选择【文件系统】选项，可以通过【查找范围】下拉列表来定位图像文件的位置，然后在列表框中选择一个图像文件，这是最常用的插入图像的方式。如果要插入图像的网页文档是一个新建且未保存的文档，那么 Dreamweaver CS6 将弹出一个信息提示框，提示将生成一个对图像文件的"file://"引用，如图 4-20 所示。将文档保存在站点中的某位置后，Dreamweaver CS6 会将该引用转换为文档相对路径。

图 4-19　【选择图像源文件】对话框

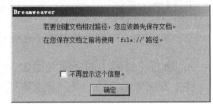

图 4-20　提示信息框

　　如果选择【数据源】选项，需要设置一个动态图像源，通常要使用数据库并创建记录集通过动态数据的形式来实现，如图 4-21 所示。

　　在插入图像时，有时会弹出【图像标签辅助功能属性】对话框，如图 4-22 所示。在【替换文本】下拉列表框中，可以为图像输入一个名称或一段简短描述，屏幕阅读器会朗读在此处输入的信息。输入文本数量应限制在 50 个字符左右，对于较长的描述，可在【详细说明】文本框中提供链接地址，该链接指向提供有关该图像的详细说明信息的文件。单击 取消 按钮时，图像将直接插入文档中，但 Dreamweaver CS6 不会将它与辅助功能标签或属性相关联。

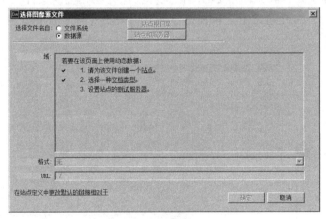

图 4-21　选择【数据源】选项

图 4-22　【图像标签辅助功能属性】对话框

　　在【图像标签辅助功能属性】对话框中，单击提示文本中的【请更改"辅助功能"首选参数】链接，打开【首选参数】对话框，取消选中【图像】复选框，如图 4-23 所示。这样在插入图像时，就不会再弹出【图像标签辅助功能属性】对话框。当然，如果希望弹出【图像标签辅助功能属性】对话框，以便设置相关信息，就需要选中【图像】复选框。

　　2. 通过【文件】面板拖曳图像

　　在【文件】面板中选中图像文件，如图 4-24 所示，然后将其拖曳到文档中的适当位置，即可将图像插入到网页文档中。

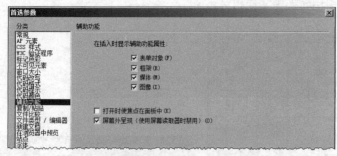

图 4-23 【首选参数】对话框

图 4-24 【文件】面板

3. 通过【资源】面板插入图像

在【资源】面板中，单击 按钮将面板切换到图像分类，选中图像文件，然后单击 插入 按钮将图像插入到网页文档中，如图 4-25 所示。

在通过以上介绍的 3 种方式插入图像时，如果要插入的图像文件不在当前 Dreamweaver 站点的文件夹内，而是位于当前 Dreamweaver 站点外的其他位置，此时将弹出图 4-26 所示的对话框，询问是否将图像文件复制到站点的根文件夹下面。单击 是(Y) 按钮，系统会将图像文件复制到站点的根文件夹下面。单击 否(N) 按钮，系统不会将图像文件复制到站点的根文件夹下面，但会建立一个链接到该图像的链接，在本地浏览器中预览网页时图像会正常显示，但上传到远程服务器后就未必正常了。单击 取消 按钮，将撤销本次插入图像的操作。

如果要插入的图像文件不在当前 Dreamweaver 站点的文件夹内，而定义站点时又设置了【默认图像文件夹】选项，如图 4-27 所示，那么文件将自动复制到所定义的默认图像文件夹，而不会再弹出提示对话框。如果网站的分支非常多，分支的图像文件会保存在相应的文件夹，而不会全部保存在一个图像文件夹里面，因此通常不建议在站点设置时设置【默认图像文件夹】选项。

图 4-25 【资源】面板　　图 4-26 提示框　　图 4-27 设置【默认图像文件夹】选项

4. 插入 PSD 文件

在 Dreamweaver CS6 中，可以直接在网页文档中插入 PSD 文件，此时将弹出【图像优化】对话框，如图 4-28 左图所示。通过【图像优化】对话框，可以设置【预置】、【格式】和【品质】3 个选项。【预置】选项可以设置将 PSD 文件生成的目标文件的格式要求，【格式】选项可以设置将 PSD 文件生成的目标文件的文件类型，【品质】选项可以设置将 PSD 文件生成的目标文件的品质高低。

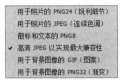

图 4-28　【图像优化】对话框

设置完毕后单击 确定 按钮，将打开【保存 Web 图像】对话框，设置图像的保存位置和名称，再单击 保存(S) 按钮保存相应类型的图像文件并插入网页中。此时在【属性】面板的【原始】文本框中将显示图像的 PSD 文件，如图 4-29 所示。

图 4-29　【属性】面板的【原始】文本框

如果单击【属性】面板【编辑】选项中的 按钮，将直接调用在如图 4-30 所示【首先参数】对话框的【文件类型/编辑器】分类中设置的 ".psd" 文件类型所对应的图像编辑器来打开 PSD 图像文件，进行编辑处理。在【首先参数】对话框的【文件类型/编辑器】分类中，可以在【扩展名】列表框中添加文件扩展名称，在【编辑器】列表框中添加相对应文件类型的文件编辑器。

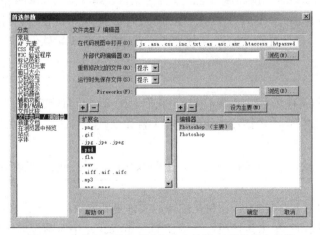

图 4-30　【首先参数】对话框【文件类型/编辑器】分类

4.2.4　图像属性

图像插入网页后，不一定完全适合需要，有时还需要进行修饰。最好使用 Photoshop 等图像处理软件对图像提前进行处理，不过在 Dreamweaver CS6 中，可以通过【属性】面板来设置图像大小，也可以适度地进行编辑处理操作，使其更符合实际需要，如图 4-31 所示。

图 4-31　图像【属性】面板

1. 图像名称和 ID

图像【属性】面板左上方是图像的缩略图，缩略图右侧上方显示图像的体积大小，缩略图右侧下方的【ID】文本框用于设置图像的名称和 ID。

2. 源文件

【源文件】文本框用于显示已插入图像的路径，如果要用新图像替换已插入的图像，可以在【源文件】文本框中设置新图像的文件路径。

3. 替换文本

【替换】列表框用于设置图像的描述性信息。浏览网页时，当鼠标光标移动到图像上或图像不能正常显示时，图像会显示这些信息。

4. 图像宽度和高度

【宽】和【高】文本框用于设置图像的显示宽度和高度，其后面的 🔒 按钮表示约束图像的宽度和高度，即修改了图像的宽度和高度的任一值时，另一值将自动保持等比例改变。单击 🔒 按钮，其将变换成 🔓 按钮，表示不再约束图像的宽度和高度之间的比例关系。单击文本框后面的 ◎ 按钮，可以将修改了宽度和高度的图像重置为原始大小。单击 ✔ 按钮将提交图像的大小，即永久性改变图像的实际大小。在制作网页时，使用 Dreamweaver CS6 修改图像的大小不是最佳选择，最好使用专业图像处理软件对图像进行处理。

5. 图像原始文件

【原始】文本框用于设置当前图像对应的图像源文件，如图像"snow04.jpg"对应的 Photoshop 图像源文件是"snow04.psd"。这样在【属性】面板中单击 🖼 按钮将直接调用在【首先参数】对话框【文件类型/编辑器】中设置的".psd"文件类型所对应的图像编辑软件来打开此 PSD 图像文件，以便进行编辑处理。

6. 图像编辑

【编辑】选项后面共有 7 个按钮，可以通过它们对图像进行简单编辑。

- 🖼（编辑）按钮：单击该按钮将调用在【首先参数】对话框中设置好的图像处理软件对图像进行编辑。

- 🔗（优化）按钮：单击该按钮将打开【图像优化】对话框，对输出的文件格式等参数进行优化设置。

- 🔄（更新）按钮：单击该按钮将从图像源文件更新网页中的图像文件。

- ◪（裁剪）按钮：单击该按钮将直接在 Dreamweaver 中对图像进行裁剪，图像裁剪后无法恢复到原始状态。

- 🔍（重新取样）按钮：有时用户会在 Dreamweaver 中手动改变图像的尺寸，如加宽或者缩小，并不是按比例缩放的，这时图像会发生失真，使用此功能，可以使图像尽可能地减少失真度。

- ◐（亮度和对比度）按钮：用于设置图像显示的亮度和对比度。

- ◢（锐化）按钮：用于改变图像显示的清晰度。

插入图像并在设置了相应属性后，其源代码如下：

```
<img src="images/snow01.jpg" alt="雪中红花" width="300" height="200">
```

其中，"<img>"是图像标签，"src"表示图像文件的路径，"alt"表示替换文本，"width"表示图像的宽度，"height"表示图像的高度。

4.2.5 图像占位符

在网页中插入图像，这些图像通常是事先准备好的。如果在网页制作过程中，没有需要插入的图像，怎么办呢？此时，可以临时插入一个图像占位符，把这块空间临时占用，等到有了合适的图像后再进行更换。

插入图像占位符的方法是：选择菜单命令【插入】/【图像对象】/【图像占位符】，或者在【插入】面板的【常用】类别中单击图像按钮组中的 ![图像：图像占位符] 按钮，打开【图像占位符】对话框，根据需要设置参数即可，如图 4-32 所示。在【名称】文本框中不能输入中文，可以是 ASCII 字母和数字的组合，但不能以数字开头。

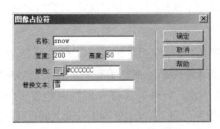
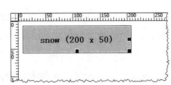

图 4-32　插入图像占位符

通过【属性】面板还可以修改图像占位符的属性，如图 4-33 所示。图像占位符只是在网页制作过程中临时使用的图像占位工具，在网页发布前必须换成实际图像。

图 4-33　图像占位符【属性】面板

4.3　媒体类型

在 Dreamweaver 中，音频和视频通常被称为媒体。媒体的类型很多，下面简要介绍一下适合在网络上传播的几种常见媒体类型。

4.3.1　SWF

SWF（Shock Wave Flash）是一种基于矢量的 Flash 动画文件（文件扩展名为".swf"），是 Macromedia（现已被 ADOBE 公司收购）公司的动画设计软件 Flash 的专用格式，被广泛应用于网页设计、动画制作等领域。可以在 Flash 中创建原始内容或者从其他 Adobe 应用程序（如 Photoshop 或 Illustrator）导入它们，快速设计简单的动画，以及使用 Adobe AcitonScript 3.0 开发高级的交互式项目。设计人员和开发人员可使用它来创建演示文稿、应用程序和其他允许用户交互的内容。Flash 可以包含简单的动画、视频内容、复杂演示文稿和应用程序以及介于它们之间的任何内容。通常，使用 Flash 创作的各个内容单元称为应用程序，即使它们可能只是很简单的动画。也可以通过添加图片、声音、视频和特殊效果，构建包含丰富媒体的 Flash 应用程序。

4.3.2　FLV

FLV（Flash Video）是随着 Flash MX 的推出发展而来的一种新兴的流媒体格式（文件扩展名为 ".flv"）。由于它形成的文件具有体积小、加载速度极快、CPU 占有率低、视频质量良好等特点，使得在网络上观看视频文件成为可能。它的出现有效地解决了视频文件导入 Flash 后，导出的 SWF 文件体积庞大，不能在网络上很好地使用等问题。而且，FLV 利用了网页上广泛使用的 Flash Player 平台，访问者只要能看 Flash 动画就能看 FLV 视频，而无需再额外安装视频插件，FLV 视频的使用给视频传播带来了极大便利。可以说，FLV 视频是目前网络上使用最广泛的视频传播格式。

4.3.3　WMV

WMV（Windows Media Video）是微软推出的一种流媒体格式（文件扩展名为 ".wmv"），它是由 ASF（Advanced Stream Format）格式升级延伸而来。在同等视频质量下，WMV 格式的文件可以边下载边播放，因此很适合在网上传输和播放。WMV 文件一般同时包含视频和音频部分，视频部分使用 Windows Media Video 编码，音频部分使用 Windows Media Audio 编码。WMV-HD，基于 WMV9 标准，是微软开发的视频压缩技术系列中的其中一个版本。尽管 WMV-HD 是微软的独有标准，但因其在操作系统中大力支持 WMV 系列版本，从而在桌面系统得以迅速普及。

4.3.4　WMA

WMA（Windows Media Audio）是微软公司推出的与 MP3 格式齐名的一种新的音频格式（文件扩展名为 ".wma"）。由于 WMA 在压缩比和音质方面都超过了 MP3，更是远胜于 RA，因而即使在较低的采样频率下 WMA 也能产生较好的音质。WMA 还支持音频流技术，适合在网络上在线播放。WMA 可以用于多种格式的编码文件中。应用程序可以使用 Windows Media Format SDK 进行 WMA 格式的编码和解码。一些常见的支持 WMA 的应用程序包括 Windows Media Player、Windows Media Encoder、RealPlayer、Winamp 等。其他一些平台，如 Linux 和移动设备中的软硬件也支持此格式。

4.3.5　MP4

MP4（MPEG-4 Part 14）是一种使用 MPEG-4 对音频、视频信息进行压缩的编码格式（文件扩展名为 ".mp4"），以储存数码音讯及数码视讯为主。MP4 由国际标准化组织（ISO）和国际电工委员会（IEC）下属的"动态图像专家组"（Moving Picture Experts Group，即 MPEG）制定，第一版在 1998 年 10 月通过，第二版在 1999 年 12 月通过。MPEG-4 格式的主要用途在于网上传播、光盘、语音发送（视频电话）以及电视广播。MPEG-4 包含了 MPEG-1 及 MPEG-2 的绝大部分功能及其他格式的长处，并加入及扩充对虚拟现实模型语言（VRML，Virtual Reality Modeling Language）的支持，具有面向对象的合成档案（包括音效、视讯和 VRML 对象）以及数字版权管理（DRM）及其他互动功能。MPEG-4 比 MPEG-2 更先进，其中一点就是不再使用宏区块做影像分析，而是以影像上的个体为变化记录，因此尽管影像变化速度很快、码率不足时，也不会出现方块画面。

4.3.6　RA

RA（Real Audio）是 Real Networks 公司所开发的一种流式音频文件格式（文件扩展名为".ra"）。RA 文件压缩比例高，体积小巧，可以随网络带宽的不同而改变声音质量，能够很好地实时传送和播放，非常适合在网络传输速度较低的互联网上使用。RA 格式文件需要 RealPlayer 来播放，其他很多播放器都可以打开 RA 格式文件。

4.3.7　RM

RM 格式是 Real Networks 公司开发的一种流媒体视频文件格式（文件扩展名为".rm"）。RM 可以根据网络数据传输的不同速率制定不同的压缩比率，从而实现低速率的网络进行视频文件的实时传送和播放。它主要包含 Real Audio、Real Video 和 Real Flash 三部分。这种格式的一个特点是用户使用 RealPlayer 或 RealOnePlayer 播放器可以在不下载音频/视频内容的条件下实现在线播放。RM 格式一开始就定位在视频流应用方面，可以说是视频流技术的始创者。RM 格式的诞生，使得流文件为更多人所知。这类文件可以实现即时播放，即先从服务器上下载一部分视频文件，形成视频流缓冲区后实时播放，同时继续下载，为接下来的播放做好准备。这种"边传边播"的方法避免了用户必须等待整个文件从网络上全部下载完毕才能观看的缺点，因而特别适合在线观看影视。RM 主要用于在低速率的网络上实时传输视频的压缩格式，它同样具有小体积而又比较清晰的特点。RM 文件的大小完全取决于制作时选择的压缩率。

4.3.8　RMVB

RMVB 是在流媒体的 RM 影片格式上升级延伸而来的一种视频文件格式，RMVB 中的 VB 指 VBR（Variable Bit Rate），即可改变的比特率。RMVB 则打破了原先 RM 格式那种平均压缩采样的方式，在保证平均压缩比的基础上，设定了一般为平均采样率两倍的最大采样率值。将较高的比特率用于复杂的动态画面，而在静态画面中则灵活地转换为较低的采样率，合理地利用了比特率资源，使 RMVB 最大限度地压缩了影片的大小，最终拥有了近乎完美的视听效果，因此 RMVB 较上一代 RM 格式画面清晰了很多。RMVB 可以用 RealPlayer、暴风影音、QQ 影音等播放软件来播放。

4.3.9　ASF

ASF（Advanced Streaming Format）是由微软公司开发用于网络传播和播放动态影像的一种流媒体格式（文件扩展名为".asf"），以网络数据包的形式传输，实现流式多媒体内容发布。它包含音频、视频、图像等多种形式，其最大的特点是体积小，是针对网络传播而开发的通用多媒体文件格式。ASF 支持任意的压缩/解压缩编码方式，并可以使用任何一种底层网络传输协议，具有很大的灵活性。Microsoft Media player 是能播放几乎所有多媒体文件的播放器，支持网络上的 ASF 流文件格式，可以一边下载一边实时播放。

4.3.10　Shockwave

Shockwave 是 Macromedia 公司（后被 Adobe 公司收购）制定的用于在 Web 中插放丰富的交

互式多媒体内容的业界标准（文件扩展名为".dcr"".dir"".dxr"）。用户可以通过 Director 来创建 Shockwave 影片，它生成的压缩格式可以被浏览器快速下载，并且可被目前的主流浏览器所支持。Director 是美国 Adobe 公司开发的一款软件，主要用于多媒体项目的集成开发，广泛应用于多媒体光盘、课件、触摸屏软件、网络电影、网络交互式多媒体查询系统、企业多媒体形象展示、游戏和屏幕保护等的开发制作。使用 Director 能够容易地创建包含高品质图像、数字视频、音频、动画、三维模型、文本、超文本以及 Flash 文件的多媒体程序。

4.4　应用媒体

在 Dreamweaver CS6 中，可以向网页文档插入 SWF、FLV、Shockwave、Applet、ActiveX 和插件等媒体。在 Dreamweaver CS6 中，可以在【插入】面板中的【常用】类别的【媒体】按钮组中单击相应媒体类型图标来插入媒体，如图 4-34 所示，也可以在【插入】/【媒体】子菜单中选择相应命令来插入媒体，如图 4-35 所示。如果要插入的对象不是 SWF、FLV、Shockwave、Applet 或 ActiveX 对象，可选择 【插件】命令来插入该对象。

图 4-34 【媒体】按钮组

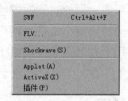

图 4-35 【媒体】子菜单

这里所说的插入媒体通常是指将媒体文件嵌入页面中，用户需要具备所选媒体文件的插件，才能够播放媒体。播放器外观能够嵌入在页面上，用户可以进行音量控制以及声音文件的开始点和结束点等操作。在学习了超级链接后，也可以在页面中链接到媒体文件。链接到媒体文件是将媒体添加到网页的一种简单而有效的方法，这种方法可以使访问者选择是否要收听或观看该文件。在设置时，首先要选择用作指向媒体文件的文本或图像，然后在【属性】面板中，单击【链接】文本框后面的文件夹图标浏览选择媒体文件，也可在【链接】文本框中直接键入媒体文件的路径和名称。使用链接到媒体文件这种方法，需要用户安装相应类型媒体文件的播放器。

下面具体介绍在网页中使用媒体的基本方法。

4.4.1　教学案例——海坨戴雪

将素材文档复制到站点文件夹下，然后根据要求设置网页，在浏览器中的显示效果如图 4-36 所示。

（1）设置整个网页的背景图像为"haituobg.jpg"，要求背景图像不平铺。

（2）插入图像"haituo.jpg"，设置替换文本为"海坨戴雪"。

（3）插入 SWF 动画"haituodaixue.swf"，要求循环自动播放。

（4）插入 FLV 视频"haituo.flv"，要求视频类型设置为"累进式下载视频"，外观设置为"Halo Skin 3"。

（5）插入 ActiveX 控件使其能够播放 WMV 视频文件"daixue.wmv"。

图 4-36　海坨戴雪

【操作步骤】

1. 在【文件】面板中双击打开素材文档"4-4-1.htm"，如图 4-37 所示。

图 4-37　打开素材文档

2. 在【属性（HTML）】或【属性（CSS）】面板中单击 页面属性... 按钮，打开【页面属性】对话框，在【外观（CSS）】分类中设置背景图像为"haituobg.jpg"，在【重复】下拉列表中设置背景图像重复方式为"no-repeat"，如图 4-38 所示，然后单击 确定 按钮关闭对话框。

3. 将鼠标光标置于文档标题"海坨戴雪"下面一行左侧单元格内，然后选择菜单命令【插入】/【图像】来插入图像文件"haituo.jpg"，效果如图 4-39 所示，并在【属性】面板中设置替换文本为"海坨戴雪"。

4. 将鼠标光标置于文档标题"海坨戴雪"下面一行右侧单元格内，然后选择菜单命令【插入】/【媒体】/【SWF】，打开【选择 SWF】对话框，选择 SWF 动画文件"haituodaixue.swf"，如图 4-40 所示。

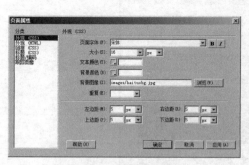

图 4-38　设置背景图像

图 4-39　插入图像

5. 单击 确定 按钮，将 SWF 动画插入文档中，如图 4-41 所示。

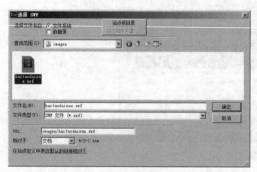

图 4-40　【选择 SWF】对话框

图 4-41　插入 SWF 动画

6. 在【属性】面板中保证已选择【循环】和【自动播放】复选框，如图 4-42 所示。

图 4-42　设置 SWF 动画属性

7. 将鼠标光标置于文档正文下面一行左侧单元格内，然后选择菜单命令【插入】/【媒体】/【FLV】，打开【插入 FLV】对话框。

8. 在【视频类型】下拉列表中选择"累进式下载视频"，单击【URL】文本框后面的 浏览… 按钮，打开【选择 FLV】对话框，选择 FLV 视频文件"haituo.flv"，如图 4-43 所示。

9. 单击 确定 按钮关闭对话框，然后在【插入 FLV】对话框的【外观】下拉列表中选择"Halo Skin 3"，单击 检测大小 按钮来检测 FLV 文件的幅面大小并自动填充到【宽度】和【高度】文本框中，如图 4-44 所示。

10. 单击 确定 按钮将 FLV 视频添加到文档中，如图 4-45 所示。

11. 将鼠标光标置于文档正文下面一行右侧单元格内，然后选择菜单命令【插入】/【媒体】/【ActiveX】，在文档中插入一个 ActiveX 占位符。

12. 确保 ActiveX 占位符处于选中状态，然后在【属性】面板中设置【宽】和【高】选项，在【ClassID】下拉列表中添加"CLSID:22D6f312-b0f6-11d0-94ab-0080c74c7e95"，并选中【嵌入】复选框，如图 4-46 所示。

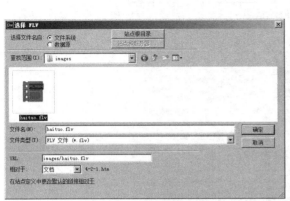

图 4-43 【选择 FLV】对话框

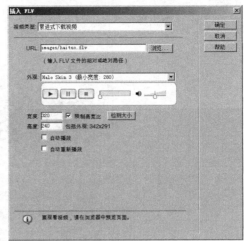

图 4-44 【插入 FLV】对话框

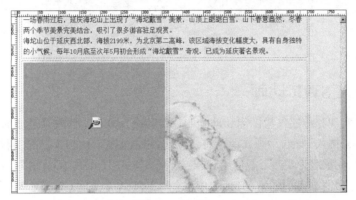

图 4-45 插入 FLV

图 4-46 设置 ActiveX 属性

13. 在【属性】面板中单击 参数... 按钮，打开【参数】对话框并添加相关参数，如图 4-47 所示，参数添加完毕后单击 确定 按钮关闭对话框。

14. 选择菜单命令【文件】/【保存】保存文档，弹出【复制相关文件】对话框，如图 4-48 所示，单击 确定 按钮复制相关文件。

图 4-47 添加参数

图 4-48 【复制相关文件】对话框

15. 选择菜单命令【文件】/【保存】保存文档，效果如图4-49所示。

图4-49　网页效果

4.4.2　插入 SWF 动画

Flash 技术是实现和传递矢量图像和动画的首要解决方案，其播放器是 Flash Player。在使用 Dreamweaver CS6 来插入 Flash 动画或视频前，应熟悉 FLA、SWF 和 FLV 三个文件类型之间的关系。

● FLA 文件：扩展名为“.fla”，是使用 Flash 软件创建的项目的源文件，此类型的文件只能在 Flash 中打开。因此，在网页中使用时通常在 Flash 中将它发布为 SWF 文件，这样才能在浏览器中播放。

● SWF 文件：扩展名为“.swf”，是 FLA 文件的编译版本，已进行优化，可以在网页上查看。此文件可以在浏览器中播放并且可以在 Dreamweaver 中进行预览，但不能在 Flash 中编辑此文件。

● FLV 文件：扩展名为“.flv”，是一种视频文件，它包含经过编码的音频和视频数据，用于通过 Flash Player 进行传送。例如，如果有 QuickTime 或 Windows Media 视频文件，就可以使用编码器（如 Flash CS5 Video Encoder）将视频文件转换为 FLV 文件。

在 Dreamweaver CS6 中，插入 SWF 动画的方法是：选择菜单命令【插入】/【媒体】/【SWF】，或在【插入】/【常用】面板的【媒体】按钮组中单击 SWF 按钮，当然也可以在【文件】面板中选中 SWF 动画文件直接拖动到文档中。插入 SWF 动画后，其【属性】面板如图4-50所示。

图4-50　SWF【属性】面板

下面对 SWF【属性】面板中的相关选项简要说明如下。

● 【FlashID】：用于设置 SWF 动画的名称，其上方显示的是媒体的文件类型和体积大小。

● 【宽】和【高】：用于设置 SWF 动画的显示尺寸。

● 【文件】：用于显示或重新设置 SWF 动画文件的路径。

● 【背景颜色】：用于设置当前 SWF 动画的背景颜色。

- 【循环】：用于设置 SWF 动画在浏览器端是否循环播放。
- 【自动播放】：用于设置 SWF 动画在被浏览器载入时是否自动播放。
- 【垂直边距】和【水平边距】：用于设置 SWF 动画边框与该动画周围其他内容之间的距离，以像素为单位。
- 【品质】：用于设置 SWF 动画在浏览器中的播放质量。
- 【比例】：用于设置 SWF 动画的显示比例。
- 【对齐】：用于设置 SWF 动画与周围内容的对齐方式。
- 【Wmode】：用于设置 SWF 动画背景模式。
- 编辑 ：单击该按钮，将在 Flash 软件中处理源文件，当然要确保有源文件 ".fla" 的存在，如果没有安装 Flash 软件，该按钮将不起作用。
- ▶ 播放 ：单击该按钮，将在设计视图中播放 SWF 动画。
- 参数... ：单击该按钮，可设置使 Flash 能够顺利运行的附加参数。

4.4.3　插入 FLV 视频

在 Dreamweaver CS6 中插入 FLV 视频的方法是：选择菜单命令【插入】/【媒体】/【FLV】，打开【插入 FLV】对话框。在【视频类型】下拉列表中选择需要的视频类型，如 "累进式下载视频"。【视频类型】下拉列表中一共有如下两个选项。

- 【累进式下载视频】：将 FLV 文件下载到站点访问者的硬盘上，然后进行播放。但是，与传统的 "下载并播放" 视频传送方法不同，累进式下载允许在下载完成之前就开始播放视频文件。
- 【流视频】：对视频内容进行流式处理，并在一段可确保流畅播放的很短的缓冲时间后在网页上播放该内容。若要在网页上启用流视频，必须具有访问 Adobe® Flash® Media Server 的权限。

在【URL】文本框中设置 FLV 文件的路径，如 "images/laoshan.flv"。如果 FLV 文件位于当前站点内，可单击 浏览... 按钮来选定该文件。如果 FLV 文件位于其他站点内，可在文本框内输入该文件的 URL 地址，如 "http://www.ls.cn/ls.flv"。在【外观】下拉列表中选择适合的选项，如 "Halo Skin 3"。【外观】选项用来指定视频组件的外观，所选外观的预览会显示在【外观】下拉列表的下方。单击 检测大小 按钮来检测 FLV 文件的幅面大小并自动填充到【宽度】和【高度】文本框中，如图 4-51 所示。

【宽度】和【高度】选项以像素为单位指定 FLV 文件的宽度和高度。若要使 Dreamweaver CS6 确定 FLV 文件的准确宽度和高度，需单击 检测大小 按钮。如果 Dreamweaver CS6 无法确定宽度和高度，必须输入宽度和高度值。【限制高宽比】用于保持视频组件的宽度和高度之间的比例不变，默认情况下会选择此选项。【包括外观】是 FLV 文件的宽度和高度与所选外观的宽度和高度相加得出的和。【自动播放】用于设置在 Web 页面打开时是否播放视频。【自动重新播放】用于设置播放控件在视频播放完之后是否返回起始位置。设置完毕后单击 确定 按钮关闭对话框，FLV 视频将被添加到网页上，如图 4-52 所示。

向网页内插入 FLV 文件时将首先插入一个 SWF 组件，当在浏览器中查看时，此组件将显示插入的 FLV 文件和一组播放控件。这些文件与视频内容所添加到的网页文件在同一文件夹中。当上传包含 FLV 文件的网页时，需要同时将相关文件上传。选中插入的 FLV 视频，其【属性】面板如图 4-53 所示，可以根据需要在【属性】面板中修改相关参数。

如果在【插入 FLV】对话框的【视频类型】下拉列表中选择【流视频】，那么【插入 FLV】对话框将变为图 4-54 所示的形式。

图 4-51 【插入 FLV】对话框

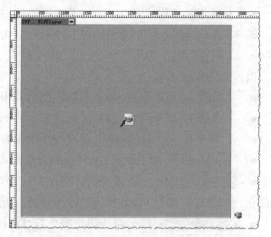

图 4-52 插入 FLV 视频

图 4-53 FLV 视频【属性】面板

下面对相关选项简要说明如下。

● 【服务器 URI】：以 "rtmp://www. example.com/ app_name/instance_name" 的格式设置服务器名称、应用程序名称和实例名称。

● 【流名称】：用于设置要播放的 FLV 文件的名称，如 "myvideo.flv"，扩展名 ".flv" 是可选的。

● 【实时视频输入】：用于设置视频内容是否是实时的。如果选择了该复选框，则 Flash Player 将播放从 Flash® Media Server 流入的实时视频流，实时视频输入的名称是在【流名称】文本框中指定的名称。同时，组件的外观上只会显示音量控件，因为用户无法操纵实时视频，而且【自动播放】和【自动重新播放】选项也不起作用。

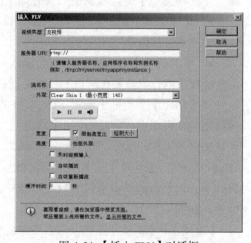

图 4-54 【插入 FLV】对话框

● 【缓冲时间】：用于设置在视频开始播放之前进行缓冲处理所需的时间，以秒为单位。默认的缓冲时间设置为 "0"，这样在播放视频时会立即开始播放。如果选择【自动播放】复选框，则在建立与服务器的连接后视频立即开始播放。如果要发送的视频的比特率高于站点访问者的连接速度，或者 Internet 通信可能会导致带宽或连接问题，则可能需要设置缓冲时间。例如，如果要在网页播放视频之前将 15 秒的视频发送到网页，请将缓冲时间设置为 "15" 秒。

插入流视频格式的 FLV 后除了生成一个视频播放器 SWF 文件和一个外观 SWF 文件外，还会生成一个 "main.asc" 文件，用户必须将该文件上传到 Flash Media Server。这些文件与视频内容所添加到的网页文件存储在同一文件夹中。上传包含 FLV 文件的网页时，用户必须将 SWF 文件上传到 Web 服务器，将 "main.asc" 文件上传到 Flash Media Server。如果服务器上已有 "main.asc" 文件，用户在上传 "main.asc" 文件之前需要与服务器管理员进行核实。

如果需要删除 FLV 组件，可在 Dreamweaver CS6 的文档窗口中选择 FLV 组件占位符，然后按 Delete 键即可。

4.4.4　插入 Shockwave 影片

用户可以使用 Dreamweaver CS6 将 Shockwave 影片插入文档中。Shockwave 是 Web 上用于交互式多媒体的一种标准，并且是一种压缩格式，可使 Director 中创建的媒体文件能够被大多数常用浏览器快速下载和播放。

插入 Shockwave 影片的方法是，选择菜单命令【插入】/【媒体】/【Shockwave】，打开【选择文件】对话框，选择一个影片文件。插入文件后，在【属性】面板的【宽】和【高】文本框中分别输入影片的宽度和高度，如图 4-55 所示。

图 4-55　Shockwave【属性】面板

单击 参数... 按钮将打开一个用于输入要传递给 Shockwave 的其他参数的对话框，用户可以根据需要进行设置。观看 Shockwave 影片时，浏览器也需要安装一个 Shockwave 播放器才能观看。

4.4.5　插入 Applet

Applet 就是用 Java 语言编写的小应用程序，可以直接嵌入网页中，并能够产生特殊的网页效果。Java Applet 通过主页发布到因特网，用户访问服务器的 Applet 时，这些 Applet 就从网络上进行传输，然后在支持 Java 的浏览器中运行。Applet 不同于多媒体的文件格式，它可以接收用户的输入，动态地进行改变，这是 Applet 最灵活的特点。Applet 文件的扩展名为 ".class"。Java 程序的源文件有 3 种，扩展名分别为 ".java"".class" 和 ".jar"。只有 ".java" 文件可以被编辑修改，但是 ".java" 文件必须用编译器将它编译成 ".class" 文件才可以使用。实际上，多数 Applet 程序都是可以直接使用的 ".class" 文件。用户可以使用 Dreamweaver 将 Java applet 插入 HTML 文档中，在插入 Java applet 后，可使用【属性】面板设置参数。

插入 Shockwave 影片的方法是，选择菜单命令【插入】/【媒体】/【Applet】，打开【选择文件】对话框，选择一个 Java Applet 文件。插入文件后，在【属性】面板的【宽】和【高】文本框中设置媒体的宽度和高度，如图 4-56 所示。

图 4-56　Applet【属性】面板

其中，【代码】用于设置包含该 applet 的 Java 代码的文件；【基址】用于设置包含选定该 applet 文件的文件夹，在选择了一个 applet 后，此文本框被自动填充；单击 参数... 按钮将打开一个用于输入要传递给 applet 的其他参数的对话框，可以根据需要进行设置。

4.4.6 插入 ActiveX 控件

ActiveX 控件（以前称作 OLE 控件）是功能类似于浏览器插件的可重复使用的组件，有些像微型的应用程序，主要作用是扩展浏览器的能力。如果浏览器载入了一个网页，而这个网页中有浏览器不支持的 ActiveX 控件，浏览器会自动安装所需控件。

Dreamweaver CS6 中的 ActiveX 对象使用户可为浏览器中的 ActiveX 控件提供属性和参数。在页面中插入 ActiveX 对象后，用户可在【属性】面板中设置 object 标签的属性和 ActiveX 控件参数，单击 参数... 按钮，可输入未在【属性】面板中显示的属性名称和值。

WMV 和 RM 是网络中常见的两种视频格式。其中，WMV 影片是 Windows 的视频格式，使用的播放器是 Microsoft Media Player。向网页中插入 ActiveX 来播放 WMV 视频格式文件的方法是：选择菜单命令【插入】/【媒体】/【ActiveX】，系统自动在文档中插入一个 ActiveX 占位符，确保 ActiveX 占位符处于选中状态，然后在【属性】面板中设置【宽】和【高】选项，在【ClassID】下拉列表中添加 "CLSID:22D6f312-b0f6-11d0-94ab-0080c74c7e95"，并选中【嵌入】复选框，如图 4-57 所示。由于在 ActiveX【属性】面板的【ClassID】下拉列表中没有关于 Media Player 的设置，因此需要手动添加。

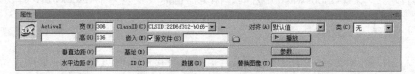

图 4-57　ActiveX【属性】面板

下面对【属性】面板的相关选项简要说明如下。

- 【ActiveX】：用来设置 ActiveX 对象的名称，在【属性】面板最左侧【ActiveX】下面的文本框中输入名称即可。
- 【宽】和【高】：用来设置对象的宽度和高度，以"像素"为单位。
- 【ClassID】：用于输入一个值或从弹出菜单中选择一个值，以便为浏览器标识 ActiveX 控件。在加载页面时，浏览器使用其 ID 来确定与该页面关联的 ActiveX 控件所需的 ActiveX 控件的位置。如果浏览器未找到指定的 ActiveX 控件，则它将尝试从【基址】中设置的位置下载它。
- 【嵌入】：为该 ActiveX 控件在 object 标签内添加 embed 标签。
- 【参数】：打开一个用于输入要传递给 ActiveX 对象的其他参数的对话框，许多 ActiveX 控件都受特殊参数的控制。
- 【源文件】：用于设置在启用了【嵌入】选项时用于 Netscape Navigator 插件的数据文件。如果没有输入值，则 Dreamweaver CS6 将尝试根据已输入的 ActiveX 属性确定该值。
- 【垂直边距】和【水平边距】：以像素为单位设置对象在上、下、左、右 4 个方向的空白量。
- 【基址】：用于设置包含该 ActiveX 控件的 URL。如果在访问者的系统中尚未安装该 ActiveX 控件，则 Internet Explorer 将从该位置下载它。如果没有设置【基址】参数并且访问者尚未安装相应的 ActiveX 控件，则浏览器无法显示 ActiveX 对象。

● 【替换图像】：用于设置在浏览器不支持 object 标签的情况下要显示的图像，只有在取消选中【嵌入】复选框后此选项才可用。

● 【数据】：为要加载的 ActiveX 控件指定数据文件，许多 ActiveX 控件（如 Shockwave 和 RealPlayer）不使用此参数。

单击 参数... 按钮，打开【参数】对话框添加参数，如图 4-58 所示。参数添加完毕后单击 确定 按钮关闭对话框并保存文件即可。

在 WMV 视频的 ActiveX【属性】面板中，许多参数没有设置，无法正常播放 WMV 格式的视频。这时需要做两项工作：一是添加"ClassID"；二是添加控制播放参数。对于控制播放参数，可以根据需要有选择地添加，其中，参数代码及其功能如下。

图 4-58　添加参数

```
<!-- 播放完自动返回至开始位置 -->
<param name="AutoRewind" value="true">
<!-- 设置视频文件 -->
<param name="FileName" value="images/daixue.wmv">
<!-- 显示控制条 -->
<param name="ShowControls" value="true">
<!-- 显示前进/后退控制 -->
<param name="ShowPositionControls" value="true">
<!-- 显示音频调节 -->
<param name="ShowAudioControls" value="false">
<!-- 显示播放条 -->
<param name="ShowTracker" value="true">
<!-- 显示播放列表 -->
<param name="ShowDisplay" value="false">
<!-- 显示状态栏 -->
<param name="ShowStatusBar" value="false">
<!-- 显示字幕 -->
<param name="ShowCaptioning" value="false">
<!-- 自动播放 -->
<param name="AutoStart" value="true">
<!-- 视频音量 -->
<param name="Volume" value="0">
<!-- 允许改变显示尺寸 -->
<param name="AllowChangeDisplaySize" value="true">
<!-- 允许显示右击菜单 -->
<param name="EnableContextMenu" value="true">
<!-- 禁止双击鼠标切换至全屏方式 -->
<param name="WindowlessVideo" value="false">
```

每个参数都有两种状态："true"或"false"。它们决定当前功能为"真"或为"假"，也可以使用"1""0"来代替"true""false"。

在代码"<param name="FileName" value="images/fengjing.wmv ">"中，"value"值用来设置影片的路径，如果影片在其他远程服务器中，可以使用其绝对路径，如下所示。

```
value="mms://www.ls.cn/images/fengjing.wmv"
```

MMS 协议取代 HTTP 协议，专门用来播放流媒体，当然也可以设置如下。

```
value="http://www.ls.net/images/fengjing.wmv"
```

除了当前的 WMV 视频，此种方式还可以播放 MPG、ASF 等格式的视频，但不能播放 RM、

RMVB 格式的视频。播放 RM 格式的视频不能使用 Microsoft Media Player 播放器，必须使用 RealPlayer 播放器。设置方法是在【属性】面板的【ClassID】下拉列表中选择【RealPlayer/clsid: CFCDAA03-8BE4-11cf-B84B-0020AFBBCCFA】，选择【嵌入】复选框，然后在【属性】面板中单击 [参数...] 按钮，打开【参数】对话框，并根据本章附盘文件 "RM.txt" 中的提示添加参数，最后设置【宽】和【高】为固定尺寸。

其中，参数代码简要说明如下。

```
<!-- 设置自动播放 -->
<param name="AUTOSTART" value="true">
<!-- 设置视频文件 -->
<param name="SRC" value="fengjing.rm">
<!-- 设置视频窗口,控制条,状态条的显示状态 -->
<param name="CONTROLS" value="Imagewindow,ControlPanel,StatusBar">
<!-- 设置循环播放 -->
<param name="LOOP" value="true">
<!-- 设置循环次数 -->
<param name="NUMLOOP" value="2">
<!-- 设置居中 -->
<param name="CENTER" value="true">
<!-- 设置保持原始尺寸 -->
<param name="MAINTAINASPECT" value="true">
<!-- 设置背景颜色 -->
<param name="BACKGROUNDCOLOR" value="#000000">
```

对于 RM 格式的视频，使用绝对路径的格式稍有不同，下面是几种可用的形式。

```
<param name="FileName" value="rtsp://www.ls.cn/fengjing.rm">
<param name="FileName" value="http://www.ls.cn/fengjing.rm">
src="rtsp:// www.ls.cn/fengjing.rm"
src="http://www.ls.cn/fengjing.rm"
```

在播放 WMV 格式的视频时，可以不设置具体的尺寸，但是 RM 格式的视频必须要设置一个具体的尺寸。当然，这个尺寸可能不是影片的原始比例尺寸，可以通过将参数 "MAINTAINASPECT" 设置为 "true"，来恢复影片的原始比例尺寸。

4.4.7　插入插件

可以创建用于浏览器插件的 QuickTime 影片等内容，然后使用 Dreamweaver 将该内容插入到 HTML 文档中。典型的插件包括 RealPlayer 和 QuickTime 等。可以直接在【文档】窗口的【设计】视图中预览基于浏览器插件的影片和动画，可以同时播放所有插件元素以查看实际页面效果，也可以单独播放每个元素，确保嵌入了正确的媒体元素。在插入用于插件的内容后，可使用【属性】面板为内容设置参数。

插入插件的方法是，选择菜单命令【插入】/【媒体】/【插件】，打开【选择文件】对话框，为插件选择内容文件，然后在【属性】面板中设置各个插件选项，如图 4-59 所示。

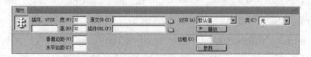

图 4-59　插件【属性】面板

其中，【源文件】用于设置源数据文件；【插件 URL】用于设置插件的 URL，要输入插件所在站点的完整 URL，如果浏览页面的用户没有插件，浏览器将尝试从此 URL 下载插件；单击 [参数...] 按钮将打开一个用于输入要传递给插件的其他参数的对话框，可以根据需要进行设置。

习　题

一、问答题

1. 网页中常用的图像格式有哪几种？

2. 简要说明 FLA、SWF 和 FLV 三种文件类型之间的关系。

二、操作题

将素材文档复制到站点文件夹下，然后根据要求设置网页，效果如图 4-60 所示。

（1）插入图像"bingzou.jpg"，并设置图像替换文本为"冰上老人"，图像宽度为"300px"，高度与宽度按比例自动变化。

（2）插入 SWF 动画"bing.swf"，要求循环自动播放。

图 4-60　冰上走

第5章
创建超级链接

超级链接是网站中使用比较频繁的 HTML 元素，因为网站的各种页面都是由超级链接串接而成，超级链接完成了页面之间的跳转。本章将介绍超级链接的基本知识以及创建超级链接的基本方法。

【学习目标】
- 了解超级链接的概念和分类。
- 掌握设置文本和图像超级链接的方法。
- 掌握设置锚记和脚本超级链接的方法。
- 掌握测试和更新超级链接的方法。

5.1 认识超级链接

下面介绍超级链接的基本知识。

5.1.1 超级链接的概念

超级链接习惯简称为超链接，是指从一个网页指向一个目标的连接关系，这个目标对象可以是另一个网页，也可以是一个图像、一个电子邮件地址、一个文件（如 Word、Excel、Rar、Zip 文件等），甚至是一个应用程序，还可以是相同网页上的不同位置。而在一个网页上用作超级链接的载体对象，可以是一段文本或者是一幅图像，甚至可以是一幅图像的某一部分。当浏览者在浏览器中单击已经设置链接的文本或图像后，链接目标将显示在浏览器窗口中，并且根据目标的类型来打开或运行。超级链接在本质上属于一个网页的一部分，它是一种允许用户同其他网页或站点之间进行交互的元素。各个网页链接在一起后，才能真正构成一个网站。

在因特网中，每个网页都有唯一的地址，通常称为 URL（Uniform Resource Locator，统一资源定位符）。URL 的书写格式通常为"协议://主机名/路径/文件名"，例如，"http://www.wyx.net/bbs/index.htm"便是网站论坛的 URL，而"http://www.wyx.net"省略了路径和文件名，但服务器会将首页文件回传给浏览器。由此可以看出，URL 主要用来指明通信协议和地址，以便取得网络上的各种服务，它包括以下几个组成部分。

- 通信协议：包括 HTTP、FTP、Telnet 和 Mailto 等几种形式。
- 主机名：指服务器在网络中的 IP 地址或域名，在因特网中使用的多是域名。
- 路径和文件名：主机名与路径及文件名之间以"/"分隔。

5.1.2 链接路径的类型

网页路径，即 URL，通常有绝对路径、文档相对路径和站点根目录相对路径之分。

● 绝对路径

绝对路径提供所链接文档的完整的 URL，不省略任何部分，其中包括所使用的通信协议，例如，"http://www.wyx.cn/support/dreamweaver/contents.html"。对于图像文件，完整的 URL 可能会类似于"http://www.wyx.cn/support/dreamweaver/images/01.jpg"。在一个站点链接其他站点上的文档时，通常使用绝对路径。

● 文档相对路径

文档相对路径是指省略当前文档和所链接的文档都相同的绝对路径部分，而只提供不同的路径部分，如"dreamweaver/contents.html"。对于大多数站点的本地链接来说，文档相对路径通常是最合适的路径。

● 站点根目录相对路径

站点根目录相对路径描述从站点的根文件夹到文档的路径，站点根目录相对路径以"/"开始，"/"表示站点根文件夹，如"/support/dreamweaver/contents.html"。在处理使用多个服务器的大型站点或者在使用承载多个站点的服务器时，可能需要使用这种路径。如果需要经常在站点的不同文件夹之间移动 HTML 文件，那么使用站点根目录相对路径通常也是最佳的方法。

5.1.3 超级链接的分类

按照不同的标准，超级链接可以有不同的分类。根据链接载体对象的不同，超级链接通常可分为以下两种。

（1）文本超级链接：以文本作为超级链接载体。

（2）图像超级链接：以图像作为超级链接形体。

根据链接路径类型的不同，超级链接通常可分为以下两种。

（1）内部超级链接：链接目标位于同一站点内的超级链接形式。

（2）外部超级链接：链接目标位于站点外的超级链接形式。外部超级链接可以实现网站之间的跳转，从而将浏览范围扩大到整个网络。

根据链接目标对象的不同，超级链接可分为以下几种类型。

（1）网页超级链接：链接到 HTML、ASP、PHP 等网页文档的链接，这是网站中最常见的超链接形式。

（2）下载超级链接：链接到图像、影片、音频、Word 文档、Excel 文档、PowerPoint 文档、PDF 文档等资源文件或 RAR、ZIP 等压缩文件的链接。

（3）电子邮件超级链接：链接到电子邮件的超链接形式，将会启动邮件客户端程序，用户可以写邮件并发送到链接的邮箱中。

（4）空链接：链接目标形式上为"#"，主要用于在对象上附加行为等。

（5）脚本链接：链接目标为一段 JavaScript 脚本代码，用于执行某项操作。

（6）锚记超级链接：链接目标为网页文档中的某一位置，这一位置可以位于当前网页或其他网页中，这个网页可以位于当前站点内，也可以位于其他站点内。

Dreamweaver CS6 提供了创建超级链接的方法，可创建到文档、图像、多媒体文件或可下载软件的超级链接，可以建立到文档内任意位置的任何文本或图像的超级链接。

5.2   文本超级链接

下面介绍创建文本超级链接的基本方法。

5.2.1   教学案例——1932 年我国首次参加奥运会

将素材文档复制到站点文件夹下，然后根据要求设置超级链接，在浏览器中的显示效果如图 5-1 所示。

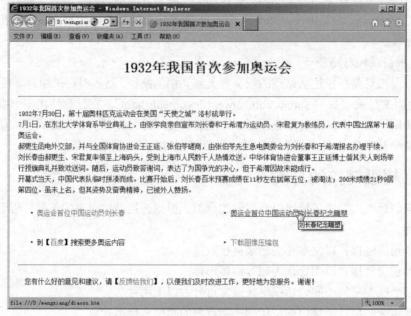

图 5-1   1932 年我国首次参加奥运会

（1）设置网页中文本"奥运会首位中国运动员刘长春"的链接目标文件为"liuchangchun.htm"，打开目标窗口的方式为在新窗口中打开，标题文本为"刘长春"。

（2）设置网页中文本"奥运会首位中国运动员刘长春纪念雕塑"的链接目标文件为"diaosu.htm"，打开目标窗口的方式为在新窗口中打开，标题文本为"刘长春纪念雕塑"。

（3）设置文本"百度"的链接地址为"http://www.baidu.com"，打开目标窗口的方式为在新窗口中打开，标题文本为"到百度检索"。

（4）设置文本"下载图像压缩包"的链接目标文件为"images/images.rar"，标题文本为"下载图像"。

（5）设置文本"反馈给我们"的链接目标为电子邮件地址"us@163.com"，标题文本为"反馈意见或建议"。

（6）设置链接颜色和已访问链接颜色均为"#0CF"，变换图像链接颜色为"#F00"，且仅在变换图像时显示下划线。

【操作步骤】

1. 在【文件】面板中双击打开素材文档"5-2-1.htm"，如图 5-2 所示。

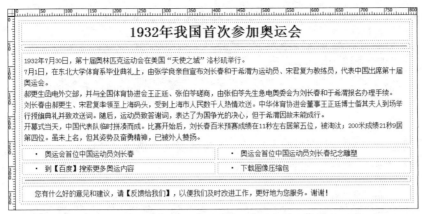

图 5-2 打开素材文档

2. 选中表格第 4 行第 1 个单元格中的文本"奥运会首位中国运动员刘长春",然后选择菜单命令【插入】/【超级链接】,打开【超级链接】对话框,此时所选择的文本自动显示在了【文本】文本框中,如图 5-3 所示。

3. 单击【链接】下拉列表框后面的 □ 按钮,打开【选择文件】对话框,选择要链接的目标文件"liuchangchun.htm",如图 5-4 所示,然后单击 确定 按钮关闭对话框。

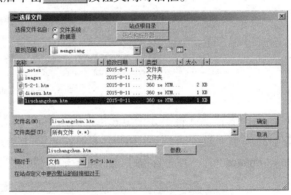

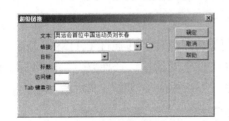

图 5-3 【超级链接】对话框　　　　　　　　图 5-4 【选择文件】对话框

4. 在【超级链接】对话框的【目标】下拉列表框中选择"_blank",在【标题】文本框中输入提示文本"刘长春",如图 5-5 所示。

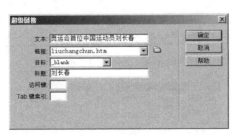

图 5-5 设置选项

5. 设置完毕后单击 确定 按钮关闭对话框,其【属性(HTML)】面板如图 5-6 所示。

6. 选中表格第 4 行第 2 个单元格中的文本"奥运会首位中国运动员刘长春纪念雕塑",在【属性(HTML)】面板中单击【链接】下拉列表框后面的 □ 按钮,打开【选择文件】对话框,选择要链接的目标文件"diaosu.htm"，然后单击 确定 按钮关闭对话框。

图 5-6 【属性（HTML）】面板

7. 在【属性（HTML）】面板的【目标】下拉列表框中选择"_blank"，在【标题】文本框中输入文本"刘长春纪念雕塑"，如图 5-7 所示。

图 5-7 【属性】面板

8. 选中表格第 5 行第 1 个单元格中的文本"百度"，在【属性（HTML）】面板的【链接】文本框中输入链接地址"http://www.baidu.com"，在【目标】下拉列表中选择"_blank"，在【标题】文本框中输入提示文本"到百度检索"，如图 5-8 所示。

图 5-8 【属性】面板

9. 选中表格第 5 行第 2 个单元格中的文本"下载图像压缩包"，在【属性（HTML）】面板中单击【链接】下拉列表框后面的 按钮，打开【选择文件】对话框，选择要链接的目标文件"images/images.rar"，在【标题】文本框中输入提示文本"下载图像"，如图 5-9 所示。

图 5-9 设置下载超级链接

10. 选中表格最后一行单元格中的文本"反馈给我们"，然后选择【插入】/【电子邮件链接】命令，打开【电子邮件链接】对话框，所选文本自动显示在【文本】文本框中，在【电子邮件】文本框中输入电子邮箱地址"us@163.com"，如图 5-10 所示。

图 5-10 【电子邮件链接】对话框

11. 设置完毕后单击 确定 按钮关闭对话框，然后在【属性（HTML）】面板的【标题】文本框中输入提示文本"反馈意见或建议"，如图 5-11 所示。

图 5-11　设置【标题】文本框

12. 选择菜单命令【修改】/【页面属性】，打开【页面属性】对话框，切换到【链接（CSS）】分类，设置链接颜色和已访问链接颜色均为 "#0CF"，变换图像链接颜色为 "#F00"，在【下划线样式】下拉列表中选择 "仅在变换图像时显示下划线"，如图 5-12 所示，设置完毕后单击 确定 按钮关闭对话框。

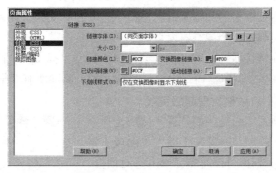

图 5-12　设置超级链接状态

13. 选择菜单命令【文件】/【保存】保存文档，效果如图 5-13 所示。

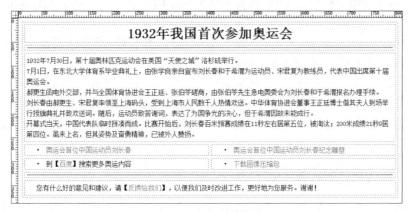

图 5-13　超级链接效果

5.2.2　文本超级链接

用文本做链接载体，这就是通常意义上的文本超级链接，它是最常见的超级链接类型。

创建文本超级链接通常有以下几种方法。

1.　通过【属性（HTML）】面板创建超级链接。

选中文本，然后在【属性（HTML）】面板的【链接】文本框中设置链接目标地址，如果是同一站点内的文件，可以单击文本框后的 按钮，在打开的【选择文件】对话框中选择目标文件，也可以将【链接】文本框右侧的 图标拖曳到【文件】面板中的目标文件上，最后在【属性（HTML）】面板的【目标】下拉列表中选择窗口打开方式，还可以根据需要在【标题】文本框中输入提示性文本，如图 5-14 所示。

图 5-14 【属性】面板

【目标】下拉列表共包括 5 个选项。

- 【_blank】：表示在新的浏览器窗口中打开目标文档。
- 【new】：表示在同一个刚创建的窗口中打开目标文档。
- 【_parent】：表示在框架的父框架或父窗口中打开目标文档。如果包含链接的框架不是嵌套框架，则所链接的文档载入整个浏览器窗口。
- 【_self】：表示在链接所在的同一框架或窗口中打开目标文档，此选项是默认的。
- 【_top】：表示在整个浏览器窗口中打开目标文档，删除所有框架。

2. 通过【超级链接】对话框创建超级链接。

将鼠标光标置于要插入超级链接的位置，然后选择菜单命令【插入】/【超级链接】，或者在【插入】面板【常用】类别中单击 超级链接 按钮，打开【超级链接】对话框，如图 5-15 所示。【文本】文本框用于设置链接文本，【链接】下拉列表用于设置链接地址，【目标】下拉列表用于设置目标窗口打开方式，【标题】文本框用于设置提示性文本，【访问键】文本框用于设置链接的快捷键（也就是按 Alt + 26

图 5-15 【超级链接】对话框

个字母键中的 1 个，将焦点切换至文本链接），【Tab 键索引】文本框用于设置 Tab 键切换顺序。

在源代码中，文本超级链接的表示方法如下。

```
<a href="liuchangchun.htm" title="刘长春" target="_blank">奥运会首位中国运动员刘长春</a>
```

其中，"奥运会首位中国运动员刘长春"表示的是文本链接载体，"href="liuchangchun.htm""表示的是链接指向的目标文件，"title="刘长春""表示的是提示信息，"target="_blank""表示的是窗口打开的方式。

5.2.3 下载超级链接和空链接

在实际应用中，链接目标也可以是其他类型的文件。如果要在网站中提供资料下载，就需要为文件提供下载超级链接。下载超级链接并不是一种特殊的链接，只是下载超级链接所指向的文件是特殊的，如压缩文件、Word 文档或 PDF 文档等，如图 5-16 所示。

图 5-16 下载超级链接

空链接是一个未指派目标的链接。空链接用于向页面上的对象或文本附加行为。例如，可向空链接附加一个行为，以便在鼠标光标滑过该链接时会交换图像或显示绝对定位的元素（AP 元素）。设置空链接的方法很简单，选中文本等链接载体后，在【属性（HTML）】面板的【链接】

文本框中输入"#"即可，如图 5-17 所示。

图 5-17　空链接

5.2.4　电子邮件超级链接

电子邮件超级链接与一般的文本或图像超级链接不同，因为当在浏览器中单击电子邮件超级链接时，将启动用户的本地电子邮件管理软件（如 Outlook Express、Foxmail 等），并自动设置收件人地址，然后等待用户填写其他内容。

创建电子邮件超级链接的方法是：选择菜单命令【插入】/【电子邮件链接】，或在【插入】面板【常用】类别中单击 电子邮件链接 按钮，打开【电子邮件链接】对话框，如图 5-18 所示。【文本】文本框用于设置在文档中显示的链接文本，【电子邮件】文本框用于设置电子邮件的完整地址。如果已经预先选中了文本，在【电子邮件链接】对话框的【文本】文本框中会自动出现该文本，这时只需在【电子邮件】文本框中填写电子邮件地址即可。

如果要修改电子邮件链接的 E-mail，可以通过【属性（HTML）】面板进行设置。通过【属性（HTML）】面板也可以看出，"mailto:""@"和"."这 3 个元素在电子邮件链接中是必不可少的。为了更快捷地创建电子邮件超级链接，可以先选中需要添加链接的载体，然后在【属性（HTML）】面板的【链接】文本框中直接输入电子邮件地址，并在其前面加一个前缀"mailto:"，最后按 Enter 键确认即可，如图 5-19 所示。

图 5-18　电子邮件超级链接

图 5-19　【属性（HTML）】面板

在源代码中，电子邮件超级链接的表示方法如下。

```
<a href="mailto:us@163.com" title="反馈意见或建议">反馈给我们</a>
```

5.2.5　文本超级链接的状态

通过【页面属性】对话框的【链接（CSS）】分类，可以设置文本超级链接的状态，包括字体、大小、颜色及下划线等，如图 5-20 所示。

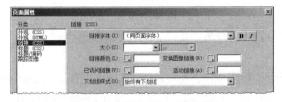

图 5-20　【链接（CSS）】分类

【链接】分类中的相关选项说明如下。

- 【链接字体】：用于设置链接文本的字体，还可以通过单击 **B** 按钮和 *I* 按钮对链接文本进行加粗和斜体设置。
- 【大小】：用于设置链接文本的大小。
- 【链接颜色】：用于设置链接没有被单击时的静态文本颜色。
- 【已访问链接】：用于设置已被单击过的链接文本颜色。
- 【变换图像链接】：用于设置将鼠标光标移到链接上时文本的颜色。
- 【活动链接】：用于设置对链接文本进行单击时文本的颜色。
- 【下划线样式】：共有 4 种下划线样式："始终有下划线""始终无下划线""仅在变换图像时显示下划线"和"变换图像时隐藏下划线"，如果不希望链接中有下划线，可以选择【始终无下划线】选项。

超级链接在源代码中使用 HTML 标签"<a>...</a>"表示，例如：

```
<a href="liuchangchun.htm" title="刘长春" target="_blank">奥运会首位中国运动员刘长春</a>
```

超级链接 HTML 标签的属性有 href、name、title、target、accesskey 和 tabindex，最常用的是 href、title 和 target。href 用来设置链接的地址，title 用来设置提示文本，target 用来设置链接的目标窗口。另外，name 用来设置链接名称，accesskey 用来设置链接热键，tabindex 用来设置链接 Tab 键索引。至于文本的显示状态，在文档中是使用 CSS 样式来定义的，如下所示。

```
a:link {                          //链接
color: #0CF;                      //链接颜色
text-decoration: none;            //无修饰
}    //
a:visited {                       //已访问链接
text-decoration: none;            //无修饰
color: #0CF;                      //已访问链接颜色
}    //
a:hover {                         //变换图像链接
text-decoration: underline;       //显示下划线
color: #F00;                      //变换图像链接颜色
}    //
a:active {                        //活动链接
text-decoration: none;            //无修饰
}    //
```

5.2.6 设置默认的链接相对路径

默认情况下，Dreamweaver CS6 使用文档相对路径创建超级链接。在创建超级链接时，如果是新建文件最好先保存，然后再创建文档相对路径的超级链接。如果在保存文件之前创建文档相对路径的超级链接，Dreamweaver CS6 将弹出图 5-21 所示对话框，提示如果要创建文档相对路径，应首先保存文档，在保存之前将使用以"file://"路径。

此时【属性（HTML）】面板如图 5-22 所示。当保存文档后"file://"路径将自动转换为文档相对路径。

如果要使用站点根目录相对路径创建超级链接，必须首先在 Dreamweaver CS6 中定义一个本地文件夹，作为 Web 服务器上文档根目录的等效目录，Dreamweaver CS6 使用该文件夹确定文件的站点根目录相对路径。同时，在【管理站点】对话框中双击打开要设置的站点，展开【高级设置】选项，然后在【本地信息】类别的【链接相对于】选项中选择【站点根目录】单选按钮，如图 5-23 所示。

图 5-21　提示框　　　　　　　　　　　　图 5-22　【属性（HTML）】面板

图 5-23　设置【链接相对于】选项

更改此处设置将不会转换现有链接的路径，该设置只影响使用 Dreamweaver CS6 创建的新链接的默认相对路径。而且此处设置并不影响其他站点，其他站点如果也需要使用站点根目录相对路径创建超级链接，需要单独进行设置。

使用本地浏览器预览文档时，除非指定了测试服务器，或在【编辑】/【首选参数】/【在浏览器中预览】中选择【使用临时文件预览】选项，否则文档中用站点根目录相对路径链接的内容将不会被显示。这是因为浏览器无法识别站点根目录，而服务器能够识别。预览站点根目录相对路径所链接内容的快速方法是：将文件上传到远程服务器上，然后选择【文件】/【在浏览器中预览】命令。

5.3　图像超级链接

下面介绍创建图像超级链接的基本方法。

5.3.1　教学案例——衰败的城市

将素材文档复制到站点文件夹下，然后根据要求设置超级链接，在浏览器中的显示效果如图 5-24 所示。

（1）给图像"01.jpg"添加超级链接，目标文件为"city01.htm"，打开目标窗口的方式为在新窗口中打开，替换文本为"衰败的城市情景 1"。

（2）给图像"02.jpg"添加超级链接，目标文件为"city02.htm"，打开目标窗口的方式为在新窗口中打开，替换文本为"衰败的城市情景 2"。

（3）给图像"03.jpg"添加超级链接，目标文件为"city03.htm"，打开目标窗口的方式为在新窗口中打开，替换文本为"衰败的城市情景 3"。

（4）在图像"baidu.jpg"上创建 3 个圆形热点超级链接，分别指向文件"http://www.hao123.com/"

"http://site.baidu.com/""http://koubei.baidu.com/"，打开目标窗口的方式均为在新窗口中打开，替换文本分别为"hao123""网站导航""百度口碑"。

（5）插入鼠标经过图像对象，原始图像为"images/xin01.jpg"，鼠标经过图像为"images/xin02.jpg"，替换文本为"请给我写信"，前往的 URL 为"mailto:us@163.com"。

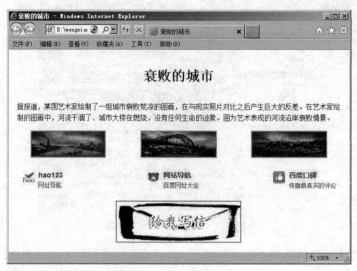

图 5-24　衰败的城市

【操作步骤】
1. 在【文件】面板中双击打开素材文档"5-3-1.htm"，如图 5-25 所示。

图 5-25　打开素材文档

2. 在文档中选中第 1 幅图像"images/01.jpg"，在【属性（HTML）】面板中单击【链接】下拉列表框后面的 按钮，打开【选择文件】对话框，选择要链接的目标文件"city01.htm"，然后单击 确定 按钮关闭对话框。

3. 在【属性（HTML）】面板的【目标】下拉列表框中选择"_blank"，在【替换】文本框中输入提示文本"衰败的城市情景 1"，如图 5-26 所示。

图 5-26　【属性（HTML）】面板

4. 在文档中选中第 2 幅图像 "images/02.jpg"，在【属性】面板的【链接】下拉列表框中设置链接地址为 "city02.htm"，在【目标】下拉列表中选择 "_blank"，在【替换】文本框中输入提示文本 "衰败的城市情景 2"，如图 5-27 所示。

图 5-27　【属性（HTML）】面板

5. 在文档中选中第 3 幅图像 "images/03.jpg"，在【属性】面板的【链接】下拉列表框中设置链接地址为 "city03.htm"，在【目标】下拉列表中选择 "_blank"，在【替换】文本框中输入提示文本 "衰败的城市情景 3"，如图 5-28 所示。

图 5-28　【属性（HTML）】面板

6. 在图像【属性】面板中，单击左下方的 ▭（矩形热点工具）按钮，然后将光标移到图像上，按住鼠标左键绘制一个矩形区域，如图 5-29 所示。

图 5-29　绘制矩形区域

7. 在【属性】面板的【链接】文本框中设置链接地址为 "http://www.hao123.com/"，在【目标】下拉列表框中选择 "_blank"，在【替换】文本框中输入提示文本 "hao123"，如图 5-30 所示。

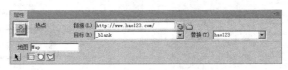

图 5-30　热点【属性】面板

8. 在图像【属性】面板中，单击左下方的 ◯（圆形热点工具）按钮，然后将光标移到图像上，按住鼠标左键绘制一个圆，如图 5-31 所示。

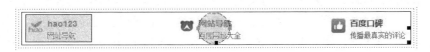

图 5-31　绘制圆形区域

9. 在【属性】面板的【链接】文本框中设置链接地址为 "http://site.baidu.com/"，在【目标】下拉列表框中选择 "_blank"，在【替换】文本框中输入提示文本 "网站导航"，如图 5-32 所示。

10. 在图像【属性】面板中，单击左下方的 ☑（多边形热点工具）按钮，然后将光标移到图像上，使用鼠标左键依次单击图像的周边绘制一个多边形区域，如图 5-33 所示。

图 5-32　热点【属性】面板

图 5-33　绘制多边形区域

11．在【属性】面板的【链接】文本框中设置链接地址为“http://koubei.baidu.com/”，在【目标】下拉列表框中选择“_blank”，在【替换】文本框中输入提示文本“百度口碑”，如图 5-34 所示。

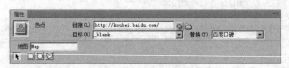

图 5-34　热点【属性】面板

12．将鼠标光标置于表格最后一行单元格内，然后选择菜单命令【插入】/【图像对象】/【鼠标经过图像】，打开【插入鼠标经过图像】对话框，设置【原始图像】为“images/xin01.jpg”，【鼠标经过图像】为“images/xin02.jpg”，【替换文本】为“请给我写信”，【按下时，前往的 URL】为“mailto:us@163.com”，如图 5-35 所示，然后单击 确定 按钮关闭对话框。

13．选择菜单命令【文件】/【保存】保存文档，效果如图 5-36 所示。

图 5-35　【插入鼠标经过图像】对话框

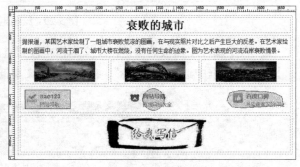

图 5-36　网页效果

5.3.2　图像超级链接

用图像作为链接载体，这就是通常意义上的图像超级链接。最简单的设置方法仍然是通过【属性】面板来进行，如图 5-37 所示。【链接】下拉列表框用于设置链接地址，【目标】下拉列表框用于设置目标窗口打开方式。实际上，了解了创建文本超级链接的方法，也就等于掌握了创建图像超级链接的方法，只是链接载体由文本变成了图像。

图 5-37　图像超级链接

在源代码中，图像超级链接的表示方法如下。

```
<a href="http://www.baidu.com" target="_blank"><img src="images/logo.png" alt=" 百 度 " width="451" height="153"></a>
```

其中，"<img src="images/logo.png" alt="百度" width="451" height="153">"表示的是图像信息，"<a href="http://www.baidu.com" target="_blank">"表示的是链接指向的目标文件及窗口打开的方式。

5.3.3　图像热点超级链接

图像热点，又称图像地图、图像热区，实际上就是为一幅图像绘制一个或几个独立区域，并为这些区域添加超级链接功能。创建图像热点超级链接必须使用图像热点工具，它位于图像【属性】面板的左下方，包括□（矩形热点工具）、○（圆形热点工具）和▽（多边形热点工具）3种形式。

创建图像热点超级链接的方法是：首先选中图像，然后在【属性】面板中单击热点工具按钮，并将鼠标光标移到图像上，绘制一个区域，并在【属性】面板中设置链接地址、目标窗口和替换文本，如图 5-38 所示。

图 5-38　图像热点超级链接

要编辑图像热点，可以利用【属性】面板中的▶（指针热点工具）按钮。该工具可以对已经创建好的图像热点进行移动、调整大小等操作。还可以将含有热点的图像从一个文档复制到其他文档或者复制图像中的一个或几个热点，然后将其粘贴到其他图像上，这样就将与该图像关联的热点也复制到新文档中。如果要删除图像热点，首先用鼠标单击该热点区域，然后在键盘上按 Delete 键即可。

5.3.4　鼠标经过图像

鼠标经过图像是指在网页中，当鼠标光标经过图像或者单击图像时，图像的形状、颜色等属性会随之发生变化，如发光、变形或者出现阴影，使网页变得生动活泼。鼠标经过图像是基于图像的比较特殊的链接形式，属于图像对象的范畴。

创建鼠标经过图像的方法是，选择菜单命令【插入】/【图像对象】/【鼠标经过图像】，或在【插入】面板的【常用】类别的图像按钮组中单击 🔳 鼠标经过图像 按钮，打开【插入鼠标经过图像】对话框，在其中进行参数设置即可，如图 5-39 所示。

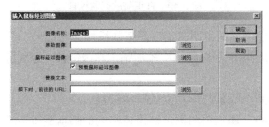

图 5-39　【插入鼠标经过图像】对话框

通常使用两幅图像来创建鼠标经过图像。

- 主图像：首次加载页面时显示的图像，即原始图像。
- 次图像：鼠标光标移过主图像时显示的图像，即鼠标经过图像。

在设置鼠标经过图像时，为了保证显示效果，建议两幅图像的尺寸保持一致。如果这两幅图像大小不同，Dreamweaver CS6 将调整第 2 幅图像的大小，以与第 1 幅图像的属性匹配。

5.4 锚记和脚本超级链接

下面介绍创建锚记超级链接和脚本超级链接的基本方法。

5.4.1 教学案例——百年前的美丽风景

将素材文档复制到站点文件夹下，然后根据要求设置锚记超级链接和脚本超级链接，在浏览器中的显示效果如图 5-40 所示。

图 5-40　百年前的美丽风景

（1）在正文中每幅图像上面的说明文本后面依次添加命名锚记"a""b""c""d""e""f""g"。

（2）给"导航："后面的每个小标题依次添加锚记超级链接，分别链接到正文中相对应的命名锚记处。

（3）给文本"打印本页"添加打印功能的脚本链接。

（4）给文本"关闭窗口"添加关闭浏览器窗口功能的脚本链接。

【操作步骤】

1. 在【文件】面板中双击打开素材文档"5-4-1.htm"，如图 5-41 所示。

图 5-41　打开素材文档

2. 将鼠标光标置于正文中文本"1、福州闽江小岛上的小庙，1870-1871 年。飘渺得有点不真实。"的后面，然后选择菜单命令【插入】/【命名锚记】，打开【命名锚记】对话框，在【锚记名称】文本框中输入"a"，如图 5-42 所示。

图 5-42　【命名锚记】对话框

3. 设置完毕后，单击　确定　按钮在光标处插入一个锚记，如图 5-43 所示。

图 5-43　插入锚记

4. 按照相同的方法为正文中的其他同类文本依次添加命名锚记"b""c""d""e""f""g"。

5. 选中文本"导航："后面的小标题"1、福州闽江小岛上的小庙"，然后在【属性（HTML）】面板的【链接】下拉列表中输入锚记名称"#a"，如图 5-44 所示。

6. 选中文本"导航："后面的小标题"2、西安文庙"，然后选择菜单命令【插入】/【超级链接】，打开【超级链接】对话框，在【链接】下拉列表中选择锚记名称"#b"，如图 5-45 所示。

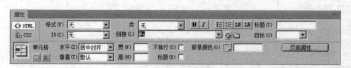

图 5-44　创建锚记超级链接　　　　　　　图 5-45　【超级链接】对话框

7. 运用相同的方法分别设置其他导航小标题的锚记超级链接。

8. 选中文本"打印本页"，然后在【属性（HTML）】面板的【链接】文本框中输入 JavaScript 代码"JavaScript:history.print()"，如图 5-46 所示。

图 5-46　设置打印功能

9. 选中文本"关闭窗口"，然后在【属性（HTML）】面板的【链接】文本框中输入 JavaScript 代码"JavaScript:window.close()"，如图 5-47 所示。

图 5-47　设置关闭窗口功能

10. 选择菜单命令【文件】/【保存】保存文档，效果如图 5-48 所示。

图 5-48　网页效果

5.4.2　创建锚记超级链接

超级链接通常只能从一个网页文档链接到另一个目标对象，这个目标对象通常是网页或其他类型的文档。但使用锚记超级链接可以跳转到某一位置，不仅可以是同一网页中的位置，还可以是其他网页中的位置。创建锚记超级链接，通常需要两个步骤：首先需要命名锚记，即在文档中设置标记，这些标记通常放在文档的特定主题处或顶部，然后在【属性（HTML）】面板中设置指向这些锚记的超级链接。

● 创建命名锚记

将鼠标光标置于要插入锚记的位置，然后选择菜单命令【插入】/【命名锚记】，或者在【插入】面板的【常用】类别中单击 命名锚记 按钮，弹出【命名锚记】对话框，输入锚记名称即可，如图 5-49 所示。

如果要修改锚记名称，首先要选中插入的锚记标志，然后在【属性】面板的【名称】文本框中修改即可，如图 5-50 所示。

图 5-49　【命名锚记】对话框

图 5-50　【属性】面板

● 创建锚记超级链接

先选中文本，然后在【属性（HTML）】面板的【链接】下拉列表框中输入锚记名称，如"#a"，或者直接将【链接】下拉列表后面的 图标拖曳到锚记名称上。也可选择菜单命令【插入】/【超级链接】，打开【超级链接】对话框进行设置，如图 5-51 所示。其中，【文本】文本框用于设置文本，【链接】下拉列表框用于选择锚记名称。

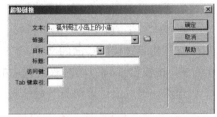

图 5-51　【超级链接】对话框

关于锚记超级链接目标地址的写法应该注意以下几点。

（1）如果链接载体与命名锚记位于同一文档中，只需在【链接】文本框中输入一个"#"符号，然后输入链接的锚记名称即可，如"#a"。

（2）如果命名锚记位于同一站点的其他网页中，则需要先输入该网页的路径和名称，然后再输入"#"符号和锚记名称，如"jingguan/jingdian.htm#a"。

（3）如果命名锚记位于网络上其他站点的网页中，则需要先输入该网页的完整地址，然后再输入"#"符号和锚记名称，如"http://www.ls.com/ jingguan/jingdian.htm#a"。

另外，不能在绝对定位的元素（AP 元素）中插入命名锚记，锚记名称区分大小写。

5.4.3　设置脚本超级链接

脚本链接用于执行 JavaScript 代码或调用 JavaScript 函数，能够在不离开当前页面的情况下为浏览者提供有关某项的附加信息。脚本链接还可用于在访问者单击特定项时，执行计算、验证表单和完成其他处理任务。

创建脚本链接的方法是，首先选定文本或图像，然后在【属性（HTML）】面板的【链接】文本框中输入文本"JavaScript:"，后面跟一些 JavaScript 代码或函数调用即可（在冒号与代码或调用之间不能键入空格）。下面对经常用到的 JavaScript 代码进行简要说明。

● JavaScript:alert('字符串')：弹出一个只包含 确定 按钮的对话框，显示"字符串"的内容，整个文档的读取、Script 的运行都会暂停，直到用户单击 确定 按钮为止。

● JavaScript:history.go（1）：前进，与浏览器窗口上的 （前进）按钮是等效的。

- JavaScript:history.go(-1)：后退，与浏览器窗口上的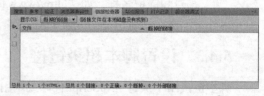（后退）按钮是等效的。
- JavaScript:history.forward（1）：前进，与浏览器窗口上的（前进）按钮是等效的。
- JavaScript:history.back（1）：后退，与浏览器窗口上的（后退）按钮是等效的。
- JavaScript:history.print()：打印，与选择菜单命令【文件】/【打印】是一样的。
- JavaScript:window.external.AddFavorite('http://www.163.com','网易')：收藏指定的网页。
- JavaScript:window.close()：关闭窗口。如果该窗口有状态栏，调用该方法后浏览器会警告"网页正在试图关闭窗口，是否关闭？"，然后等待用户选择是否关闭；如果没有状态栏，调用该方法将直接关闭窗口。

5.5　测试和更新超级链接

下面简要介绍在 Dreamweaver CS6 中测试和更新超级链接的基本方法。

5.5.1　测试超级链接

在 Dreamweaver CS6 中，无法通过在文档窗口中直接单击超级链接打开其所指向的文档，但是可以通过以下方法来测试链接。

- 在文档窗口中选中超级链接，然后选择菜单命令【修改】/【打开链接页面】，此时将在窗口中打开超级链接所指向的文档。
- 按住 Ctrl 键，同时双击选中的超级链接，也将在窗口中打开超级链接所指向的文档。

当然，通过上述方法打开超级链接所指向的文档，必须保证该文档是在本地磁盘上。

5.5.2　查找问题链接

检查链接功能用于搜索断开的链接和孤立文件（文件仍然位于站点中，但站点中没有任何其他文件链接到该文件）。可以检查当前文档、本地站点的某一部分或者整个本地站点中的链接。Dreamweaver CS6 仅检查验证指向站点内文档的链接，并将出现在选定文档中的外部链接编辑成一个列表，但并不检查验证它们，还可以标识和删除站点中其他文件不再使用的文件。

（1）检查当前文档中的链接。

- 在 Dreamweaver CS6 本地站点中，打开要检查的文档。
- 选择菜单命令【文件】/【检查页】/【链接】，"断掉的链接"报告出现在【链接检查器】面板中，如图 5-52 所示。

图 5-52　【链接检查器】面板

- 在【链接检查器】面板中，从【显示】下拉列表中选择【外部链接】可查看"外部链接"报告。
- 如果要保存此报告，可单击【链接检查器】面板中的█按钮。报告为临时文件，如果不保存将会丢失。

（2）检查本地站点某一部分中的链接。

- 在【文件】面板的【本地视图】中，选择站点中要检查的文件或文件夹。
- 选择菜单命令【文件】/【检查页】/【链接】，"断掉的链接"报告出现在【链接检查器】

面板中。

- 在【链接检查器】面板中，从【显示】下拉列表中选择【外部链接】可查看"外部链接"报告。
- 如果要保存此报告，可单击【链接检查器】面板中的 按钮。

（3）检查整个站点中的链接。

- 在【文件】面板中，确定要检查的当前站点。
- 选择菜单命令【站点】/【检查站点范围的链接】，"断掉的链接"报告出现在【链接检查器】面板中。
- 在【链接检查器】面板中，从【显示】下拉列表中选择【外部链接】或【孤立的文件】，可查看相应的报告。一个适合所选报告类型的文件列表出现在【链接检查器】面板中。如果选择的报告类型为【孤立的文件】，可以直接从【链接检查器】面板中删除孤立文件，方法是从该列表中选中一个文件后按 Delete 键。
- 如果要保存此报告，可单击【链接检查器】面板中的 按钮。

5.5.3　修复问题链接

在运行链接报告之后，可直接在【链接检查器】面板中修复断开的链接和图像引用，也可以从此列表中打开文件，然后在【属性】面板中修复链接。

（1）在【链接检查器】面板中修复链接。

- 在【链接检查器】面板的【断掉的链接】列，选择要修复的断开的链接，一个文件夹图标出现在此断开的链接旁边，如图 5-53 所示。

图 5-53　【链接检查器】面板

- 单击断开的链接旁边的文件夹图标 ，以浏览到正确文件，或者键入正确的路径和文件名，并按 Enter 键确认。如果还有对同一文件的其他断开引用，会提示修复其他文件中的这些引用。

如果为此站点启用了"启用存回和取出"，则 Dreamweaver CS6 将尝试取出需要更改的文件。如果不能取出文件，将显示一个警告对话框，并且不更改断开的引用。

（2）在【属性】面板中修复链接。

- 在【链接检查器】面板中，双击【文件】列中的某个条目。
- 在 Dreamweaver CS6 中打开该文档，选择断开的图像或链接，在【属性】面板中高亮显示路径和文件名。
- 可在【属性】面板中设置新路径和文件名，或者在突出显示的文本上直接键入。如果正在更新一个图像引用，而显示的新图像的大小不正确，就单击【属性】面板中的"W"和"H"标签，或者单击 按钮，重置高度和宽度值。
- 最后保存此文件。

链接修复后，该链接的条目在【链接检查器】面板的列表中不再显示。如果在【链接检查器】面板中输入新的路径或文件名后（或者在【属性】面板中保存更改后），某一条目依然显示在列表中，则说明 Dreamweaver CS6 找不到新文件，仍然认为该链接是断开的。

5.5.4　自动更新链接

　　每当在本地站点内移动或重命名文档时，Dreamweaver CS6 都可自动更新与该文档有关的超级链接。在将整个站点或其中完全独立的一个部分存储在本地磁盘上时，此项功能最适用。Dreamweaver CS6 不会更改远程文件夹中的文件，除非将这些本地文件放在或者存回到远程服务器上。设置自动更新链接的方法如下。

　　（1）选择菜单命令【编辑】/【首选参数】，
打开【首选参数】对话框。

　　（2）在【常规】分类的【文档选项】部分，
从【移动文件时更新链接】下拉列表中根据需要
选择一个选项即可，如图 5-54 所示。

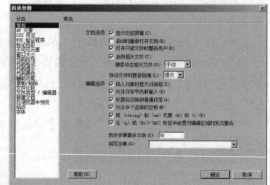

图 5-54　移动文件时更新链接

　　● 【总是】：当移动或重命名选定文档时，
自动更新与该文档有关的链接。

　　● 【从不】：当移动或重命名选定文档时，
不自动更新与该文档有关的链接。

　　● 【提示】：显示一个提示对话框询问是否
需要更新与该文档有关的链接，同时列出此更改影响到的所有文件。

　　为了加快链接更新过程，在 Dreamweaver CS6 中可创建一个缓存文件，用以存储有关本地文件夹中所有链接的信息。在添加、更改或删除本地站点上的链接时，该缓存文件以不可见的方式进行更新。创建缓存文件的方法如下。

　　（1）选择菜单命令【站点】/【管理站点】，打开【管理站点】对话框，选择并打开一个站点。

　　（2）在【站点设置】对话框中，展开【高级设置】并选择【本地信息】类别，然后选择【启用缓存】选项即可。

　　启动 Dreamweaver CS6 之后，第 1 次更改或删除指向本地文件夹中文件的链接时，Dreamweaver 会提示是否加载缓存。如果用户同意，则 Dreamweaver CS6 会加载缓存，并更新指向刚刚更改的文件的所有链接。如果用户不同意，则所做更改会记入缓存中，但 Dreamweaver CS6 并不加载该缓存，也不更新链接。

　　在较大型的站点上，加载此缓存可能需要几分钟的时间，因为 Dreamweaver CS6 必须将本地站点上文件的时间戳与缓存中记录的时间戳进行比较，从而确定缓存中的信息是否是最新的。重新创建缓存的方法是在【文件】面板中切换到要重新创建缓存的站点，然后选择菜单命令【站点】/【高级】/【重建站点缓存】即可。

5.5.5　手工更改链接

　　除每次移动或重命名文件时使 Dreamweaver CS6 自动更新链接外，用户还可以手动更改所有链接（包括电子邮件链接、FTP 链接、空链接和脚本链接），使它们指向其他位置。在整个站点范围内手动更改链接的操作方法如下。

　　（1）在【文件】面板的【本地视图】中选择一个文件（如果更改的是电子邮件链接、FTP 链接、空链接或脚本链接，则不需要选择文件）。

　　（2）选择菜单命令【站点】/【改变站点范围的链接】，打开【更改整个站点链接】对话框，如图 5-55 所示。

（3）利用【更改所有的链接】文本框浏览到并选择要取消链接的目标文件，利用【变成新链接】文本框浏览到并选择要链接到的新文件。如果更改的是电子邮件链接、FTP 链接、空链接或脚本链接，需要键入要更改的链接的完整路径。

图 5-55 【更改整个站点链接】对话框

Dreamweaver CS6 更新链接到选定文件的所有文档，使这些文档指向新文件，并沿用文档已经使用的路径格式（例如，如果旧路径为文档相对路径，则新路径也为文档相对路径）。在整个站点范围内更改某个链接后，所选文件就成为独立文件（即本地硬盘上没有任何文件指向该文件）。这时可安全地删除此文件，而不会破坏本地 Dreamweaver CS6 站点中的任何链接。

习　　题

一、问答题

1. 如何理解超级链接的概念？
2. 按照不同的标准，超级链接有哪些分类？
3. 文本超级链接有哪几种状态？
4. 什么是图像热点？
5. 如何创建空链接？
6. 创建锚记超级链接需要经过哪两个步骤？

二、操作题

将素材文档复制到站点文件夹下，然后根据要求设置超级链接，效果如图 5-56 所示。

（1）为文本"打印本页"添加相应的脚本链接。

（2）为文本"联系我们"添加电子邮件超级链接，电子邮件为"2020@163.com"。

（3）设置文本"更多内容"的链接地址为"http://www.baidu.com"。

（4）设置图像的链接目标文件为"shenghuo.htm"，打开目标窗口的方式均为在新窗口中打开。

（5）设置链接颜色和已访问链接颜色均为"#00F"，变换图像链接颜色为"#F00"，且仅在变换图像时显示下划线。

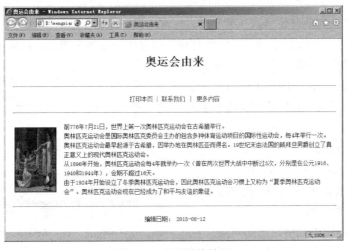

图 5-56 超级链接效果

第6章
使用表格

表格在网页中的用途非常广泛，这不仅表现在它可以有序地排列数据，还表现在它可以精确地定位网页元素，是网页排版布局的重要工具。本章将介绍有关表格的基本知识以及使用表格布局网页的基本方法。

【学习目标】

- 了解表格的构成和作用。
- 掌握插入表格的基本方法。
- 掌握设置表格和单元格属性的基本方法。
- 掌握编辑表格的基本方法。
- 掌握使用表格进行网页布局的方法。
- 掌握导入和导出表格的基本方法。
- 掌握对表格进行排序的基本方法。

6.1 认识表格

下面介绍表格的构成和作用。

6.1.1 表格的构成

表格是一种组织和整理数据的基本手段，常常出现在印刷介质、手写记录、计算机软件、建筑装饰、交通标志上，在通信交流、科学研究和数据分析等领域也得到广泛应用。网页中的表格，实际上是由一系列行和列构成的网格，单元格是构成表格的最基本单位。图 6-1 所示是一个 4 行 4 列的表格。下面对表格所涉及的基本术语做简要说明。

- 行：水平方向的一组单元格。
- 列：垂直方向的一组单元格。
- 单元格：表格中一行与一列相交的、单元格边框及以内的区域。
- 单元格间距：单元格之间的间隔。
- 单元格边距（填充）：单元格内容与单

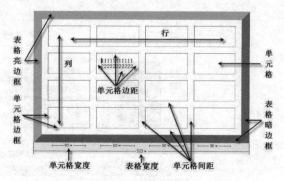

图 6-1 表格的构成

104

元格边框之间的间隔。

- 表格边框：由两部分组成，一部分是亮边框、另一部分是暗边框，可以设置边框的粗细、颜色等属性。
- 单元格边框：包括亮边框和暗边框两部分，粗细不可设置，颜色可以设置。

6.1.2　表格的作用

表格是用于在网页上显示表格式数据以及对文本和图像进行布局的重要工具。表格可以将网页内容按特定的行、列规则进行排列。单元格内可以存放数字、文本或图像等网页元素。具体来说，表格的作用可以归纳为以下 3 个方面。

- 组织数据：这是表格最基本的作用，如成绩单、工资表、销售表等。
- 页面布局：这是表格组织数据作用的延伸，由简单地组织一些常规数据发展成组织网页元素，进行版面布局。
- 制作特殊效果：如制作细线边框、按钮等。

6.2　插入和设置表格

下面介绍插入和设置表格的基本方法。

6.2.1　教学案例——列车时刻表

按照要求使用表格制作一个列车时刻表，在浏览器中的显示效果如图 6-2 所示。

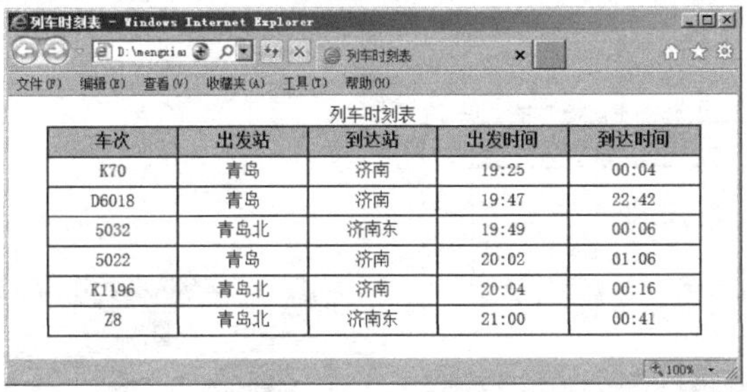

车次	出发站	到达站	出发时间	到达时间
K70	青岛	济南	19:25	00:04
D6018	青岛	济南	19:47	22:42
5032	青岛北	济南东	19:49	00:06
5022	青岛	济南	20:02	01:06
K1196	青岛北	济南	20:04	00:16
Z8	青岛北	济南东	21:00	00:41

图 6-2　列车时刻表

（1）创建一个新文档“6-2-1.htm”，将页面字体设置为“宋体”，大小设置为“16px”，浏览器标题为“列车时刻表”。

（2）插入一个 7 行 5 列的表格，表格宽度为“600px”，边框粗细为“1”，单元格边距和间距均为“0”，第 1 行为标题行，表格标题为“列车时刻表”。

（3）将第 1 行所有单元格的宽度均设置为“20%”，背景颜色设置为“#CCCCCC”，将第 1 列所有单元格的高度均设置为“25”，将第 2～7 行所有单元格的水平对齐方式均设置为“居中对齐”。

（4）将表格设置为“居中对齐”显示并在单元格中输入相应的文本。

【操作步骤】

1. 在 Dreamweaver CS6 中，选择菜单命令【文件】/【新建】创建一个网页文档，然后选择菜单命令【文件】/【保存】将网页文档保存为“6-2-1.htm”。

2. 选择菜单命令【修改】/【页面属性】，打开【页面属性】对话框，在【外观（CSS）】分类中，设置页面字体为"宋体"，大小为"16px"；在【标题/编码】分类中，设置文档的浏览器标题为"列车时刻表"，设置完毕后单击 确定 按钮关闭【页面属性】对话框。

3. 选择菜单命令【插入】/【表格】，打开【表格】对话框，将【行数】设置为"7"，【列】设置为"5"，【表格宽度】设置为"600 像素"，【边框粗细】设置为"1"，【单元格边距】和【单元格间距】均设置为"0"，在【标题】选项中选择"顶部"，在【辅助功能】栏的【标题】文本框中输入表格标题"列车时刻表"，如图 6-3 所示。

4. 单击 确定 按钮插入表格，如图 6-4 所示。

图 6-3 【表格】对话框

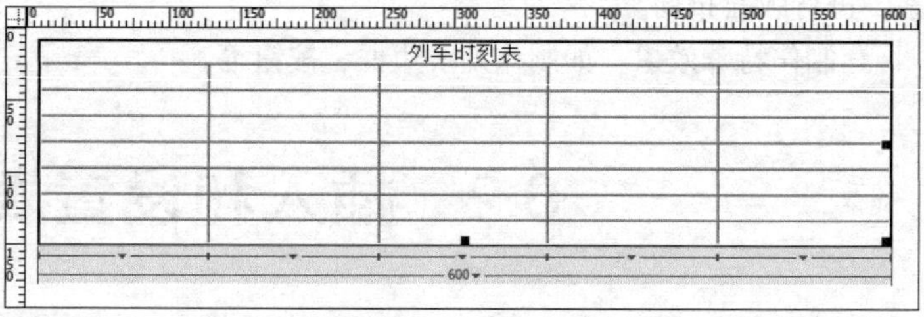

图 6-4 插入表格

5. 将鼠标光标移到第一行的任意单元格中，然后单击文档窗口左下角标签选择器中的"<tr>"标签选择该行，如图 6-5 所示。

6. 在【属性】面板中，将单元格的【宽】设置为"20%"，【背景颜色】设置为"#CCCCCC"，如图 6-6 所示。

图 6-5 选择行

图 6-6 设置单元格属性

7. 保证鼠标光标位于表格内，单击第 1 列底部绿线标志中的 20% (118)▼ 按钮，从弹出的下拉菜单中选择【选择列】命令来选择表格第 1 列的所有单元格，如图 6-7 所示。

8. 在【属性】面板中，将单元格的【高】设置为"25"，如图 6-8 所示。

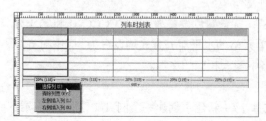

图 6-7 选择列

图 6-8 设置单元格属性

9. 将鼠标光标置于表格第 2 行第 1 个单元格内，然后按住鼠标左键不放向右下方拖曳，直至最后一行最后一个单元格，如图 6-9 所示。

10. 在【属性】面板中，将单元格的【水平】选项设置为"居中对齐"，如图 6-10 所示。

图 6-9 选择单元格

图 6-10 设置单元格属性

11. 将鼠标光标置于表格内，然后单击文档窗口左下角标签选择器中的"<table>"标签选择整个表格，如图 6-11 所示。

12. 在【属性】面板中，将表格的【对齐】选项设置为"居中对齐"，如图 6-12 所示。

图 6-11 选择表格

图 6-12 设置表格属性

13. 在表格单元格中输入相应文本并保存文档，效果如图 6-13 所示。 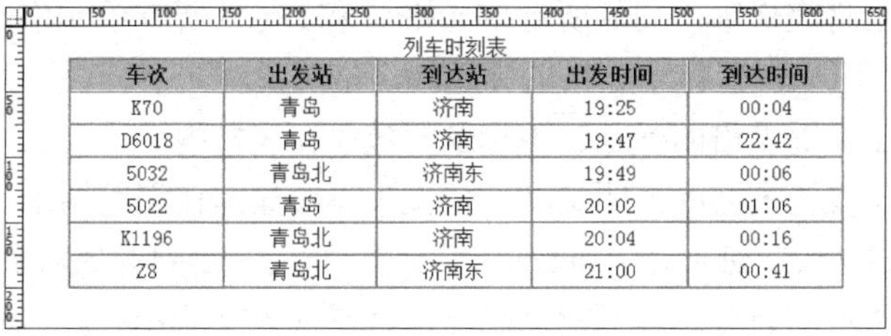

列车时刻表				
车次	出发站	到达站	出发时间	到达时间
K70	青岛	济南	19:25	00:04
D6018	青岛	济南	19:47	22:42
5032	青岛北	济南东	19:49	00:06
5022	青岛	济南	20:02	01:06
K1196	青岛北	济南	20:04	00:16
Z8	青岛北	济南东	21:00	00:41

图 6-13 网页效果

6.2.2 插入表格

在文档中插入表格的方法是，将鼠标光标置于要插入表格的位置，然后采用以下某种方式打开【表格】对话框进行参数设置即可，如图 6-14 所示。【表格】对话框中显示的各项参数值是最近一次所设置的数值大小，系统会将最近一次设置的参数保存到下一次打开这个对话框时为止。

● 选择菜单命令【插入】/【表格】。

● 在【插入】面板的【常用】类别中单击  ⊞ 表格 按钮。

● 在【插入】面板的【布局】类别中单击  ⊞ 表格 按钮。

【表格】对话框分为 3 个部分：【表格大小】、【标题】和【辅助功能】。在【表格大小】部分可以设置表格基本参数。

● 【行数】和【列】：用于设置要插入表格的行数和列数。

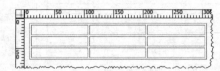

图 6-14 【表格】对话框

- 【表格宽度】：用于设置表格的宽度，单位有"像素"和"%"。以"像素"为单位设置表格宽度，表格的绝对宽度将保持不变。以"%"为单位设置表格宽度，表格的宽度将随浏览器的大小变化而变化。
- 【边框粗细】：用于设置单元格边框的宽度，以"像素"为单位。
- 【单元格边距】：用于设置单元格内容与边框的距离，以"像素"为单位。
- 【单元格间距】：用于设置单元格之间的距离，以"像素"为单位。

在【标题】部分可以设置表格的行标题或列标题。在组织数据表格时，通常有一行或一列是标题文字，然后才是相应的数据。

- 【无】：表示表格不使用列或行标题。
- 【左】：表示将表格第1列的所有单元格作为标题单元格。
- 【顶部】：表示将表格第1行的所有单元格作为标题单元格。
- 【两者】：表示将表格第1列的所有单元格和第1行的所有单元格作为标题单元格。

在【辅助功能】栏可以设置整个表格的标题和表格的说明文字。

- 【标题】：用于设置表格的标题，该标题不包含在表格内。
- 【摘要】：用于设置表格的说明文字，该文本不会显示在浏览器中。

在源代码中，HTML 标签\<table\>、\<caption\>、\<tr\>、\<th\>、\<td\>都是成对出现的。其中\<table\>是表格标签，\<caption\>是表格标题标签，\<tr\>是行标签，\<th\>是标题单元格标签，\<td\>是数据单元格标签。

6.2.3 表格属性

插入表格后，表格默认处于选中状态，此时可以直接在【属性】面板中设置表格属性。如果表格没有处于选中状态，那么如何选择表格呢？ 选择表格的方法通常有以下几种。

- 单击表格左上角来选择表格，如图 6-15 所示。
- 单击表格任何一个单元格的边框线来选择表格，如图 6-16 所示。

图 6-15　单击表格左上角　　　　　　　图 6-16　单击单元格的边框线

- 将鼠标光标置于表格内，选择菜单命令【修改】/【表格】/【选择表格】来选择表格。
- 将鼠标光标置于表格内，在鼠标右键快捷菜单中选择【表格】/【选择表格】命令来选择表格。

● 将鼠标光标移到预选择的表格内，表格顶部或底部弹出绿线的标志，单击绿线中的 ▼ 按钮，从弹出的下拉菜单中选择【选择表格】命令，如图 6-17 所示。

● 将鼠标光标移到预选择的表格内，单击文档窗口左下角标签选择器中的<table>标签来选择表格，如图 6-18 所示。

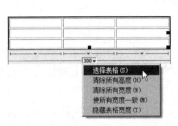

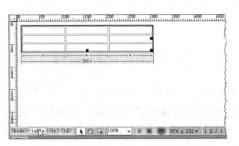

图 6-17　通过下拉菜单命令选择表格　　　　　图 6-18　通过<table>标签选择表格

选定表格后，在表格的【属性】面板中会显示所创建表格的基本属性，如行数、列数、宽度、填充、间距、边框及对齐方式等，此时可以根据需要继续修改这些属性。表格【属性】面板，如图 6-19 所示。

图 6-19　表格【属性】面板

下面对表格【属性】面板中与【表格】对话框不同的参数作简要说明。

● 【表格】：设置表格 ID 名称，在创建表格高级 CSS 样式时会用到。

● 【对齐】：设置表格的对齐方式，如"左对齐""右对齐"和"居中对齐"。

● 【类】：设置表格的 CSS 样式表的类样式，在后续章节会详细介绍。

● ⬓和⬓按钮：清除表格的行高和列宽。

● ⬓和⬓按钮：根据当前值将表格宽度转换成像素或百分比。

如果表格外有文本，在表格【属性】面板的【对齐】下拉列表中选择不同的选项，其效果是不一样的。选择【左对齐】，表示沿文本等元素的左侧对齐表格；选择【右对齐】，表示沿文本等元素的右侧对齐表格，如图 6-20 所示。

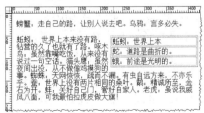

图 6-20　左对齐和右对齐状态

如果选择【居中对齐】，则表格将居中显示，而文本将显示在表格的上方和下方；如果选择【默认】，文本不会显示在表格的两侧，如图 6-21 所示。

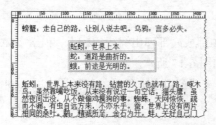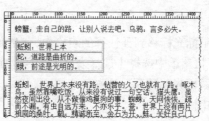

图 6-21 居中对齐和默认状态

6.2.4 行列和单元格属性

设置表格的行列和单元格属性，首先要选择行、列或单元格，然后在【属性】面板中进行设置。选择表格的行或列最常用的方法有以下几种。

- 当鼠标光标位于欲选择的行首或列顶变成黑色箭头形状时，单击鼠标左键即可选择该行或该列，如图 6-22 所示。此时如果按住鼠标左键并拖曳，可以选择连续的行或列，也可以按住 Ctrl 键依次单击欲选择的行或列，这样可以选择不连续的多行或多列。

图 6-22 通过单击选择行或列

- 按住鼠标左键从左至右或从上至下拖曳，将选择相应的行或列，如图 6-23 所示。

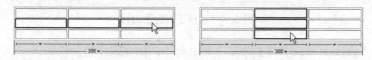

图 6-23 通过拖曳选择行或列

- 将鼠标光标移到欲选择的行中，单击文档窗口左下角标签选择器中的<tr>标签选择该行，如图 6-24 所示。

选择单个单元格的方法通常有以下两种。
- 将鼠标光标置于单元格内，然后按住 Ctrl 键，单击单元格可以将其选择。
- 将鼠标光标置于单元格内，然后单击文档窗口左下角的<td>标签将其选择。

选择相邻单元格的方法有以下两种。
- 在开始的单元格中按住鼠标左键并拖曳到最后的单元格。
- 将鼠标光标置于开始的单元格内，然后按住 Shift 键不放单击最后的单元格。

选择不相邻单元格的方法有以下两种。
- 按住 Ctrl 键，依次单击欲选择的单元格。
- 按住 Ctrl 键，在已选择的连续单元格中依次单击欲去除的单元格。

行、列、单元格的【属性】面板参数选项都是一样的，唯一不同的是左下角的名称，有行、列或单元格的区别。行、列、单元格的【属性】面板仍然有【属性（HTML）】面板和【属性（CSS）】面板两种形式，但这主要是针对文本设置而言的，对于表格的行、列或单元格属性设置来说，选择【属性（HTML）】面板与选择【属性（CSS）】面板结果都是一样的。图 6-25 所示为单元格的【属性（HTML）】面板。

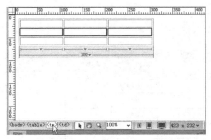

图 6-24　通过<tr>标签选择行　　　　　图 6-25　单元格【属性（HTML）】面板

【属性（HTML）】面板主要分为上下两个部分，上面部分主要用于设置单元格中文本的属性，下面部分主要用于设置行、列或单元格本身的属性。下面对单元格【属性（HTML）】面板中下半部分的相关参数作简要说明。

- 【水平】：用于设置单元格的内容在水平方向上的对齐方式，默认情况下常规单元格为"左对齐"，标题单元格为"居中对齐"。
- 【垂直】：用于设置单元格的内容在垂直方向上的对齐方式。
- 【宽】和【高】：用于设置单元格的宽度和高度。
- 【不换行】：用于设置防止换行，使给定单元格中的所有文本都在一行上。
- 【标题】：将所选的单元格设置为标题单元格，标题文本呈粗体并居中显示。
- 【背景颜色】：用于设置单元格的背景颜色。
- 【□（合并单元格）】：将所选的单元格、行或列合并为一个单元格。只有当单元格形成矩形或直线的块时才可以合并这些单元格。
- 【□（拆分单元格）】：将一个单元格分成两个或更多个单元格。一次只能拆分一个单元格，如果选择的单元格多于一个，则此按钮将禁用。

如果设置表格列的属性，Dreamweaver CS6 将更改对应于该列中每个单元格的 td 标签的属性。如果设置表格行的属性，Dreamweaver CS6 将更改该行 tr 标签的属性，而不是更改行中每个 td 标签的属性。在将同一种格式应用于行中的所有单元格时，将格式应用于 tr 标签会生成更加简明清晰的 HTML 代码。可以通过设置表格及单元格的属性或将预先设计的 CSS 样式应用于表格、行或单元格来更改表格的外观。在设置表格和单元格的属性时，属性设置的优先顺序为单元格、行和表格。

6.2.5　添加表格内容

插入表格并设置好属性后，还需要向表格中添加内容，如文本、图像等。在表格中添加文本就如同在文档中操作一样，除了直接输入文本外，也可以从其他文档中复制文本，然后将其粘贴到表格内。随着文本的增多，表格也会自动增高。在单元格中添加图像时，如果单元格的尺寸小于所插入图像的尺寸，则插入图像后，单元格的尺寸将自动增高或者增宽。

为了美观，在表格单元格中添加内容后，可以根据需要适当调整单元格的填充或间距，使单元格中的内容与边框有适当的距离，或不同的单元格之间有适当的距离。

6.3　编辑表格

下面介绍编辑表格的基本方法。

6.3.1 教学案例——个人简历

按照要求使用表格制作一份个人简历，在浏览器中的显示效果如图 6-26 所示。

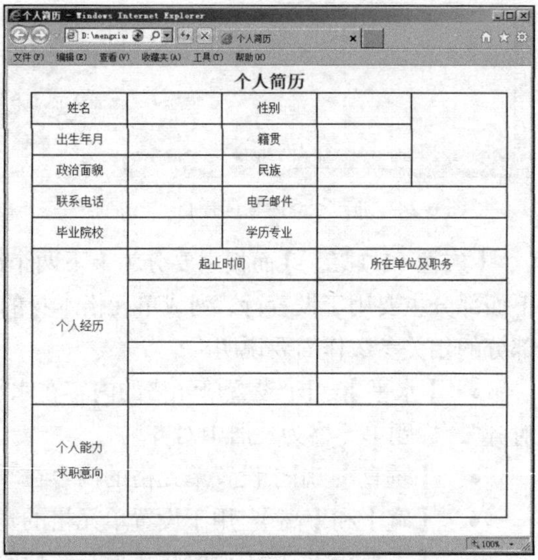

（1）创建一个新文档"6-3-1.htm"，将页面字体设置为"宋体"，大小设置为"16px"，浏览器标题为"个人简历"。

（2）先插入一个 6 行 5 列的表格，表格宽度为"650px"，边框粗细为"1"，表格标题为"个人简历"，设置其大小为"24px"，加粗显示。

（3）根据需要添加行并进行单元格合并，然后将第 1 行第 1～4 个单元格的宽度均设置为"20%"，将第 1 列第 1～5 个单元格的高度和"个人经历"后面一列中的 5 个单元格的高度均设置为"40"，将倒数第一行第 1 个单元格的高度设置为"150"。

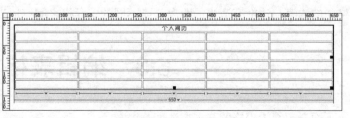

图 6-26　个人简历

（4）将表格设置为"居中对齐"显示，单元格边距和间距均为"0"。

（5）在单元格中输入相应的文本，并设置这些单元格"居中对齐"。

【操作步骤】

1. 在 Dreamweaver CS6 中，选择菜单命令【文件】/【新建】创建一个网页文档，然后选择菜单命令【文件】/【保存】将网页文档保存为"6-3-1.htm"。

2. 选择菜单命令【修改】/【页面属性】，打开【页面属性】对话框，在【外观（CSS）】分类中，设置页面字体为"宋体"，大小为"16px"；在【标题/编码】分类中，设置文档的浏览器标题为"个人简历"，设置完毕后单击 确定 按钮关闭【页面属性】对话框。

3. 选择菜单命令【插入】/【表格】，打开【表格】对话框，将【行数】设置为"6"，【列】设置为"5"，【表格宽度】设置为"750 像素"，【边框粗细】设置为"1"，【单元格边距】和【单元格间距】暂不设置，在【标题】选项中选择"无"，在【辅助功能】的【标题】文本框中设置表格标题为"个人简历"，如图 6-27 所示。

4. 单击 确定 按钮插入表格，如图 6-28 所示。

图 6-27　【表格】对话框

图 6-28　插入表格

5. 选中表格标题"个人简历"，然后在【属性（CSS）】面板的【目标规则】下拉列表框中选择"<内联样式>"，在【大小】下拉列表框中选择"24px"，并单击 **B** 按钮，如图 6-29 所示。

图 6-29　【属性（CSS）】面板

6. 将鼠标光标置于表格第 5 列第 1 个单元格内，然后按住鼠标左键不放，向下拖曳至第 3 个单元格来选中这 3 个单元格，如图 6-30 所示。

图 6-30　选择单元格

7. 接着在【属性（CSS）】面板中单击 按钮合并所选中的单元格，如图 6-31 所示。

8. 选择表格第 4 行第 4～5 个单元格，然后在【属性（CSS）】面板中单击 按钮对其进行合并，如图 6-32 所示。

图 6-31　合并单元格　　　　　　　　　　　图 6-32　合并单元格

9. 选择表格第 5 行第 2～3 个单元格，然后在【属性（CSS）】面板中单击 按钮对其进行合并，接着将第 5 行第 4～5 个单元格进行合并，如图 6-33 所示。

10. 选择表格第 6 行第 2～5 个单元格，然后在【属性（CSS）】面板中单击 按钮对其进行合并，如图 6-34 所示。

图 6-33　合并单元格　　　　　　　　　　　图 6-34　合并单元格

11. 将鼠标光标置于第 4 行单元格中，然后单击鼠标右键，在弹出的快捷菜单中选择【表格】/【插入行】命令插入一行，如图 6-35 所示。

12. 将鼠标光标置于倒数第 2 行单元格中，然后单击鼠标右键，在弹出的快捷菜单中选择【表格】/【插入行或列】命令，打开【插入行或列】对话框，将【行数】选项设置为"4"，如图 6-36 所示。

图 6-35　插入行

13. 单击 确定 按钮在表格中添加 4 行，然后将第 1 列倒数第 2~6 个单元格进行合并，如图 6-37 所示。

图 6-36　【插入行或列】对话框

图 6-37　添加行并合并单元格

14. 选择表格第一行第 1~4 个单元格，在【属性】面板的【宽】文本框中输入"20%"，如图 6-38 所示。

图 6-38　设置单元格宽度

15. 将鼠标光标置于表格内，然后选择菜单命令【修改】/【表格】/【选择表格】来选中整个表格，接着在【属性】面板中将表格的【填充】和【间距】选项均设置为"0"，【对齐】选项设置为"居中对齐"，如图 6-39 所示。

图 6-39　设置表格属性

16. 在表格单元格中输入相应文本，并通过在单元格【属性】面板的【水平】下拉列表中选择"居中对齐"来使单元格内的文本居中显示，如图 6-40 所示。

17. 选择表格第 1 列第 1~5 个单元格，在【属性】面板中设置单元格高度为"40"，然后选择文本"个人经历"后面一列中的 5 个单元格，在【属性】面板中设置单元格高度为"40"，如图 6-41 所示。

図 6-40　输入文本　　　　　　　　　　　　图 6-41　设置单元格高度

18. 将鼠标光标置于表格最后一行第 1 个单元格内，然后在【属性】面板中设置单元格高度为 "300"。最后保存文档，效果如图 6-42 所示。

图 6-42　网页效果

6.3.2　复制、剪切和粘贴表格

选择了整个表格、某行、某列或单元格后，选择【编辑】菜单中的【复制】或【剪切】命令，可以将其中的内容复制或剪切。选择【剪切】命令，会将被剪切部分从原始位置删除；选择【复制】命令，被复制部分仍将保留在原始位置。将鼠标光标置于要粘贴表格的位置，然后选择【编辑】/【粘贴】命令，便可将所复制或剪切的表格、行、列或单元格等粘贴到鼠标光标所在的位置。

● 复制/粘贴表格

当鼠标光标位于单个单元格内时，粘贴整个表格后将在单元格内插入一个表格，如图 6-43 所示。如果鼠标光标位于表格外，那么将粘贴一个新的表格，如图 6-44 所示。

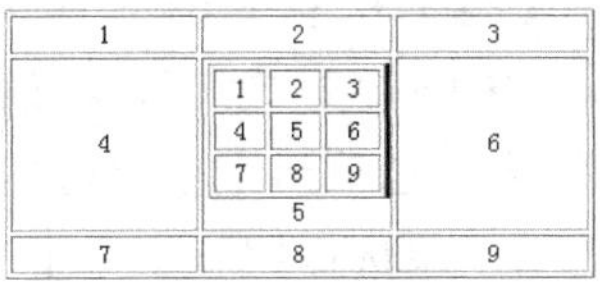

图 6-43　在单元格内粘贴表格 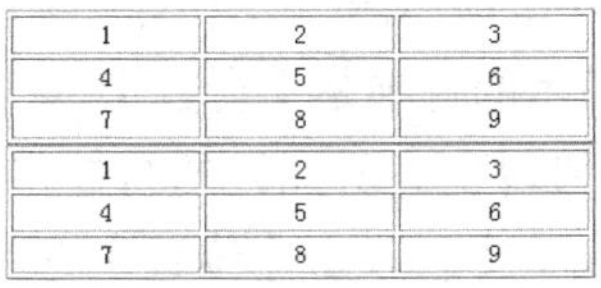　　　　　图 6-44　在表格外粘贴表格

● 复制/粘贴行或列

选择与所复制内容结构相同的行或列，然后使用粘贴命令，复制的内容将取代行或列中原有的内容，如图 6-45 所示。若不选择行或列，将鼠标光标置于单元格内，粘贴后将自动在当前行的上面添加 1 行或在当前列的左侧添加 1 列，如图 6-46 所示。若鼠标光标位于表格外，粘贴后将自动生成一个新的表格，如图 6-47 所示。

图 6-45　粘贴相同结构的行或列

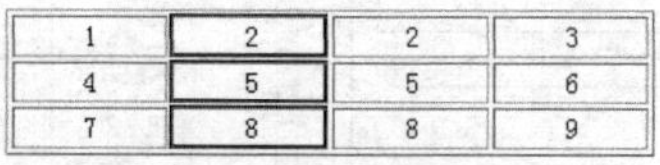

图 6-46　不选择行或列并粘贴

图 6-47　在表格外粘贴

● 复制/粘贴单元格

若被复制的内容是一部分单元格，并将其粘贴到被选择的单元格上，则被选择的单元格内容将被复制的内容替换，前提是复制和粘贴前后的单元格结构要相同，如图 6-48 所示。若鼠标光标在表格外，则粘贴后将生成一个新的表格，如图 6-49 所示。

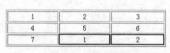

图 6-48　粘贴单元格

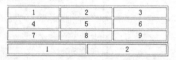

图 6-49　在表格外粘贴单元格

6.3.3　插入、删除行和列

在插入表格后，有时需要继续插入行、列或删除行、列，以便使表格更符合实际需要。

1. 增加行或列

首先将鼠标光标移到欲插入行或列的单元格内，然后采取以下几种方法进行操作。

● 选择菜单命令【修改】/【表格】/【插入行】，则在鼠标光标所在单元格的上面增加 1 行。同样，选择菜单命令【修改】/【表格】/【插入列】，则在鼠标光标所在单元格的左侧增加 1 列。也可使用右键快捷菜单命令【表格】/【插入行】或【表格】/【插入列】进行操作，如图 6-50 所示。

● 选择菜单命令【插入】/【表格对象】/【在上面插入行】，则在鼠标光标所在单元格的上面增加 1 行，其他菜单命令以此类推，如图 6-51 所示。

● 在【插入】面板的【布局】类别中单击 在上面插入行 按钮，则在鼠标光标所在单元格的上面增加 1 行，其他按钮以此类推，如图 6-52 所示。

● 选择菜单命令【修改】/【表格】/【插入行或列】或在右键快捷菜单命令中选择【表格】/【插入行或列】，打开【插入行或列】对话框并进行参数设置，如图 6-53 所示，单击 确定 按钮后将插入行或列。

在图 6-53 所示的对话框中，【插入】选项组包括【行】和【列】两个选项，默认选择的是【行】，因此下面显示的选项是【行数】，在【行数】选项的文本框内可以定义预插入的行数，在【位置】选项组中可以定义所插入的行的位置。在【插入】选项组中如果选择的是【列】，那么下面的选项就变成了【列数】，【位置】选项组后面的两个单选按钮就变成了【当前列之前】和【当前列之后】。

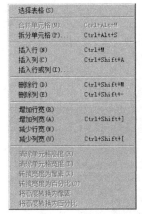 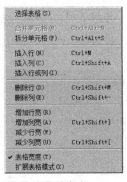  

图 6-50　菜单命令和右键快捷菜单命令　　图 6-51　菜单命令　图 6-52【插入】面板的【布局】类别

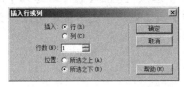 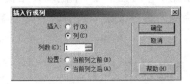

图 6-53　【插入行或列】对话框

2．删除行或列

如果要删除行或列，首先需要将鼠标光标置于要删除的行或列中，或者将要删除的行或列选中，然后选择菜单命令【修改】/【表格】/【删除行】或【删除列】进行删除。也可使用右键快捷菜单命令进行操作。实际上，最简捷的方法就是先选定要删除的行或列，然后按 Delete 键。

6.3.4　合并和拆分单元格

在插入表格后，有时需要合并和拆分单元格，以便使表格更符合实际需要。

1．合并单元格

合并单元格是指将多个单元格合并成为一个单元格。首先选择欲合并的单元格，然后可采取以下方法进行操作。

- 选择菜单命令【修改】/【表格】/【合并单元格】。
- 单击鼠标右键，在弹出的快捷菜单中选择【表格】/【合并单元格】命令。
- 单击【属性】面板左下角的 按钮。

合并单元格后的效果，如图 6-54 所示。

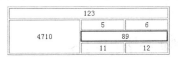

图 6-54　合并单元格

不管选择多少行、多少列或多少个单元格，选择的部分必须是在一个连续的矩形内，【属性】面板中的 按钮可用时才可以进行合并操作。

2．拆分单元格

拆分单元格是针对单个单元格而言的，可看成是合并单元格的逆操作。首先需要将鼠标光标定位到要拆分的单元格中，然后采取以下方法进行操作。

- 选择菜单命令【修改】/【表格】/【拆分单元格】。
- 单击鼠标右键，在弹出的快捷菜单中选择【表格】/【拆分单元格】命令。
- 单击【属性】面板左下角的 北 按钮，弹出【拆分单元格】对话框。

拆分单元格的效果如图 6-55 所示。

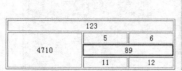  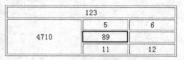

图 6-55　拆分单元格

在【拆分单元格】对话框中，【把单元格拆分】选项组包括【行】和【列】两个选项，这表明可以将单元格纵向拆分或横向拆分。在【行数】或【列数】文本框中可以定义要拆分的行数或列数。

6.3.5　调整表格大小

在文档中插入表格后，表格的尺寸大小可以根据实际需要进行调整，通常有两种方法：一种是直接用鼠标拖放表格，另一种是通过【属性】面板重新设置表格的大小。

在文档中选择表格后，表格周围出现了缩放手柄。拖放表格右侧手柄可以改变表格宽度，拖放底边手柄可以改变表格高度，拖放表格右下角手柄可以同时改变表格宽度和表格高度，如图 6-56 所示。直接拖放行的底边可以改变行高，拖放列的右边可以改变列宽，如图 6-57 所示。用鼠标拖放表格可以快捷地改变表格的尺寸大小，但不够准确。

图 6-56　同时改变表宽和表高　　　　　　　　　图 6-57　改变列宽

如果需要准确地改变表格的尺寸，可在【属性】面板中进行设置。

- 选定整个表格，在表格【属性】面板的【宽】文本框内输入准确的数值（以"像素"为单位）即可改变表格的宽度。
- 可通过在【属性】面板中设置单元格的高度来调整表格的高度，也可通过设置单元格的宽度来调整表格的宽度。

6.3.6　删除表格和内容

如果要删除整个表格，可以首先选择整个表格，然后在键盘上按 Delete 键。如果要删除表格的内容而不想删除表格，可以选择一个或多个单元格（但不能选择整行、整列或者整个表格），然后选择【编辑】/【清除】命令或者按 Delete 键删除内容。这样，被选择的行、列或单元格内的内容被删除，而表格的结构保持不变。

6.4 使用表格布局网页

下面介绍使用表格布局网页的基本方法。

6.4.1 教学案例——心理效应

将素材文档复制到站点文件夹下，然后使用表格布局页面，在浏览器中的显示效果如图 6-58 所示。

【操作步骤】

1. 在 Dreamweaver CS6 中，选择菜单命令【文件】/【新建】创建一个网页文档，然后选择菜单命令【文件】/【保存】将网页文档保存为 "6-4-1.htm"。

2. 选择菜单命令【修改】/【页面属性】，打开【页面属性】对话框，设置页面字体为 "宋体"，大小为 "14px"，浏览器标题为 "心理效应"。

3. 选择菜单命令【插入】/【表格】，打开【表格】对话框，参数设置如图 6-59 所示。

图 6-58 心理效应

图 6-59 【表格】对话框

4. 单击 确定 按钮插入表格，然后在表格【属性】面板的【对齐】下拉列表中选择 "居中对齐"，使表格在页面中居中显示，效果如图 6-60 所示。

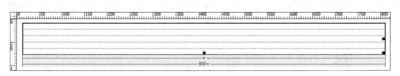

图 6-60 插入表格

5. 将鼠标光标置于表格第 1 行单元格内，然后在单元格【属性】面板的【水平】下拉列表中选择 "居中对齐"，在【高】文本框中输入 "50"，接着在单元格中输入文本 "心理效应"，并在【属性】面板的【格式】下拉列表中选择 "标题 1"，如图 6-61 所示。

6. 将鼠标光标置于第 2 行单元格内，然后选择菜单命令【插入】/【表格】打开【表格】对话框，参数设置如图 6-62 所示。

图 6-61　设置单元格属性并输入文本　　　　　　　图 6-62　【表格】对话框

7. 单击 确定 按钮插入嵌套表格，如图 6-63 所示。

8. 在【属性】面板中，将嵌套表格第 1 行单元格水平对齐方式设置为"居中对齐"，单元格高度设置为"30"。

9. 将鼠标光标置于嵌套表格第 2 行单元格内，然后单击【属性】面板左下角的 北 按钮，打开【拆分单元格】对话框，将单元格拆分为 2 列，如图 6-64 所示。

图 6-63　插入表格　　　　　　　　　　图 6-64　【拆分单元格】对话框

10. 在【属性】面板中将拆分后的左侧单元格宽度设置为"300"，并将其水平对齐方式设置为"居中对齐"，如图 6-65 所示。

图 6-65　设置单元格属性

11. 将文档窗口切换到【代码】视图，将鼠标光标置于嵌套代码"cellpadding="5""的后面，然后按空格键，弹出表格属性参数下拉列表，如图 6-66 所示。

图 6-66　参数下拉列表

12. 双击下拉列表中的 "bgcolor"，打开调色板，选择合适的背景颜色，如 "#CCCCCC"，如图 6-67 所示。

图 6-67　设置背景颜色

13. 将文档窗口切换到【设计】视图，效果如图 6-68 所示。

图 6-68　设置背景颜色后的效果

14. 通过鼠标拖曳选定嵌套表格的两行单元格，然后在【属性】面板的【背景颜色】文本框中输入 "#FFFFFF"，效果如图 6-69 所示。

图 6-69　设置单元格背景颜色

15. 将鼠标光标置于嵌套表格内，然后选择菜单命令【修改】/【表格】/【选择表格】来选定嵌套表格，接着选择菜单命令【编辑】/【复制】来复制嵌套表格。

16. 将鼠标光标置于最外层表格倒数第 3 行单元格内，选择菜单命令【编辑】/【粘贴】将嵌套表格粘贴到该单元格中，接着依次将嵌套表格粘贴到最外层表格的最后两个单元格中，如图 6-70 所示。

图 6-70　粘贴嵌套表格

17. 将鼠标光标置于文本 "心理效应" 所在单元格内，然后选择菜单命令【修改】/【表格】/【选择表格】来选中最外层表格，在【属性】面板中设置单元格间距为 "10"，如图 6-71 所示。

图 6-71　设置单元格间距

18. 在"心理效应"所在单元格下面再插入一行单元格，设置单元格水平对齐方式为"左对齐"，并输入文本。

19. 在第 1 个嵌套表格第 1 行单元格内输入文本"青蛙现象"，设置其格式为"标题 2"，在其下面左侧单元格内插入图像"images/qingwa.jpg"，设置其宽度为"280px"，高度随宽度自动变化，在右侧单元格内输入相应的文本，如图 6-72 所示。

20. 运用同样的方法依次在其他 3 个嵌套表格中插入图像并输入文本。

21. 将文档窗口切换到【代码】视图，然后在<head>与</head>之间添加 CSS 样式代码，使行与行之间的距离为"25px"，段前段后距离均为"5px"，如图 6-73 所示。

图 6-72　输入内容

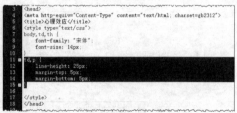

图 6-73　设置行距和段前段后距离

22. 最后保存文档，效果如图 6-74 所示。

图 6-74　网页效果

6.4.2　设置表格背景

由于在表格【属性】面板中没有背景设置选项，可以通过【代码】视图来设置表格的背景。方法是，在【代码】视图中将鼠标光标置于表格代码所在行某个参数的后面，然后按空格键，弹出表格属性参数下拉列表，如图 6-75 所示，双击下拉列表中的"bgcolor"可以设置背景颜色，双击下拉列表中的"background"可以设置背景图像。

图 6-75　表格属性参数下拉列表

6.4.3　制作表格细线效果

目前为止，制作表格细线效果可以使用下面的方法，首先插入一个表格，设置表格的边框为"0"，单元格间距为"1"，然后设置表格背景，最后将表格的所有单元格背景颜色设置为白色"#FFFFFF"即可，图 6-76 所示是表格细线在浏览器中的效果。

图 6-76　表格细线效果

6.4.4　插入嵌套表格

嵌套表格是指在表格的单元格中再插入表格，其宽度受所在单元格的宽度限制，常用于控制表格内的文本或图像的位置。虽然表格可以层层嵌套，但在实践中不主张表格的嵌套层次过多，一般控制在 3～4 层即可。大的图像或者多的内容最好不要放在深层嵌套表格中，这样网页的浏览速度会受影响。

图 6-77 所示是一个嵌套表格，它嵌套了 3 个层次的表格。第 1 层是一个 3 行 3 列的表格，在

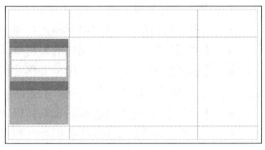

图 6-77　嵌套表格

这个表格的第 2 行第 1 列的单元格中又嵌套了一个 4 行 1 列的表格，在其第 2 行单元格中又嵌套了一个 3 行 1 列的表格。使用表格布局网页主要就是通过表格的嵌套来实现的，因此掌握表格嵌套的方法和注意事项是非常重要的。在使用表格进行网页布局时，表格的边框通常设置为"0"。

另外，在使用表格进行页面布局时，如果内容非常多，页面比较长，此时不要将所有内容放在一个表格中，要根据实际情况，使用多个表格进行页面布局，尽量把内容分散到多个表格中。因为表格在下载时，只有下载完表格内的所有内容后，表格才显示。因此，内容分散到多个表格，等于加快了下载和显示速度。只有在页面比较短小，内容不是非常多的情况下，整个页面才会使用一个表格进行布局，然后里面适当插入嵌套表格。

6.5　使用表格数据功能

Dreamweaver 能够与外部软件交换数据，以方便用户快速导入或导出数据，同时还可以对数据表格进行排序。

6.5.1　导入表格数据

可以将 Excel 表格和以分隔文本的格式（其中的项以制表符、逗号、分号或其他分隔符）保存的表格式数据导入到 Dreamweaver CS6 中。方法是，选择菜单命令【文件】/【导入】/【表格式数据】或【Excel 文档】。导入 Excel 文档与导入 Word 文档打开的对话框是相似的，而导入表格式数据打开的对话框，如图 6-78 所示。在导入表格式数据时，数据中的定界符必须是半角。另外，【导入表格式数据】对话框中的定界符指的是要导入的数据文件中使用的定界符。

下面对【导入表格式数据】对话框中的相关参数进行简要说明。

- 【数据文件】：设置要导入的文件的名称。
- 【定界符】：设置要导入的文件中所使用的分隔符，如果列表中没有适合的选项，这时需要选择【其他】，然后在下拉列表右侧的文本框内输入导入文件中使用的分隔符。将分隔符设置为先前保存数据文件时所使用的分隔符，否则无法正确导入文件，也无法在表格中对数据进行正确的格式设置。

图 6-78 【导入表格式数据】对话框

- 【表格宽度】：设置表格的宽度，选择【匹配内容】使每个列足够宽，以适应该列中最长的文本字符串，选择【设置为】以"像素"为单位指定固定的表格宽度，或按占浏览器窗口宽度的"百分比"指定表格宽度。
- 【单元格边距】：设置单元格内容与单元格边框之间的像素数。
- 【单元格间距】：设置相邻的表格单元格之间的像素数。
- 【格式化首行】：确定应用于表格首行的格式设置（如果存在），从 4 个格式设置选项中进行选择：无格式、粗体、斜体或加粗斜体。
- 【边框】：设置表格边框的宽度，以"像素"为单位。

图 6-79 所示为分别将 Excel 数据和表格式数据导入 Dreamweaver CS6 中的效果。

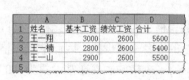  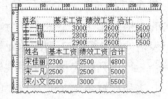

图 6-79　导入 Excel 数据和表格式数据

6.5.2　导出表格数据

在 Dreamweaver CS6 中的表格数据也可以进行导出。方法是，将鼠标光标置于表格中，然后选择菜单命令【文件】/【导出】/【表格】，打开【导出表格】对话框，如图 6-80 所示，在【定界符】下拉列表中选择要在导出的结果文件中使用的分隔符类型（包括"Tab""空白键""逗点""分号"和"引号"），在【换行符】下拉列表中选择打开文件的操作系统（包括"Windows""Mac"和"UNIX"），最后单击 导出 按钮，打开【表格导出为】对话框，设置文件的保存位置和名称即可。

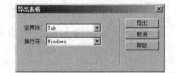

图 6-80 【导出表格】对话框

6.5.3　排序表格数据

利用 Dreamweaver 的【排序表格】命令可以对表格指定列的内容进行排序。方法是：先选中整个表格，然后选择菜单命令【命令】/【排序表格】，打开【排序表格】对话框，在该对话框中进行参数设置即可，如图 6-81 所示。表格排序主要针对具有格式数据的表格，是根据表格列中的数据来排序的。如果表格中含有经过合并生成的单元格，则表格将无法使用排序功能。

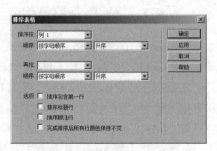

图 6-81 【排序表格】对话框

下面对【排序表格】对话框中的相关参数进行简要说明。

● 【排序按】：设置使用哪个列的值对表格的行进行排序。

● 【顺序】：设置是按字母还是按数字顺序以及是以升序（A 到 Z，数字从小到大）还是以降序对列进行排序。当列的内容是数字时，选择【按数字顺序】。如果按字母顺序对一组由一位或两位数组成的数字进行排序，则会将这些数字作为单词进行排序（排序结果如 1、10、2、20、3、30），而不是将它们作为数字进行排序（排序结果如 1、2、3、10、20、30）。

● 【再按】和【顺序】：设置将在另一列上应用的第 2 种排序方法的排序顺序。在【再按】中指定将应用第 2 种排序方法的列，并在【顺序】中指定第 2 种排序方法的排序顺序。

● 【选项】：共有 4 个复选框，【排序包含第一行】用于设置将表格的第一行包括在排序中，如果第一行是标题类型则不选择此选项。【排序标题行】用于设置使用与主体行相同的条件对表格的 thead 部分（如果有）中的所有行进行排序。不过，即使在排序后，thead 行也将保留在 thead 部分并仍显示在表格的顶部。【排序脚注行】用于设置按照与主体行相同的条件对表格的 tfoot 部分（如果有）中的所有行进行排序。不过，即使在排序后，tfoot 行仍将保留在 tfoot 部分并仍显示在表格的底部。【完成排序后所有行颜色保持不变】用于设置排序之后表格行属性（如颜色）应该与同一内容保持关联。如果表格行使用两种交替的颜色，则不要选择此选项以确保排序后的表格仍具有颜色交替的行。如果行属性特定于每行的内容，则选择此选项以确保这些属性保持与排序后表格中正确的行关联在一起。

习　题

一、问答题

1. 表格的构成及其作用是什么？
2. 插入表格的常用方法有哪些？
3. 合并和拆分单元格的方法有哪些？
4. 如何理解嵌套表格？
5. 如何导入表格数据？

二、操作题

将素材文件复制到站点文件夹下，然后根据要求使用表格布局网页，效果如图 6-82 所示。

图 6-82　竹韵

（1）新建一个网页文档，将页面字体设置为"宋体"，大小设置为"16px"，浏览器标题为"严郑公宅同咏竹"。

（2）插入一个2行2列的表格，表格宽度为"800像素"，边框粗细为"0"，填充为"5"，间距为"1"。

（3）将第1行两个单元格进行合并，设置其水平对齐方式为"居中对齐"，然后输入文本"竹韵"，并设置其格式为"标题1"。

（4）在第2行第1个单元格中插入图像"images/zhu.jpg"，设置其宽度为"353px"，高度随宽度自动变化，在右侧单元格中输入相应文本。

第7章
使用 CSS 样式

CSS 是当前网页设计中非常流行的样式定义技术，主要用于控制网页中的元素或区域的外观格式。使用 CSS 可以将与外观样式有关的代码从网页文档中分离出来，实现内容与样式的分离，从而使文档清晰简洁。本章将介绍 CSS 样式的基本知识以及设置 CSS 样式的基本方法。

【学习目标】
- 了解 CSS 速记规则与普通规则的区别。
- 了解 CSS 样式的基本类型和基本属性。
- 掌握创建和编辑 CSS 样式的基本方法。
- 掌握管理和应用 CSS 样式的基本方法。

7.1　关于 CSS 样式

在第 1 章已对 CSS 作了初步介绍，下面对 CSS 的主要功能、层叠次序和速记格式等作简要说明。

7.1.1　CSS 主要功能

要理解 CSS 的主要功能，还得从其产生的背景说起。HTML 主要用于定义网页内容，即通过使用标题、段落、列表、表格等标签来表达"这是标题""这是段落""这是列表""这是表格"等思想。至于网页布局由浏览器来完成，而不使用任何的格式化标签。由于当时盛行的两种浏览器 Netscape 和 Internet Explorer 不断将新的 HTML 标签和属性（如字体标签和颜色属性）添加到 HTML 规范中，致使创建网页内容清晰地独立于网页表现层的站点变得越来越困难。

为了解决这个问题，非营利的标准化联盟 W3C（万维网联盟）肩负起了 HTML 标准化的使命，并在 HTML 4.0 之外创造出了样式（Style）来控制网页外观。现在，所有的主流浏览器均支持 CSS 样式。

CSS（Cascading Style Sheet），可译为"层叠样式表"或"级联样式表"，是一组格式设置规则，用于控制 Web 页面的外观。通过使用 CSS 样式设置页面的格式，可将页面的内容与表现形式分离。页面内容存放在 HTML 文档中，而用于定义表现形式的 CSS 样式则存放在另一个独立的样式表文件中或 HTML 文档的某一部分，通常为文件头部分。将内容与表现形式分离，不仅可使维护站点的外观更加容易，而且还可以使 HTML 文档代码更加简练，缩短浏览器的加载时间。CSS 样式表的功能一般可以归纳为以下几点。

- 可以更加灵活地控制网页中文本的字体、颜色、大小、行距等。
- 可以灵活地为网页中的元素设置各种边框效果。
- 可以方便地为网页中的元素设置背景图像、平铺方式及背景位置。
- 可以精确地控制网页中各元素的位置，使元素在网页中浮动。
- 可以为网页中的元素设置各种滤镜，从而产生诸如阴影、辉光、模糊和透明等只有在一些图像处理软件中才能实现的效果。
- 可以与脚本语言相结合，使网页中的元素产生各种动态效果。

7.1.2　CSS 样式层叠优先次序

层叠是指浏览器最终为网页上的特定元素显示样式的方式。3 种不同的源决定了网页上显示的样式：由页面的作者创建的样式表、用户的自定义样式选择（如果有）和浏览器本身的默认样式。除了作为网页及附加到该页的样式表的作者来创建网页的样式外，浏览器也具有它们自己的默认样式表来指定网页的显示方式，用户还可以通过对浏览器进行自定义来调整网页的显示。网页的最终外观是由这 3 种源的规则共同作用（或者"层叠"）的结果，最后以最佳方式显示网页。

例如，默认情况下，浏览器自带有为段落文本（即位于 HTML 标签<p>…</p>之间的文本）定义字体和字体大小的样式表。在 Internet Explorer 中，包括段落文本在内的所有正文文本都默认显示为 "Times New Roman" 中等字体。但是作为网页的作者，可以为段落字体和字体大小创建能覆盖浏览器默认样式的样式表。可以在样式表中创建以下规则：

```
p { font-family: Arial; font-size: small; }
```

当用户加载页面时，作为作者创建的段落字体和字体大小设置将覆盖浏览器的默认段落文本设置。用户也可以选择以最佳方式自定义浏览器显示，以方便他们自己使用。例如在 Internet Explorer 中，如果用户认为页面字体太小，则可以选择【查看】/【文字大小】/【最大】将页面字体扩展到更易辨认的大小。这样用户的选择将覆盖段落字体大小的浏览器默认样式和网页作者创建的段落样式。

继承性是层叠的另一个重要部分。网页上的大多数元素的属性都是继承的。例如，段落标签从 body 标签中继承某些属性，span 标签从段落标签中继承某些属性，等等。因此，如果在样式表中创建以下规则：

```
body { font-family: Arial; font-style: italic; }
```

网页上的所有段落文本（以及从段落标签继承属性的文本）都是 Arial 字体和斜体，因为段落标签从 body 标签中继承了这些属性。但是，可以创建一些能覆盖标准继承的样式。例如，如果在样式表中创建以下规则：

```
body { font-family: Arial; font-style: italic; }
p { font-family: Courier; font-style: normal; }
```

所有正文文本将是 Arial 字体和斜体，但段落（及其继承的）文本除外，它们将显示为 Courier 常规字体（非斜体）。从技术上来说，段落标签首先继承为 body 标签设置的属性，但是随后将忽略这些属性，因为它具有本身已定义的属性。

结合上述的所有因素，加上其他因素以及 CSS 规则的顺序，最终会创建一个复杂的层叠，其中优先级较高的项会覆盖优先级较低的属性。

另外，CSS 允许根据实际需要将样式保存在不同的位置，如内联样式位于单个的 HTML 标签元素中，常规类型的样式位于 HTML 页的<head>元素内或外部 CSS 样式表中。当同一个 HTML 元素被不止一个样式定义时，会优先使用哪个位置的样式呢？一般而言，所有的样式会根据下面的规则层叠于一个新的虚拟样式表中，其中位于 HTML 元素内部的内联样式拥有最高优先权，然后是位于 <head> 标签内部的样式，第三是外部样式表，最后是浏览器的自身的默认设置，如图 7-1 所示。

图 7-1 所示网页文档引用了外部样式表文件"yz.css"，该样式表文件定义了标签"P"的 CSS 样式，设置文本的颜色为"#0C0"，如图 7-2 所示，这意味着整个文档文本的颜色应为"#0C0"。

图 7-1　CSS 层叠次序　　　　　　　　　　　　图 7-2　【CSS 样式】面板

在网页文档头部，定义了类 CSS 样式".text"，设置的文本颜色是"#00F"，"色侵书帙晚，阴过酒樽凉。"这一段又引用了该样式，表明这一段的文本颜色不再显示为"#0C0"而是显示为"#00F"。在"色侵书帙晚，阴过酒樽凉。"文本中又使用了内联样式单独定义了"书帙"的颜色为"#F00"，因此最后"书帙"的颜色显示为红色。在图 11-1 中显示效果也是如此，充分遵循了 CSS 样式表显示的层叠次序。

7.1.3　CSS 速记格式

CSS 规范支持使用速记 CSS 的简略语法格式创建 CSS 样式，可以用一个声明指定多个属性的值。例如，font 属性可以在同一行中设置 font-style、font-variant、font-weight、font-size、line-height 以及 font-family 等多个属性。但使用速记 CSS 的问题是速记 CSS 属性省略的值会被指定为属性的默认值。当两个或多个 CSS 规则指定给同一标签时，这可能会导致页面无法正确显示。

下面显示的"h1"规则使用了普通的 CSS 语法格式，其中已经为 font-variant、font-style、font-stretch 和 font-size-adjust 属性分配了默认值。

```
h1 {
font-weight: bold;
font-size: 16pt;
line-height: 18pt;
font-family: Arial;
font-variant: normal;
font-style: normal;
font-stretch: normal;
font-size-adjust: none
}
```

下面使用一个速记属性重写这一规则，可能的形式为：

```
h1 { font: bold 16pt/18pt Arial }
```

上述速记示例省略了 font-variant、font-style、font-stretch 和 font-size-adjust 标签。

如果使用 CSS 语法的速记形式和普通形式在不只一个位置定义了样式，如在 HTML 页面中嵌入样式并从外部样式表中导入样式，一定要注意省略的属性可能会覆盖（或层叠）在其他位置明确设置的属性。

在 Dreamweaver CS6 中打开使用速记 CSS 符号编写代码的 Web 页面时，Dreamweaver CS6 将使用普通形式创建新的 CSS 规则。可通过更改【首选参数】对话框【CSS 样式】类别中的 CSS 编辑参数，来指定 Dreamweaver CS6 创建和编辑 CSS 规则的方式，如图 7-3 所示。Dreamweaver CS6 默认情况下使用 CSS 符号的普通形式撰写语法，这样可以防止能够覆盖普通规则的速记规则所引起的潜在问题。

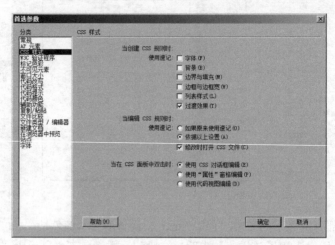

图 7-3 【首选参数】对话框

如果需要使用 CSS 速记可以直接在【首选参数】对话框中选择要应用的 CSS 样式选项。

- 在【当创建 CSS 规则时】选项中，可以设置【使用速记】的几种情形，包括字体、背景、边界与填充、边框与边框宽、列表样式、过渡效果，当选中相应选项后，Dreamweaver CS6 将以速记形式编写 CSS 样式属性。

- 在【当编辑 CSS 规则时】选项中，可以设置重新编写现有样式时【使用速记】的几种情形。选择【如果原来使用速记】单选按钮，在重新编写现有样式时仍然保留原样。选择【根据以上设置】单选按钮，将根据在【使用速记】中选择的属性重新编写样式。当选中【修改时打开 CSS 文件】复选框时，如果使用的是外部样式表文件，在修改 CSS 样式时将打开该样式表文件，否则不打开。

- 在【当在 CSS 面板中双击时】选项中，可以设置用于编辑 CSS 规则的工具，包括【CSS】对话框、【属性】面板和【代码】视图 3 种。

如果使用 CSS 语法的速记格式和普通格式在多个位置定义了样式，例如，在 HTML 页面中嵌入样式并从外部样式表中导入了样式，那么速记规则中省略的属性可能会覆盖其他规则中明确设置的属性。同时，速记这种形式使用起来虽然感觉比较方便，但某些较旧版本的浏览器通常不能正确解释。因此，Dreamweaver CS6 默认情况下使用 CSS 语法的普通格式，同时也建议读者在初学时使用 CSS 语法的普通格式创建 CSS 样式。如果读者喜欢速记格式，在对 CSS 非常熟悉后再使用也未尝不可。

7.2 创建 CSS 样式

使用 CSS 样式，可将页面的内容与表现形式分离。页面内容存放在 HTML 文档中，而用于定义表现形式的 CSS 规则存放在另一个独立的样式表文件中或 HTML 文档的某一部分，通常为文件头部分。下面介绍通过【CSS 样式】面板创建 CSS 样式的方法。

7.2.1　教学案例——梅兰竹菊

将素材文档复制到站点文件夹下，然后根据要求创建 CSS 样式，在浏览器中的显示效果如图 7-4 所示。

（1）创建一个新文档"7-2-1.htm"，将页面字体设置为"宋体"，大小设置为"16px"，浏览器标题设置为"梅兰竹菊"，然后输入文本。

（2）将文档标题"梅兰竹菊"的格式设置为"标题 1"，创建标签类型的 CSS 样式"p"，设置行高为"25px"，段前段后距离为"0"。

（3）创建类 CSS 样式".ptext"，设置文本颜色为红色"#F00"，并具有下划线效果，然后应用到正文第一段。

（4）插入图像"images/hua.jpg"，设置其 ID 名称为"hua"，宽度为"350px"，高度随宽度自动变化，然后创建 ID 名称类型的 CSS 样式"#hua"，设置其边框样式为"solid"，边框宽度为"5px"，边框颜色为"#0F0"。

【操作步骤】

1. 选择菜单命令【文件】/【新建】新建一个网页文档，选择菜单命令【文件】/【保存】，将网页文档保存为"7-2-1.htm"。

2. 选择菜单命令【修改】/【页面属性】，打开【页面属性】对话框，在【外观（CSS）】分类中，设置页面字体为"宋体"，大小为"16px"；在【标题/编码】分类中，设置文档的浏览器标题为"梅兰竹菊"。

3. 单击 确定 按钮关闭对话框，然后在文档中输入相应文本，如图 7-5 所示。

图 7-4　梅兰竹菊

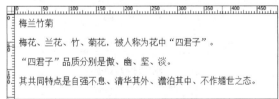

图 7-5　输入文本

4. 将鼠标光标置于文档标题"梅兰竹菊"处，然后在【属性（HTML）】面板的【格式】下拉列表中选择"标题 1"。

下面创建标签类型的 CSS 样式"P"。

5. 选择菜单命令【窗口】/【CSS 样式】，打开【CSS 样式】面板，如图 7-6 所示。

在【CSS 样式】面板中，有一个复合类型的 CSS 样式"body,td,th"，这是在【页面属性】对话框的【外观（CSS）】分类中设置页面字体和大小时由 Dreamweaver CS6 自动创建的。

6. 在【CSS 样式】面板中，单击 （新建 CSS 规则）按钮，打开【新建 CSS 规则】对话框，在【选择器类型】下拉列表中选择"标签（重新定义 HTML 元素）"，在【选择器名称】下拉列表中选择"p"，在【规则定义】下拉列表中选择保存位置"（仅限该文档）"，如图 7-7 所示。

图 7-6 【CSS 样式】面板

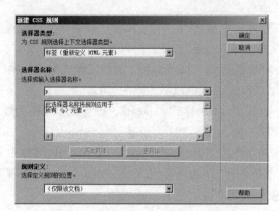

图 7-7 【新建 CSS 规则】对话框

7. 单击 确定 按钮，打开【p 的 CSS 规则定义】对话框，在【类型】分类中将【行高】设置为"25px"，如图 7-8 所示。

8. 切换至【方框】分类，在【边界】选项中将【上】和【下】均设置为"0"，如图 7-9 所示。

图 7-8 设置行高

图 7-9 设置段前段后距离

9. 单击 确定 按钮完成标签类型的 CSS 样式"p"的创建，如图 7-10 所示。

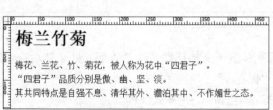

图 7-10 创建标签 CSS 样式"p"

下面创建类 CSS 样式 ".ptext"。

10. 在【CSS 样式】面板中，单击 （新建 CSS 规则）按钮，打开【新建 CSS 规则】对话框，在【选择器类型】下拉列表中选择"类（可应用于任何 HTML 元素）"，在【选择器名称】下拉列表中输入选择器名称 ".ptext"，在【规则定义】下拉列表中选择保存位置"（仅限该文档）"，如图 7-11 所示。

11. 单击　确定　按钮，打开【.ptext 的 CSS 规则定义】对话框，在【类型】分类中将【颜色】设置为 "#F00"，【修饰】设置为"下划线"，如图 7-12 所示。

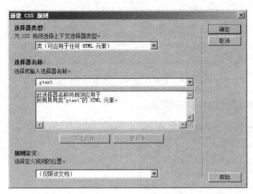

图 7-11 【新建 CSS 规则】对话框　　　　图 7-12 【.ptext 的 CSS 规则定义】对话框

12. 单击　确定　按钮完成类 CSS 样式 ".ptext" 的创建，如图 7-13 所示。

13. 选中正文第一段，然后在【属性（HTML）】面板的【类】下拉列表中选择 "ptext"（也可在【属性（CSS）】面板的【目标规则】下拉列表中选择）来应用类样式，如图 7-14 所示。

图 7-13 　创建类 CSS 样式 ".ptext"　　　图 7-14 　通过【属性】面板应用样式

下面插入图像并创建 ID 名称类型的 CSS 样式 "#hua"。

14. 在文档最后另起一段，然后插入图像 "images/hua.jpg"，在图像【属性】面板中设置其 ID 名称为 "hua"，宽度为 "350px"，高度随宽度自动变化，效果如图 7-15 所示。

15. 在【CSS 样式】面板中，单击 （新建 CSS 规则）按钮，打开【新建 CSS 规则】对话框，在【选择器类型】下拉列表中选择 "ID（仅应用于一个 HTML 元素）"，在【选择器名称】下拉列表中输入选择器名称 "#hua"，在【规则定义】下拉列表中选择保存位置"（仅限该文档）"，如图 7-16 所示。

16. 单击　确定　按钮，打开【#hua 的 CSS 规则定义】对话框，在【边框】分类中将边框样式均设置为 "solid"，边框宽度均设置为 "5px"，边框颜色均设置为 "#0F0"，如图 7-17 所示。

17. 单击　确定　按钮完成 ID 名称类型的 CSS 样式 "#hua" 的创建，如图 7-18 所示。

18. 最后保存文档，效果如图 7-19 所示。

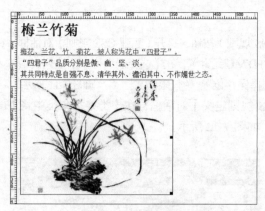

图 7-15　插入图像

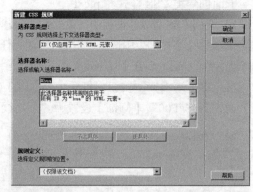

图 7-16　【新建 CSS 规则】对话框

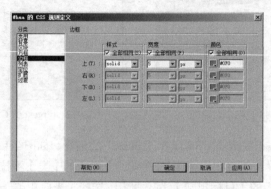

图 7-17　【#hua 的 CSS 规则定义】对话框

图 7-18　创建类 CSS 样式 ".ptext"

图 7-19　网页效果

7.2.2　【CSS 样式】面板

通过【CSS 样式】面板可以查看在当前网页文档中定义的所有 CSS 样式的规则和属性，不管这些样式是嵌入在当前网页文档的头部还是在链接的外部样式表中，除此之外，通过【CSS 样式】面板还可以创建、编辑和删除 CSS 样式。

【CSS 样式】面板只有在网页文档或 CSS 文档处于打开的状态下，才可以使用。因此，需要新建或打开一个网页文档，然后选择菜单命令【窗口】/【CSS 样式】，打开【CSS 样式】面板，如图 7-20 所示。

【CSS 样式】面板有【全部】和【当前】两种显示模式。使用【全部】模式可以查看页面中所有的 CSS 样式的规则和属性，使用【当前】模式可以查看当前所选元素的 CSS 样式的规则和属性。使用【CSS 样式】面板顶部的 全部 按钮和 当前 按钮，可以在两种模式之间切换。在【全部】模式下，【CSS 样式】面板上部是【所有规则】列表，用于显示当前文档中定义的规则以及附加到当前文档的外部样式表中定义的所有规则；下部是【属性】列表，用于显示在【所有规则】列表中选择的相应规则的属性，可以根据需要添加其他属性或修改已有属性的值。通过选择并上下拖动规则可以在样式表内对规则进行重新排序，按住 Ctrl 键不放可以一次选择多个规则进行上下移动。默认情况下，【属性】列表仅显示那些已设置的属性，并按字母顺序排列它们。对【属性】列表所做的任何更改都将立即应用在网页文档中，方便在操作的同时预览其效果。

在【CSS 样式】面板的底部左侧有 3 个按钮，可以用来设置【属性】列表的显示模式。

- 　（显示类别视图）：该视图将 Dreamweaver 支持的 CSS 属性划分为多个类别，每个类别的属性都包含在一个列表中，单击类别名称旁边的 图标将展开类别内容，单击 按钮将折叠类别内容。

- 　（显示列表视图）：该视图将按字母顺序显示该类样式 Dreamweaver 所支持的所有 CSS 属性。

- 　（只显示设置属性）：该视图仅显示已设置的 CSS 属性，此视图为默认视图。

在【CSS 样式】面板底部右侧还有以下五个按钮，可以用于附加、新建、编辑、禁用/启用、删除 CSS 样式。

- 　（附加样式表）：打开"链接外部样式表"对话框，选择要链接到或导入到当前文档中的外部样式表。

- 　（新建 CSS 规则）：打开一个对话框，可在其中选择要创建的样式类型，例如，创建类样式、重新定义 HTML 标签或定义 CSS 选择器等。

- 　（编辑样式）：打开一个对话框，可在其中编辑所选样式的相关属性。

- 　（禁用/启用 CSS 属性）：禁用或启用所选择的 CSS 属性，也可使用鼠标右键快捷菜单命令，如图 7-21 所示。

图 7-20　【CSS 样式】面板

图 7-21　鼠标右键快捷菜单命令

- 　（删除 CSS 规则或属性）：删除在【CSS 样式】面板中选定的规则或属性，还可以分离或取消链接附加的 CSS 样式表。

如果【属性】列表中有多个禁用的属性，要让它们全部起作用，可以直接选择【启用选定规则中禁用的所有项】命令，如果所有禁用的属性不再需要，也可以选择【删除选定规则中禁用的所有项】命令将它们从【属性】列表中全部删除。

在【CSS 样式】面板中，可以根据需要通过上下拖动【所有规则】列表和【属性】列表之间的边框来调整列表框的大小，通过左右拖动【属性】列表的中间分隔线来调整属性列和属性值所在列的大小。

7.2.3　CSS 样式的选择器类型

【CSS 样式】面板中，单击 （新建 CSS 规则）按钮，可打开【新建 CSS 规则】对话框，其中【选择器类型】下拉列表主要用来设置选择器类型，主要有 4 种，如图 7-22 所示。

图 7-22　选择器类型

（1）类（可应用于任何 HTML 元素）。利用该类选择器可创建自定义名称的 CSS 样式，能够应用在网页中的任何 HTML 标签上，如下面的 CSS 代码。

```
<style type="text/css">
.pstyle {
    font-family: "宋体";
    font-size: 14px;
    line-height: 20px;
    margin-top: 5px;
    margin-bottom: 5px;
}
</style>
```

在网页文档中可以使用 class 属性引用 ".pstyle" 类，凡是含有 "class=".pstyle"" 的标签都应用该样式，例子如下。

```
<p class=".pstyle">…</p>
```

（2）ID（仅应用于一个 HTML 元素）。利用该类选择器可以为网页中特定的 HTML 标签定义样式，即通过标签的 ID 编号来实现，如下面的 CSS 代码。

```
<style type="text/css">
#mytable {
    font-family: "宋体";
    font-size: 14px;
    color: #F00;
}
</style>
```

可以通过 ID 属性应用到 HTML 中。

```
<table width="180" id="mytable">…</table >
```

（3）标签（重新定义 HTML 元素）。利用该类选择器可对 HTML 标签进行重新定义、规范或者扩展其属性。例如，当创建或修改 "h2" 标签（标题 2）的 CSS 样式时，所有使用 "h2" 标签进行格式化的文本都将被立即更新，如下面的 CSS 代码。

```
<style type="text/css">
h2 {
        font-family: "黑体";
        font-size: 24px;
        color: #FF0000;
        text-align: center;
}
</style>
```

因此，重定义标签时应多加小心，因为这样做有可能会改变许多页面的布局。例如，对 "table" 标签进行重新定义，就会影响到其他使用表格的页面布局。

（4）复合内容（基于选择的内容）。利用该类选择器可以创建复杂的选择器，如 "td h2" 表示所有在单元格中出现 "h2" 的标题。而 "#myStyle1 a:visited, #myStyle2 a:link, #myStyle3…" 表示可以一次性定义相同属性的多个 CSS 样式，如下面的 CSS 代码。

```
<style type="text/css">
#mytable tr td hr {
    color: #F00;
}
</style>
```

类样式的名称需要在【选择器名称】文本框中输入，以点开头，如果没有输入点，Dreamweaver 将自动添加。ID 样式名称也需要在【选择器名称】文本框中输入，以 "#" 开头，如果没有输入 "#"，Dreamweaver 将自动添加。标签样式名称直接在文本框中选择即可。复合内容样式名称在选择内容后将自动出现在文本框中，也可手动输入，如 "body table tr td"。

7.2.4　CSS 样式的保存位置

【新建 CSS 规则】对话框的【规则定义】下拉列表主要用来设置所定义规则的保存位置，有 "（仅限该文档）" 和 "（新建样式表文件）" 两个选项，如图 7-23 所示。

如果选择 "（仅限该文档）"，单击 确定 按钮后将打开规则定义对话框，利用该对话框进行规则定义，CSS 样式使用标签 `<style type="text/css">…</style>` 保存在网页文档的 `<head>…</head>` 内。如果选择 "（新建样式表文件）"，单击 确定 按钮后将打开【将样式表文件另存为】对话框，此时需要在【文件名】文本框中设置文件名，样式表文件的扩展名为 ".css"，如图 7-24 所示。单击 保存(S) 按钮后将打开规则定义对话框，利用该对话框进行规则定义，创建的 CSS 样式保存在外部样式表文件中。如果网页文档已经附加了样式表文件，在【规则定义】下拉列表中还会显示已经附加的样式表文件名称，也可以根据需要选择样式表文件，将新建的样式保存在已经附加的样式表文件中。

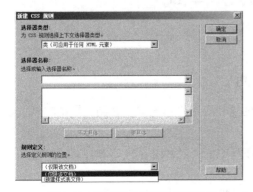

图 7-23　设置定义规则的保存位置

图 7-24　【将样式表文件另存为】对话框

保存在网页文档头部和外部样式表文件中的 CSS 样式都显示在【CSS 样式】面板的【所有规则】列表中，如图 7-25 所示，可以根据需要继续修改其属性。

图 7-25　保存在不同位置的样式

7.2.5　编辑 CSS 规则

用户如果对创建的样式不满意可以进行修改，主要有两种方式：一种是直接在【CSS 样式】面板中修改属性值，还可以根据需要添加新的属性，如图 7-26 所示；第二种是在【CSS 样式】面板中直接双击样式名称或单击 按钮打开规则定义对话框重新编辑属性，包括添加属性、修改属性或删除属性，不需要的属性直接保留空白即可。

图 7-26　编辑 CSS 规则

7.3　应用 CSS 样式

下面介绍应用 CSS 样式的基本方法。

7.3.1　教学案例——人生就像一条河

将素材文档复制到站点文件夹下，然后根据要求创建和应用 CSS 样式，在浏览器中的显示效果如图 7-27 所示。

（1）创建一个 CSS 文档并保存为"rs.css"，然后在其中创建复合内容的 CSS 样式"body td"，设置字体为"宋体"，大小为"16px"。

（2）打开网页文档"7-3-1.htm"，附加 CSS 样式表文件"rs.css"。

（3）将文档标题"人生就像一条河"的格式设置为"标题 1"，然后在样式表文件"rs.css"中创建类 CSS 样式".ptext"，设置行高为"25px"，段前段后距离为"0"，并应用到正文所有段落。

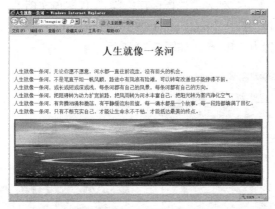

图 7-27 人生就像一条河

（4）设置图像"images/river.jpg"的 ID 名称为"tu"，然后在样式表文件"rs.css"中创建标签 CSS 样式"#tu"，设置边框样式为"solid"，边框宽度为"5px"，边框颜色为"#0C0"。

【操作步骤】

1. 选择菜单命令【文件】/【新建】，打开【新建文档】对话框，依次选择【空白页】/【CSS】，如图 7-28 所示。

2. 单击 创建(R) 按钮创建一个空白 CSS 文档，如图 7-29 所示。

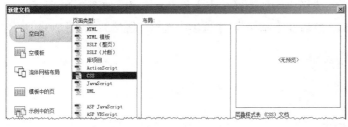

图 7-28 选择【空白页】/【CSS】

图 7-29 空白 CSS 文档

3. 选择菜单命令【文件】/【保存】，打开【另存为】对话框，输入文件名称"rs.css"，如图 7-30 所示，然后单击 保存(S) 按钮保存文档。

图 7-30 【另存为】对话框

4. 在【CSS 样式】面板中，单击 ⊞ 按钮，打开【新建 CSS 规则】对话框，在【选择器类型】下拉列表中选择 "复合内容（基于选择的内容）"，在【选择器名称】下拉列表中输入选择器名称 "body td"，在【规则定义】下拉列表中选择保存位置 "（仅限该文档）"，如图 7-31 所示。

5. 单击 确定 按钮，打开【body td 的 CSS 规则定义】对话框，在【类型】分类中将字体设置为 "宋体"，大小设置为 "16px"，如图 7-32 所示。

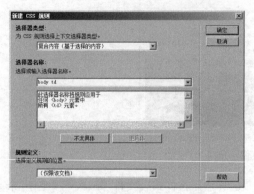

图 7-31 【新建 CSS 规则】对话框

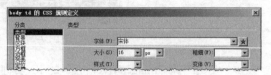

图 7-32 设置字体和大小

6. 单击 确定 按钮关闭对话框，然后选择菜单命令【文件】/【保存】再次保存 CSS 文档 "rs.css"。

7. 在【文件】面板中双击打开网页文档 "7-3-1.htm"，然后在【CSS 样式】面板中单击 ⊞（附加样式表）按钮，打开【链接外部样式表】对话框，单击【文件/URL】列表框后面的 浏览… 按钮，打开【选择样式表文件】对话框，选择要附加的样式表文件 "rs.css"，如图 7-33 所示。

8. 单击 确定 按钮关闭对话框，然后在【添加为：】选项中选择 "链接"，如图 7-34 所示。

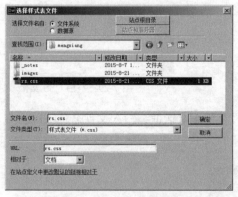

图 7-33 【选择样式表文件】对话框

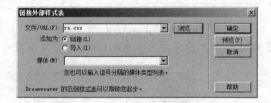

图 7-34 【链接外部样式表】对话框

9. 单击 确定 按钮关闭对话框，完成附加样式表文件 "rs.css" 的任务。

10. 将鼠标光标置于文档标题 "人生就像一条河" 处，然后在【属性（HTML）】面板的【格式】下拉列表中选择 "标题 1"，对文本应用 "标题 1" 格式。

下面创建类 CSS 样式 ".ptext" 并应用到正文所有段落。

11. 在【CSS 样式】面板中，单击 ⊞（新建 CSS 规则）按钮，打开【新建 CSS 规则】对话框，在【选择器类型】下拉列表中选择 "类（可应用于任何 HTML 元素）"，在【选择器名称】下拉列表中输入选择器名称 ".ptext"，在【规则定义】下拉列表中选择保存位置 "rs.css"，如图 7-35 所示。

12. 单击 【 确定 】 按钮，打开【.ptext 的 CSS 规则定义】对话框，在【类型】分类中将【行高】设置为 "25px"，如图 7-36 所示。

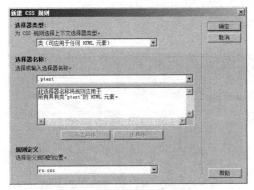

图 7-35 【新建 CSS 规则】对话框   图 7-36 设置行高

13. 切换至【方框】分类，在【边界】选项中将【上】和【下】均设置为 "0"，如图 7-37 所示。
14. 单击 【 确定 】 按钮完成类 CSS 样式 ".ptext" 的创建，如图 7-38 所示。

图 7-37 设置段前段后距离   图 7-38 创建类 CSS 样式 ".ptext"

15. 选中正文所有段落，然后在【属性（HTML）】面板的【类】下拉列表中选择 "ptext"（也可在【属性（CSS）】面板的【目标规则】下拉列表中选择）来应用类样式，如图 7-39 所示。

图 7-39 通过【属性】面板应用样式

下面创建 ID 名称类型的 CSS 样式 "#tu"。

16. 选中图像 "images/river.jpg"，在【属性】面板中设置其 ID 名称为 "tu"，如图 7-40 所示。
17. 在【CSS 样式】面板中，单击 （新建 CSS 规则）按钮，打开【新建 CSS 规则】对话框，在【选择器类型】下拉列表中选择 "ID（仅应用于一个 HTML 元素）"，在【选择器名称】下拉列表中输入选择器名称 "#tu"，在【规则定义】下拉列表中选择保存位置 "rs.css"，如图 7-41 所示。
18. 单击 【 确定 】 按钮，打开【#hua 的 CSS 规则定义】对话框，在【边框】分类中将边框样式均设置为 "solid"，边框宽度设置为 "5px"，边框颜色均设置为 "#0C0"，如图 7-42 所示。

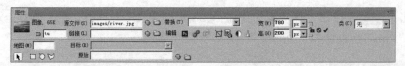

图 7-40　设置图像 ID 名称

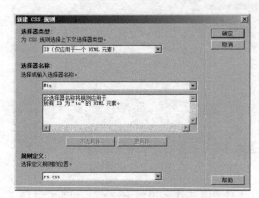

图 7-41　【新建 CSS 规则】对话框

图 7-42　【#hua 的 CSS 规则定义】对话框

19. 单击　确定　按钮完成 ID 名称类型的 CSS 样式"#tu"的创建，如图 7-43 所示。
20. 选择菜单命令【文件】/【保存全部】保存网页文档和 CSS 文档，网页效果如图 7-44 所示。

图 7-43　创建类 CSS 样式"ptext"

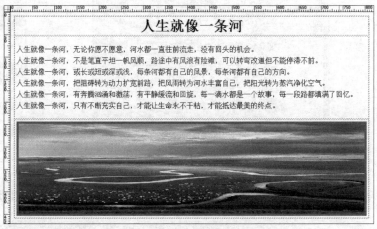

图 7-44　网页效果

7.3.2　创建 CSS 样式表文件

在 Dreamweaver CS6 中，创建外部样式表文件主要有两种方式。一种是在当前网页文档中创建 CSS 样式时，在打开的【新建 CSS 规则】对话框的【规则定义】下拉列表中选择【（新建样式表文件）】，如图 7-45 所示，打开【将样式表文件另存为】对话框来创建样式表文件，如图 7-46 所示。此时，创建的样式表文件自动链接到当前打开的网页文档。

另一种是选择菜单命令【文件】/【新建】，打开【新建文档】对话框，依次选择【空白页】/【CSS】，如图 7-47 所示，单击　创建(R)　按钮创建一个空白 CSS 文档，然后选择菜单命令【文件】/【保存】，打开【另存为】对话框，输入文件名称并保存文档，如图 7-48 所示。此时，创建的样式表文件是一个空白文档。要创建相应的 CSS 样式，可以直接在 CSS 文档中创建，也可以将 CSS 文档附加到网页文档后，然后根据网页文档需要再创建。

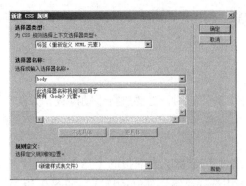

图 7-45　【新建 CSS 规则】对话框

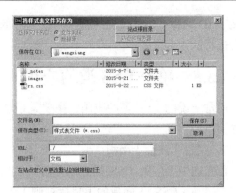

图 7-46　【将样式表文件另存为】对话框

图 7-47　选择【空白页】/【CSS】

图 7-48　【另存为】对话框

7.3.3　附加 CSS 样式表

外部样式表通常是供多个网页使用的，其他网页文档要想使用已创建的外部样式表，必须通过【附加样式表】命令将样式表文件附加到网页文档中。

附加样式表的方法是，在【CSS 样式】面板中单击 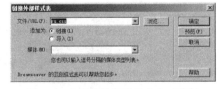（附加样式表）按钮，打开【链接外部样式表】对话框，单击【文件/URL】列表框后面的 浏览… 按钮选择要附加的样式表文件，如图 7-49 所示。

图 7-49　【链接外部样式表】对话框

附加样式表通常有两种途径：链接和导入。向网页文档附加样式表文件通常选择"链接"选项。查看网页源代码可以发现，在网页文档头部有如下代码。

```
<link href="rs.css" rel="stylesheet" type="text/css">
```

如果选择"导入"选项，代码如下。如果要将一个 CSS 样式文件引用到另一个 CSS 样式文件当中，只能使用"导入"方式。

```
@import url("rs.css");
```

7.3.4　自动应用的 CSS 样式

在已经创建好的 CSS 样式中，标签 CSS 样式、ID 名称 CSS 样式和复合 CSS 样式基本上都是自动应用的。重新定义了标签的 CSS 样式，凡是使用该标签的内容将自动应用该标签 CSS 样式。例如，重新定义了段落标签 "p" 的 CSS 样式，凡是使用标签<p>…</p>的内容都将应用其样式。

定义了 ID 名称 CSS 样式，拥有该 ID 名称的对象将应用该样式。复合内容 CSS 样式将自动应用到所选择的内容上。

7.3.5　单个 CSS 类的应用

通常所说的 CSS 类的应用，主要是指单个 CSS 类的应用，需要进行手动设置，方法有以下几种。

1. 通过【属性】面板

首先选中要应用 CSS 样式的内容，然后在【属性（HTML）】面板的【类】下拉列表中，或者在【属性（CSS）】面板的【目标规则】下拉列表中选择已经创建好的样式，如图 7-50 所示。

图 7-50　通过【属性】面板应用样式

2. 通过菜单命令【格式】/【CSS 样式】

首先选中要应用 CSS 样式的内容，然后选择菜单命令【格式】/【CSS 样式】，从下拉菜单中选择预先设置好的样式名称，这样就可以将被选择的样式应用到所选的内容上，如图 7-51 所示。

3. 通过【CSS 样式】面板下拉菜单中的【应用】命令

首先选中要应用 CSS 样式的内容，然后在【CSS 样式】面板中选中要应用的样式，再在面板的右上角单击 按钮，或者直接单击鼠标右键，从弹出的快捷菜单中选择【应用】命令即可应用样式，如图 7-52 所示。

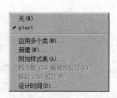 

图 7-51　通过菜单命令【格式】/【CSS 样式】应用样式　　　图 7-52　通过【应用】命令

7.3.6　多个 CSS 类的应用

在 Dreamweaver CS6 中，可以将多个 CSS 类应用于单个元素，方法如下。

（1）首先选择一个要应用多个类的 HTML 标签元素。

（2）使用以下任意一种方法打开【多类选区】对话框，如图 7-53 所示。

● 在【属性（HTML）】面板的【类】下拉列表中或【属性（CSS）】面板的【目标规则】下拉列表中选择【应用多个类】选项。

● 用鼠标右键单击文档窗口底部要应用类的标签选择器，在弹出的快捷菜单中选择【设置类】/【应用多个类】命令。

（3）选择需要应用的类，单击 确定(O) 按钮，将对所选择的 HTML 标签应用多个类，如此时的段落标签<p>变成了<p.line.pstyle>，如图 7-54 所示。

图 7-53 【多类选区】对话框

图 7-54 应用多个类

7.4 管理 CSS 样式

下面介绍转换和移动 CSS 样式的方法。

7.4.1 转换 CSS 规则

通常在设置 CSS 样式时不推荐使用内联样式，如果要使 CSS 更干净整齐，可以将已有的内联样式转换为驻留在网页文档头或外部样式表中的 CSS 规则。方法是，选择包含要转换的内联 CSS 的整个<style>标签，如图 7-55 所示。

在选中的<style>标签上单击鼠标右键，在弹出的快捷菜单中选择【CSS 样式】/【将

图 7-55 选择<style>标签

内联 CSS 转换为规则】命令，打开【转换内联 CSS】。在【转换为】下拉列表框中选择"新的 CSS 类"，然后在文本框中输入新规则的类名称".tcolor"，在【在以下位置创建规则】选项中选择要存放 CSS 规则的位置，如图 7-56 所示。

图 7-56 【转换内联 CSS】对话框

在【转换为】下拉列表框中有 3 个选项，读者可以根据需要选择。在【在以下位置创建规则】中，如果要转换到样式文件中，应该选择"样式表"选项并定义样式表文件位置，如果选择文档头作为放置新 CSS 规则的位置，应该选择第 2 项。单击 确定 按钮，转换内联 CSS 为文档头部 CSS 规则，如图 7-57 所示。

转换 CSS 后，在文档头中增加了以下代码：

```
.tcolor {
    color: #F00;
}
```

同时在正文文本中，引用该样式的代码变为：

```
<span class="tcolor">动力</span>
```

这是典型的类 CSS 规则的应用，而不再是内联样式。

图 7-57　转换内联 CSS

7.4.2　移动 CSS 规则

可以根据需要将 CSS 规则移动或导出到不同位置。例如，可以将 CSS 规则从文档头移动到外部样式表，也可以在外部样式表之间移动等。

移动 CSS 规则的方法是，在【CSS 样式】面板中，选择要移动的 CSS 规则，如图 7-58 所示，然后单击鼠标右键，在弹出的快捷菜单中选择【移动 CSS 规则】命令，如图 7-59 所示。

图 7-58　选择要移动的规则

图 7-59　快捷菜单

在打开的【移至外部样式表】对话框的【样式表】列表框中显示所有链接到当前网页文档的样式表，可以根据需要从中选择样式表文件，如果要移至没有链接到当前文档的样式表，可以单击 浏览(B)... 按钮浏览选择该文件，如图 7-60 所示。单击 确定 按钮，当前文档头中的规则将移至样式表文件中，如图 7-61 所示。可以按住鼠标左键不放将刚移入的规则拖动到适当的位置。也可以在【CSS 样式】面板中将文档头中的规则直接拖动到现有样式表中的适当位置。如果要移动的规则与目标样式表中的规则冲突，Dreamweaver 会显示"存在同名规则"对话框。如果用户选择移动冲突的规则，Dreamweaver 会将移动的规则放在目标样式表中紧靠冲突规则的旁边。

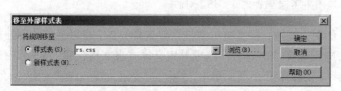

图 7-60　【移至外部样式表】对话框

图 7-61　移动 CSS 规则

如果在【移至外部样式表】对话框中选择【新样式表】选项，单击 确定 按钮后将打开【将样式表文件另存为】对话框，输入新样式表的名称，单击 保存(S) 按钮即可。当保存时，Dreamweaver 会使用用户选择的规则保存新样式表，并将其附加到当前文档。

7.5　设置 CSS 属性

Dreamweaver 将 CSS 属性分为类型、背景、区块、方框、边框、列表、定位、扩展和过渡等类别，用户可以在 CSS 规则定义对话框中进行设置。

7.5.1　教学案例——神州散文欣赏

将素材文档复制到站点文件夹下，然后使用 CSS 样式控制网页外观，在浏览器中的显示效果如图 7-62 所示。

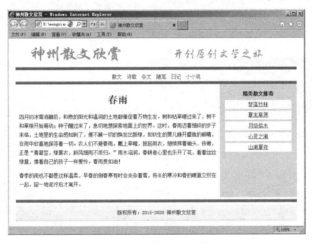

图 7-62　神州散文欣赏

【操作步骤】

1. 在【文件】面板中双击打开网页文档"7-5-1.htm"。

2. 在【CSS 样式】面板中单击 按钮，打开【新建 CSS 规则】对话框，重新定义标签"body"的 CSS 样式，参数设置如图 7-63 所示。

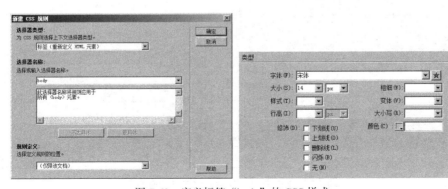

图 7-63　定义标签"body"的 CSS 样式

3．选中导航栏文本所在表格，然后在【CSS 样式】面板中单击 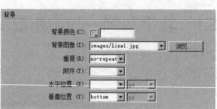 按钮，打开【新建 CSS 规则】对话框，创建 ID 名称 CSS 样式"#navigate"，参数设置如图 7-64 所示。

4．在【CSS 样式】面板中单击 按钮，打开【新建 CSS 规则】对话框，创建复合内容的 CSS 样式"#navigate tr td a:link, #navigate tr td a:visited"来控制顶部导航表格中超级链接文本的链按样式和已访问样式，参数设置如图 7-65 所示。

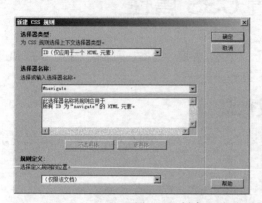

图 7-64　创建 ID 名称 CSS 样式"#navigate"

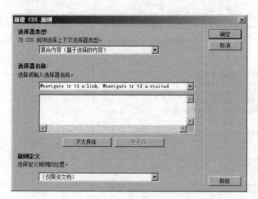

图 7-65　创建样式"#navigate tr td a:link, #navigate tr td a:visited"

5．在【CSS 样式】面板中单击 按钮，打开【新建 CSS 规则】对话框，创建复合内容的 CSS 样式"#navigate tr td a:hover"来控制顶部导航表格中超级链接文本的鼠标悬停样式，参数设置如图 7-66 所示。

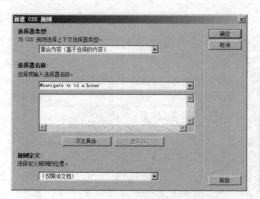

图 7-66　创建样式"#navigate tr td a:hover"

6. 将鼠标光标置于"春雨"下面的正文中，然后在【CSS 样式】面板中单击 ⊕ 按钮，打开【新建 CSS 规则】对话框，创建复合内容的 CSS 样式"#main tr td p"，参数设置如图 7-67 所示。

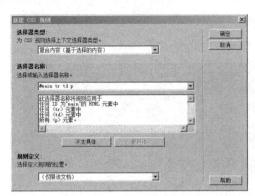

图 7-67　创建复合内容的 CSS 样式"#main tr td p"

7. 在【CSS 样式】面板中单击 ⊕ 按钮，打开【新建 CSS 规则】对话框，创建复合内容的 CSS 样式"#rtable tr td a:link, #rtable tr td a:visited"来控制右侧嵌套表格中的超级链接文本的链接样式和已访问样式，参数设置如图 7-68 所示。

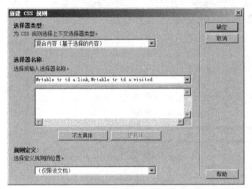

图 7-68　创建样式"#rtable tr td a:link, #rtable tr td a:visited"

8. 在【CSS 样式】面板中单击 ⊕ 按钮，打开【新建 CSS 规则】对话框，创建复合内容的 CSS 样式"#rtable tr td a:hover"来控制右侧嵌套表格中超级链接文本的鼠标悬停样式，参数设置如图 7-69 所示。

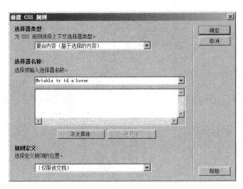

图 7-69　创建样式"#rtable tr td a:hover"

9. 在【CSS 样式】面板中单击 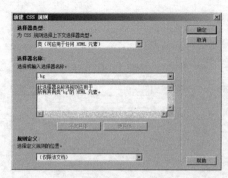 按钮，打开【新建 CSS 规则】对话框，创建类 CSS 样式".bg"，参数设置如图 7-70 所示。

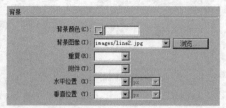

图 7-70　创建类 CSS 样式".bg"

10. 选中页脚文本所在单元格，然后在【属性（HTML）】面板的【类】下拉列表中选择"bg"来应用类样式，如图 7-71 所示。

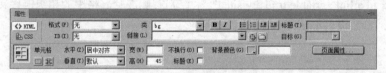

图 7-71　应用类样式

11. 最后保存文档，效果如图 7-72 所示。

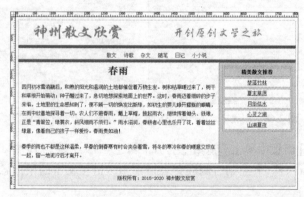

图 7-72　网页效果

7.5.2　类型

类型属性主要用于定义网页中文本的字体、大小、颜色、样式、行高及文本链接的修饰效果等，如图 7-73 所示。

【类型】分类包含了 9 种 CSS 属性，全部是针对网页中的文本。下面对其中的部分选项进行介绍（限于篇幅，通俗易懂的选项不再详细介绍，下同）。

● 【行高】：英文为 Line-height，用于设置行与

图 7-73　【类型】分类

行之间的垂直距离，有"normal（正常）"和"值（value）】"两个选项。

- 【文本修饰】：英文为 Text-decoration，用于控制链接文本的显示形态，有"下划线（underline）""上划线（overline）""删除线（line-through）""闪烁（blink）"和"无（none）"5 种修饰方式可供选择。

7.5.3　背景

背景属性主要用于设置背景颜色或背景图像，如图 7-74 所示。

下面对【背景】分类中的选项进行介绍。

- 【背景颜色】：英文为 Background-color，用于设置背景颜色。

- 【背景图像】：英文为 Background-image，用于设置背景图像。

图 7-74　【背景】分类

- 【重复】：英文为 Background-repeat，用于设置背景图像的平铺方式，有"no-repeat（不重复）""repeat（重复，图像沿水平、垂直方向平铺）""repeat-x（横向重复，图像沿水平方向平铺）"和"repeat-y（纵向重复，图像沿垂直方向平铺）"4 个选项，默认选项是"repeat"。

- 【附件】：英文为 Background-attachment，用来控制背景图像是否会随页面的滚动而一起滚动，有"fixed（固定，文字滚动时背景图像保持固定）"和"scroll（滚动，背景图像随文字内容一起滚动）"两个选项，默认选项是"fixed"。

- 【水平位置】和【垂直位置】：英文为 Background-position，用来确定背景图像的水平和垂直位置。选项有"left（左对齐，将背景图像与前景元素左对齐）""right（右对齐）""top（顶部）""bottom（底部）""center（居中）"和"值（value，自定义背景图像的起点位置，可对背景图像的位置做出更精确的控制）"6 个选项。

7.5.4　区块

区块属性主要用于控制网页元素的间距、对齐方式等，如图 7-75 所示。

下面对【区块】分类中的部分选项进行介绍。

- 【文本对齐】：英文为 Text-align，用于设置区块的水平对齐方式，选项有"left（左对齐）""right（右对齐）""center（居中）"和"justify（两端对齐）"4 个选项。

- 【文字缩进】：英文为 Text-indent，用于控制区块的缩进程度。

图 7-75　【区块】分类

- 【空格】：英文为 White-space，在 HTML 中，空格是被省略的，也就是说，在一个段落标签的开头无论输入多少个空格都是无效的。要输入空格有两种方法，一是直接输入空格的代码" "，二是使用"<pre>"标签。在 CSS 中则使用属性"white-space"控制空格的输入。该属性有"normal（正常）""pre（保留）"和"nowrap（不换行）"3 个选项。

- 【显示】：英文为 Display，用于设置区块的显示方式，共有 19 种方式，初学者在使用该选项时，其中的"block（块）"可能经常用到。

7.5.5 方框

CSS 将网页中所有的块元素都看作是包含在一个方框中。【方框】分类如图 7-76 所示，该分类中包含以下 6 种 CSS 属性。

图 7-76 【方框】分类

- 【宽】和【高】：英文为 Width 和 Height，用于设置方框本身的宽度和高度。

- 【浮动】：英文为 Float，用于设置其他元素（如文本、AP Div、表格等）在围绕块元素的哪个边浮动，其他元素按通常的方式环绕在浮动元素的周围，包括"left（左对齐）""right（右对齐）"和"none（无）"3 个选项。

- 【清除】：英文为 Clear，用于清除设置的浮动效果，让父容器知道其中的浮动内容在哪里结束，从而使父容器能完全容纳它们，在网页布局中会经常使用，届时读者就会明白其真正的作用，包括"left（左）""right（右）""both（两者）"和"none（无）"4 个选项。

- 【填充】：英文为 Padding，用于设置围绕块元素的空白大小，包含【上】（padding-top，控制上空白的宽度）、【右】（padding-right，控制右空白的宽度）、【下】（padding-bottom，控制下空白的宽度）和【左】（padding-left，控制左空白的宽度）4 个选项。

- 【边界】：英文为 Margin，用于设置围绕边框的边距大小，包含【上】（margin-top，控制上边距的宽度）、【右】（margin-right，控制右边距的宽度）、【下】（Margin-bottom，控制下边距的宽度）、【左】（margin-left，控制左边距的宽度）4 个选项，如果将对象的左右边界均设置为"自动"，可使对象居中显示，例如表格以及即将要学习的 Div 标签等。

7.5.6 边框

网页元素边框的效果是在【边框】分类中进行设置的，如图 7-77 所示。

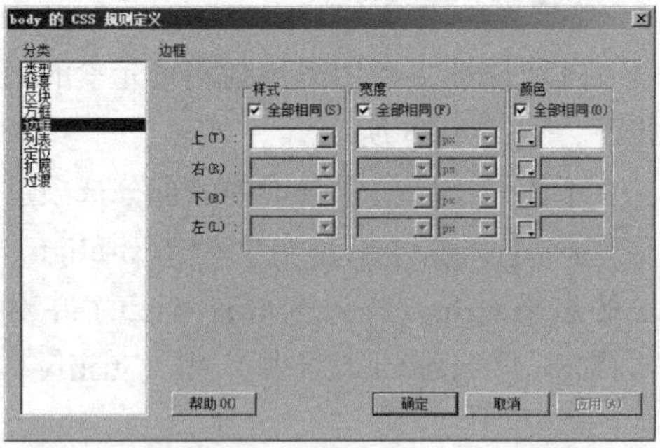

【边框】分类中共包括 3 种 CSS 属性。

- 【样式】：英文为 Style，用于设置边框线的样式，共有"none（无）""dotted（虚线）""dashed（点划线）""solid（实线）""double（双线）""groove（槽状）""ridge（脊状）""inset（凹陷）"和"outset（凸出）"9 个选项。

图 7-77 【边框】分类

- 【宽度】：英文为 Width，用于设置边框的宽度，包括"thin（细）""medium（中）""thick（粗）"和"值（value）"4 个选项。

- 【颜色】：英文为 Color，用于设置各边框的颜色。

7.5.7 列表

列表属性用于控制列表内的各项元素，如图 7-78 所示。

【列表】分类中共包括 3 种 CSS 属性。

- 【类型】：英文为 List-style-type，用于设置项目符号或编号的外观样式类型。
- 【项目符号图像】：英文为 List-style-image，用于设置自定义图像作为项目符号。
- 【位置】：英文为 List-style-position，用于设置列表符号的显示位置，有"outside（外，在方框之外显示）"和"inside（内，在方框之内显示）"两个选项。

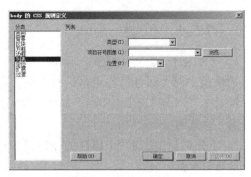

图 7-78　【列表】分类

7.5.8　定位

定位属性可以使网页元素随处浮动，这对于一些固定元素（如表格）来说，是一种功能的扩展，而对于一些浮动元素（如 AP Div）来说，却是有效地、用于精确控制其位置的方法，如图 7-79 所示。

【定位】分类中主要包含以下 8 种 CSS 属性。

- 【类型】：英文为 Position，用于确定定位的类型，共有 4 个选项。"absolute"，绝对定位，使用绝对定位的 CSS 盒子以距离它最近一个已经定位（position 属性被设置且不是 static）的父元素为基准进

图 7-79　【定位】分类

行偏移，如果没有已经定位的父元素，那么会以浏览器窗口为基准进行定位，如果设置了绝对定位，而没有设置偏移属性，那么它仍将保持在原来的位置。"relative"，相对定位，需要指定一定的偏移量，水平方向通过 left 或者 right 属性来指定，垂直方向通过 top 或者 bottom 属性来指定，使用相对定位的盒子，会相对于它原本的位置，通过偏移指定的距离到达新的位置。"static"，静态定位，这是默认的属性值，也就是 CSS 盒子按照标准流（包括浮动方式）进行布局。"fixed"，固定定位，它和绝对定位类似，只是以浏览器窗口为基准进行定位。

- 【显示】：英文为 Visibility，用于设置网页中的元素显示方式，共有"inherit（继承，继承母体要素的可视性设置）""visible（可见）"和"hidden（隐藏）"3 个选项。
- 【宽】和【高】：英文为 Width 和 Height，用于设置元素的宽度和高度。
- 【Z-轴】：英文为 Z-index，用于控制网页中块元素的叠放顺序，可以为元素设置重叠效果。该属性的参数值使用纯整数，数值大的在上，数值小的在下。
- 【溢出】：英文为 Overflow。在确定了元素的高度和宽度后，如果元素的面积不能全部显示元素中的内容时，该属性才起作用。该属性的下拉列表中共有"visible（可见，扩大面积以显示所有内容）""hidden（隐藏，隐藏超出范围的内容）""scroll（滚动，在元素的右边显示一个滚动条）"和"auto（自动，当内容超出元素面积时，自动显示滚动条）"4 个选项。
- 【定位】：英文为 Placement。为元素确定了绝对和相对定位类型后，该组属性决定元素在网页中的具体位置。
- 【剪辑】：英文为 Clip。当元素被指定为绝对定位类型后，该属性可以把元素区域进行剪切，通常为方形，其属性值为"rect(top right bottom left)"，即"clip: rect(top right bottom left)"，属性值的单位为任何一种长度单位，包括"auto（自动）"和"值（value）"两个选项。

7.5.9　扩展

【扩展】分类包含两部分，如图 7-80 所示。【分页】选项组中两个属性的作用是为打印的页面设置分页符。【视觉效果】选项组中两个属性的作用是为网页中的元素施加特殊效果。

【分页】栏中的两个属性的作用是为打印的页面设置分页符。

图 7-80　【扩展】分类

- 【之前】：属性名为 "page-break-before"。
- 【之后】：属性名为 "page-break-after"。

【视觉效果】栏中的两个属性的作用是为网页中的元素施加特殊效果。

- 【光标】：属性名为 "cursor"，可以指定在某个元素上要使用的鼠标光标形状，共有 15 种选择方式，分别代表鼠标光标在 Windows 操作系统里的各种形状。另外，该属性还可以指定鼠标光标图标的 URL 地址。
- 【过滤器】：属性名为 "filter"，可为网页元素设置多种特殊显示效果，如阴影、模糊、透明、光晕等。

7.5.10　过渡

【过渡】分类如图 7-81 所示，主要用于创建所有可动画的属性。

【过渡】分类中主要包含以下几种 CSS 属性。

- 【所有可动画属性】：用于设置所有的可动画属性。

图 7-81　【过渡】分类

- 【属性】：用于为 CSS 过渡效果添加属性。
- 【持续时间】：用于设置 CSS 过渡效果的持续时间。
- 【延迟】：用于设置 CSS 过渡效果的延迟时间。
- 【计时功能】：用于设置动画的计时方式。

7.6　CSS 滤镜

下面为读者介绍【扩展】分类对话框【过滤器】下拉列表中的各项参数。【过滤器】属性名为 "filter"，习惯称 CSS 滤镜，CSS 滤镜分为静态滤镜和动态滤镜两大类。使用这种技术可以把可视化的滤镜和转换效果添加到一个标准的 HTML 元素上，如图像、文本块以及其他一些对象。但这些效果只有在浏览器中浏览时才显示，在【设计】视图中是不显示的。

7.6.1　静态滤镜

静态滤镜主要用于使被施加对象产生各种静态的特殊效果。使用 CSS 静态滤镜可以直接在

HTML 中对图像进行特效处理，这样会大大提高网页的浏览速度。下面将静态滤镜的功能所包含的参数进行简要介绍。

1. Alpha 滤镜

Alpha 滤镜使对象呈现渐变半透明的效果，其各项参数及其功能说明如表 7-1 所示。

表 7-1 Alpha 滤镜中的参数及其功能

参数名称	功能	参数值
Opacity	设置图像不透明的程度，单位为"百分比"	从 0～100，0 表示完全透明，100 表示完全不透明
FinishOpacity	这是一个同 Opacity 一起使用的选择性的参数。当同时设定 Opacity 和 FinishOpacity 时，可以制作出透明渐进的效果，比较酷	从 0～100，0 表示完全透明，100 表示完全不透明
Style	当同时设定了 Opacity 和 FinishOpacity 产生透明渐进效果时，它主要用来指定渐进的显示形状	0（没有渐进），1（直线渐进），2（圆形渐进），3（矩形辐射）
StartX	渐进开始的 x 坐标值	
StartY	渐进开始的 y 坐标值	
FinishX	渐进结束的 x 坐标值	
FinishY	渐进结束的 y 坐标值	

在页面中插入一幅图像并设置 ID 名称为"qie"，然后创建 ID 名称 CSS 样式"#qie"，打开【#qie 的 CSS 规则定义】对话框，在【扩展】分类的【过滤器】列表框中输入以下代码，如图 7-82 所示。

```
Alpha(Opacity=100, FinishOpacity=30, Style=2, StartX=0, StartY=0, FinishX=100, FinishY=80);
```

网页源代码如图 7-83 所示。

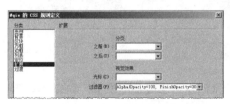

图 7-82 设置【过滤器】选项　　　　　图 7-83 网页源代码

在浏览器中的显示效果如图 7-84 所示，其中左图为原图效果，右图为设置 Alpha 滤镜后的效果。

图 7-84 Alpha 滤镜效果

2. Blur 滤镜

Blur 滤镜让对象产生风吹模糊的效果，其各参数及其功能说明如表 7-2 所示。

表 7-2   Blur 滤镜中的参数及其功能

参数名称	功能	参数值
Add	设置是否要在已经应用 Blur 滤镜上的 HTML 元素上显示原来的模糊方向	0：表示不显示原对象。非 0 表示要显示原对象
Direction	设置模糊的方向	0（上），45（右上），90（右），135（右下），180（下），225（左下），270（左），315（左上）
Strength	指定模糊图像模糊的半径大小。单位是像素（pixels）	默认值是 5，取值范围为自然数

在【过滤器】列表框中输入以下代码，在浏览器中的显示效果如图 7-85 所示，其中左图为原图效果，右图为设置 Blur 滤镜后的效果。

```
Blur(Add=1, Direction=315, Strength=240);
```

3. Chroma 滤镜

Chroma 滤镜主要用于把图像中的某个颜色变成透明的。使用了该滤镜后，原图像中的一部分颜色就好像消失一样。它只有一个参数 "Color"，用来指定透明的颜色，即不显示出来的颜色。

在【过滤器】列表框中输入以下代码，在浏览器中的显示效果如图 7-86 所示，其中左图为原图效果，右图为设置 Chroma 滤镜后的效果。

```
Chroma(Color=#422429);
```

图 7-85   Blur 滤镜效果   图 7-86   Chroma 滤镜效果

4. DropShadow 滤镜

DropShadow 滤镜使 HTML 对象产生下落式的阴影，常用在文字或是图像上，如表 7-3 所示是其参数及其功能说明。

表 7-3   DropShadow 滤镜中的参数及其功能

参数名称	功能	参数值
Color	指定阴影的颜色	#RRGGBB 格式的颜色值
OffX	指定阴影相对于元素对象在水平方向的偏移量	整数。正数表示阴影在对象的右方，负数表示阴影在对象的左方
OffY	指定阴影相对于元素对象在垂直方向的偏移量	整数。正数表示阴影在对象的上方，负数表示阴影在对象的下方
Positive	指定阴影的透明程度	0 表示透明，没有阴影效果。非 0 表示显示阴影的效果

在【过滤器】列表框中输入以下代码，在浏览器中的显示效果如图 7-87 所示。

```
DropShadow(Color=#cccccc, OffX=5, OffY=5, Positive=1);
```

5. FlipH 和 FlipV 滤镜

FlipH 和 FlipV 可使网页中的对象产生水平和垂直翻转的效果，这两个滤镜均没有参数设置，直接使用就可以。

一翔影视

图 7-87　DropShadow 滤镜效果

在【过滤器】列表框中分别选择"FlipH（水平翻转）"和"FlipV（垂直翻转）"，在浏览器中的显示效果如图 7-88 所示，其中左图为原图效果，中间图为水平翻转效果，右图为垂直翻转效果。

图 7-88　FlipH 和 FlipV 滤镜效果

6. Glow 滤镜

Glow 滤镜可以使 HTML 元素对象的外轮廓上产生一种光晕效果，其各参数及其功能说明如表 7-4 所示。

表 7-4　　　　　　　　　　　　　　　　Glow 滤镜中的参数及其功能

参数名称	功能	参数值
Color	指定晕开阴影的颜色	#RRGGBB 格式的颜色值
Strength	指定晕开阴影的范围	设定值为 1～255，数字越大光晕越强，数字越小则反之

在【过滤器】列表框中输入以下代码，在浏览器中的显示效果如图 7-89 所示。

```
Glow(Color=#ff0000, Strength=3);
```

7. Gray 滤镜

Gray 滤镜将一个彩色图像变为灰色调的效果，该滤镜没有参数，直接使用就可以。

在【过滤器】列表框中选择"Gray"，在浏览器中的显示效果如图 7-90 所示，其中左图为原图效果，右图为设置 Gray 滤镜后的效果。

一翔影视

图 7-89　Glow 滤镜效果　　　　　　　　图 7-90　Gray 滤镜效果

8. Invert 滤镜

Invert 滤镜使图像产生照片底片的效果，一般适用于图像对象。

在【过滤器】列表框中选择"Invert"，在浏览器中的显示效果如图 7-91 所示，其中左图为原图效果，右图为设置 Invert 滤镜后的效果。

9. Light 滤镜

使 HTML 对象产生一种模拟光源的投射效果。一旦为对象定义了 Light 滤镜属性，就可以调用它的方法来设置或者改变属性，这需要手工编程来实现。

图 7-91　Invert 滤镜

Light 可用的方法有：

- "MoveLight"：移动光源。
- "ChangeColor"：改变光的颜色。
- "AddAmbient"：加入包围的光源。
- "AddPoint"：加入点光源。
- "Clear"：清除所有的光源。
- "AddCone"：加入锥形光源。
- "ChangeStrength"：改变光源的强度。

10. Mask 滤镜

利用一个 HTML 对象在另一个对象上产生图像的遮罩，可以为对象建立一个覆盖于表面的膜，其效果就像戴着有色眼镜看物体一样，一般适用于图像对象。它只有一个参数 Color，用于指定遮罩的颜色，参数值为 "#RRGGBB" 格式的颜色值。

11. Shadow 滤镜

Shadow 滤镜与 DropShadow 非常相像，也是使网页中的对象产生下落式的阴影效果。两者不同的是，DropShadow 没有渐进感，而 Shadow 有渐进的阴影感，感觉上更真实一些，参数及功能如表 7-5 所示。

表 7-5　　　　　　　　　　Shadow 滤镜中的参数及功能

参数名称	功能	参数值
Color	指定晕开阴影的颜色	#RRGGBB 格式的颜色值
Direction	设置模糊的方向	0（上），45（右上），90（右），135（右下），180（下），225（左下），270（左），315（左上）

在【过滤器】列表框中输入以下代码，在浏览器中的显示效果如图 7-92 所示。

```
Shadow(Color=#CCCCCC, Direction=125);
```

12. Wave 滤镜

Wave 滤镜功能是使网页中的对象在垂直方向上产生波浪的变形效果，其各项参数及其功能说明如表 7-6 所示。

一翔影视

图 7-92　Shadow 滤镜效果

表 7-6　　　　　　　　　　Wave 滤镜中的参数及其功能

参数名称	功能	参数值
Add	设置是否在已经使用了 Wave 滤镜的元素对象上显示原对象	0 表示不显示。非 0 表示要显示原对象
Freq	设置波动的数量	自然数
LightStrength	设置波浪效果的光照强度	从 0～100，0 表示最弱，100 表示最强。
Phase	设置波浪的起始相位	从 0～100 的百分数值。例如 25 相当于 90°，而 50 则相当于 180°
Strength	设置波浪摇摆的幅度	自然数

在【过滤器】列表框中输入以下代码，在浏览器中的显示效果如图 7-93 所示，其中左图为原图效果，右图为设置 Wave 滤镜后的效果。

```
Wave(Add=0, Freq=3, LightStrength=10, Phase=5, Strength=9)
```

13. Xray 滤镜

Xray 滤镜可以显现图像的轮廓，就像 X 光的照片一样。

在【过滤器】列表框中选择"Xray"，在浏览器中的显示效果如图 7-94 所示，其中左图为原图效果，右图为设置 Xray 滤镜后的效果。

图 7-93　Wave 滤镜效果　　　　　　　　图 7-94　Xray 滤镜效果

7.6.2　动态滤镜

除了静态滤镜之外，CSS 还包含两种动态滤镜。所谓动态滤镜就是人们常说的转换滤镜，这种滤镜是用来处理网页或 HTML 元素对象的显示效果的。在一些动画 GIF 软件中可以制作动态演示动画，像书翻动的效果一样，通过一页一页翻页的效果将图像逐渐显示。这种动态演示效果使用 CSS 的动态滤镜也可以做到，而且使用该方式制作动态演示效果打开的速度要快得多。

1. 动态滤镜的构成

转换滤镜（即动态滤镜）分为混合转换滤镜和显示转换滤镜两种。

（1）混合转换滤镜。混合转换滤镜主要用于处理图像之间的淡入和淡出效果，在【过滤器】列表框中可以按以下格式设置：

```
BlendTrans ( duration = 淡入或淡出的时间)
```

"duration"是混合转换滤镜内唯一的参数，它指定了淡入和淡出的时间，以秒为单位。

（2）显示转换滤镜。显示转换滤镜是一种更为多变的动态滤镜，它提供更多的图像转换效果，在【过滤器】列表框中可以按以下格式设置：

```
RevealTrans ( duration =转换的秒数, transition=转换类型 )
```

显示转换滤镜有一个"转换类型"参数，它提供 24 种转换类型，只需指定转换类型的代号，就可以让图像按特有的转换效果进行转换。

CSS 动态滤镜不能像静态滤镜那样直接在 HTML 中调用，它要结合在 Scripts 程序中，由 Scripts 程序对其加以控制。因此如果需要掌握 CSS 动态滤镜的使用，必须要有 Scripts 编程基础。关于 Scripts 方面的内容不在本书的讲述范围之内，请参考与其有关的其他书籍。在下面的内容中，只列出 CSS 动态滤镜的几种属性、方法和事件。

2. 动态滤镜的属性、方法和事件

使用动态滤镜之前必须先了解动态滤镜的属性、方法和事件，因为播放动态滤镜需要使用 Scripts（VBScript、JavaScript 均可）编写一段控制程序。

（1）属性。

- duration：图像转换的延迟时间，最小单位是毫秒，也就是小数点后第 3 位。若其单位是秒，则值为自然数。
- enabled：指定是否应用滤镜效果，0 表示不应用，非 0 表示应用。
- status：传回一个转换状态，0 表示转换停止，1 表示显示应用的转换滤镜，2 表示正在转换中。

（2）方法。

- Apply：将滤镜应用到对象上。
- Play：开始转换。
- Stop：停止转换。

（3）事件。

- OnFilterChange：当滤镜发生改变或是滤镜完成时所触发的事件。

7.6.3 可应用 CSS 滤镜的 HTML 标签

CSS 滤镜并不是只能施加给网页中的图像，对其他的元素同样有效，但也不是所有的 HTML 标签都可以施加 CSS 滤镜。表 7-7 列出了可以应用 CSS 滤镜的 HTML 标签。

表 7-7　可以应用 CSS 滤镜的 HTML 标签

标签名称	标签含义
Body	网页主体
Button	HTML 按钮
Div	一个区块（层），必须指定元素的 Height 和 Width 样式或绝对坐标
Img 或 Image	图像
Input	表单的输入元素
Marquee	滚动的走马灯
Span	与上下文位于同一段落的独立行内元素，必须指定元素的 Height 和 Width 样式或绝对坐标
Table	整个表格
TD	表格中的一个单元格
TextArea	多行文字输入框
TFoot	当作注脚的表格行
TH	表格的表头
THead	表格里的表头行
TR	表格的一行

7.7　CSS 过渡效果

CSS 过渡效果是 Dreamweaver CS6 的新增功能，也是 HTML5 的一个重要特色，在使用该功能时，建议创建的网页文档类型为 HTML5，以保证功能的完美应用。

除了可以使用【CSS 规则定义】对话框来定义过渡效果外，还可以使用新增的【CSS 过渡效果】面板，将平滑属性变化更改应用于基于 CSS 的页面元素，以响应触发器事件，如悬停、单击和聚焦。比较常见的实例是，当用户悬停在一个菜单栏项上时，它会逐渐从一种颜色变成另一种颜色。

7.7.1　创建并应用 CSS 过渡效果

可以使用【CSS 过渡效果】面板创建、修改和删除 CSS 过渡效果。要创建 CSS 过渡效果，需要通过为元素的过渡效果属性指定值来创建过渡效果类。如果在创建过渡效果类之前已选择元素，则过渡效果类会自动应用于选定的元素。可以选择将生成的 CSS 代码添加到当前文档中，也可保存到指定的外部 CSS 文件中。

创建并应用 CSS 过渡效果的方法是，选择要应用过渡效果的元素，如段落、标题等（也可以先创建过渡效果稍后将其应用到元素上），然后选择菜单命令【窗口】/【CSS 过渡效果】，打开【CSS 过渡效果】面板，如图 7-95 所示，单击 按钮，打开【新建过渡效果】对话框，如图 7-96 所示。根据需要，在【新建过渡效果】对话框中设置相关选项。

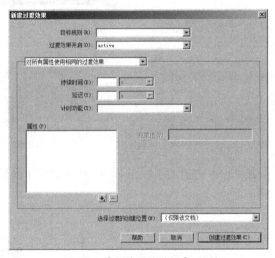

图 7-95　【CSS 过渡效果】面板　　　　　　　图 7-96　【新建过渡效果】对话框

在【目标规则】下拉列表中输入目标规则名称。目标规则名称可以是任意 CSS 选择器，包括标签、规则、ID 或复合选择器等。例如，如果将过渡效果应用到所有<hr>标记，需要输入"hr"。

在【过渡效果开启】下拉列表中选择要应用过渡效果的条件或状态。例如，如果要在鼠标光标移至元素上时应用过渡效果，需要选择"hover（悬停）"。如果希望【对所有属性使用相同的过渡效果】，即相同的"持续时间""延迟"和"计时功能"，请选择此选项。如果希望【对每个属性使用不同的过渡效果】，即过渡的每个 CSS 属性指定不同的"持续时间""延迟"和"计时功能"，请选择此选项。

在【属性】列表框下侧单击 按钮，在打开的菜单中选择相应的选项以向过渡效果添加 CSS 属性。持续时间和延迟时间以 s（秒）或 ms（毫秒）为单位。过渡效果的【结束值】是指过渡效果结束后的属性值。例如，如果想要字体大小在过渡效果的结尾增加到"40px"，需要在【属性】列表框中添加"font-size"，在【结束值】文本框中输入"40px"。

如果要在当前文档中嵌入样式，需要在【选择过渡的创建位置】下拉列表中选择【（仅限该文档）】。如果要为 CSS 代码创建外部样式表，需要选择【（新建样式表文件）】。单击 创建过渡效果(C) 按钮，系统会提示提供一个位置来保存新的 CSS 文件。在创建样式表之后，它将被添加到"选择过渡的创建位置"菜单中。

7.7.2 编辑 CSS 过渡效果

创建过渡效果后，其会显示在【CSS 过渡效果】面板中，日后如果需要可以对过渡效果进行编辑。在【CSS 过渡效果】面板中，选择想要编辑的过渡效果，如图 7-97 所示，单击 按钮，打开【编辑过渡效果】对话框，如图 7-98 所示，利用该对话框来更改以前为过渡效果输入的值。

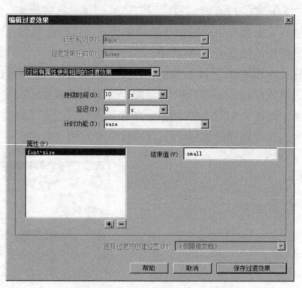

图 7-97 【CSS 过渡效果】面板　　　　图 7-98 【编辑过渡效果】对话框

如果要删除 CSS 过渡效果，在【CSS 过渡效果】面板中，选择想要编辑的过渡效果，然后单击 按钮即可。

习　　题

一、问答题

1. CSS 样式的层叠次序是什么？
2. 在 CSS 样式中，选择器通常分为哪几种类型？
3. 简要说明将多个 CSS 类应用于单个元素的基本方法。
4. 在 Dreamweaver CS6 中，CSS 属性分为哪些类型？

二、操作题

将素材文档复制到站点文件夹下，然后根据要求创建和应用 CSS 样式，在浏览器中的显示效果如图 7-99 所示。

（1）创建一个 CSS 文档并保存为"style.css"，然后在其中创建复合内容的 CSS 样式"body td"，设置字体为"宋体"，大小为"14px"。

（2）打开网页文档"lianxi.htm"，附加 CSS 样式表文件"style.css"。

（3）将文档标题"一段经典的君臣对话"的格式设置为"标题 2"。

（4）在样式表文件"style.css"中创建类 CSS 样式".ptext"，设置行高为"20px"，段前段后距离为"0"，并应用到正文所有段落。

（5）设置图像"images/dialog.jpg"的 ID 名称为"dialog"，然后在样式表文件"style.css"中创建标签 CSS 样式"#dialog"，设置边框样式为"dialog"，边框宽度为"10px"，边框颜色为"#0CF"。

图 7-99　使用 CSS 样式

第8章
使用 CSS+Div 布局

互联网上各种网站都要通过最基本的网页进行呈现，如何布局页面以便能够更好地表现内容和吸引读者，也就成为了网站设计开发人员关注的技术话题。CSS+Div 是 WEB 设计标准，是一种网页布局方法。与传统的表格（table）布局方法不同，CSS+Div 可以实现网页的页面内容与表现形式的分离。本章将介绍使用 CSS+Div 布局网页的基本方法。

【学习目标】
- 了解 CSS 盒子模型的基本含义。
- 掌握插入 Div 标签的方法。
- 掌握使用 CSS+Div 技术布局网页的方法。

8.1　CSS 盒子模型

CSS 盒子模型是 DIV 排版的核心所在，传统的表格排版是通过大小不一的表格和表格嵌套来排版网页内容，改用 CSS 排版后，就是通过由 CSS 定义的大小不一的盒子和盒子嵌套来编排网页。

8.1.1　CSS 盒子结构

为了更好地理解 CSS 盒子模型，我们先认识一下日常生活中的盒子。平时我们见到的盒子，多是用于装东西的长方形或正方形的盒子，如买鞋时装鞋的盒子、装复印纸的盒子、装计算机的盒子等，这些都是生活中比较具体的盒子。

将网页上每个 HTML 元素视为矩形的盒子，将所有页面元素都包含在这个矩形盒子内，这是网页设计上的一大创新。在网页设计中，一对<div>…</div>标签就相当于一个盒子。对<div>…</div>标签设置了高度、宽度、边框、边距、填充等属性后，即可呈现出类似长方形或正方形的盒子。作为网页设计者，当说把内容放入一个盒子里时，就应该有放入<div>…</div>里的概念。如果设置一个宽度为"100px"的盒子，可以设置类 CSS 样式代码来控制 CSS 盒子宽度：.boxstyle{width:100px;}，然后在对应的 HTML 代码中引用该类 CSS 样式：<div class="boxstyle">…</div>，这个时候可以将<div class="boxstyle">…</div>看作一个盒子。

W3C 组织建议把网页上的所有对象都放在一个盒子中，一个盒子通常是由盒子中的内容 content（包括宽度 width 和高度 height）、盒子的边框 border、盒子边框与内容之间的距离 padding（称为填充或内边距）、盒子与盒子之间的距离 margin（称为边界或外边距）构成的。在定义盒子宽度和高度的时候，要考虑到填充、边框和边界的存在。这样，整个盒子模型在网页中所占的宽度（高度）是 content+padding+border+margin。盒子的实际宽度（高度）是 content+padding+border。

盒子模型有两种，分别是标准 W3C 盒子模型和 IE 盒子模型。在两种不同模型网页里，定义了相同 CSS 属性的元素显示效果是不一样的。标准 W3C 盒子模型如图 8-1 所示，其范围包括 margin、border、padding、content，并且 content 部分的宽度和高度不包含 border 和 padding 部分。在标准 W3C 盒子模型中，盒子宽度=width+(padding-left)+(padding-right)+(margin-left)+(margin-right)+(border-left)+(border-right)，盒子高度=height+(padding-top)+(padding-bottom)+(margin-top)+(margin-bottom)+(border-top)+(border-bottom)。

IE 盒子模型如图 8-2 所示，其范围也包括 margin、border、padding、content，但与标准 W3C 盒子模型不同的是，IE 盒子模型 content 部分的宽度和高度包含了 border 和 pading 部分。在 IE 盒子模型中，盒子宽度=width+(margin-left)+(margin-right)，盒子高度=height+(margin-top)+(margin-bottom)。

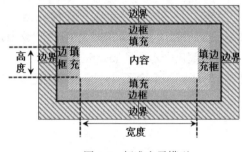

图 8-1　标准盒子模型

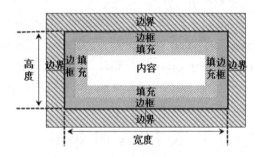

图 8-2　IE 盒子模型

例如，一个盒子的 margin 为 20px，border 为 1px，padding 为 10px，content 的宽为 200px、高为 50px，如果用标准 W3C 盒子模型解释，那么这个盒子需要占据的位置为宽度是 20×2+1×2+10×2+200=262px，高度是 20×2+1×2+10×2+50=112px，盒子的实际大小为：宽度是 1×2+10×2+200=222px，高度是 1×2+10×2+50=72px；如果用 IE 盒子模型计算，那么这个盒子需要占据的位置为宽度是 20×2+200=240px，高度是 20×2+50=70px，盒子的实际大小为：宽度是 200px，高度是 50px。

那么在设计网页时应该选择哪种盒子模型呢？当然是标准 W3C 盒子模型。如何做才算是选择了标准 W3C 盒子模型呢？方法是，在网页的顶部加上 DOCTYPE 声明。如果不加 DOCTYPE 声明，那么各个浏览器会根据自己的行为去理解网页，即 IE 浏览器会采用 IE 盒子模型去解释盒子，而 FireFox 会采用标准 W3C 盒子模型解释盒子，所以网页在不同的浏览器中就显示的不一样了。反之，如果加上了 DOCTYPE 声明，那么所有浏览器都会采用标准 W3C 盒子模型去解释盒子，网页就能在各个浏览器中显示一致了。为了让网页能兼容各个浏览器，建议用标准 W3C 盒子模型。

网页文档类型不一样，DOCTYPE 声明代码稍有差别。例如，文档类型为 HTML 4.01 Transitional 的网页文档的 DOCTYPE 声明代码是<!DOCTYPE HTML PUBLIC "-//W3C//DTD HTML 4.01 Transitional//EN" "http://www.w3.org/TR/html4/loose.dtd">，而文档类型为 XHTML 1.0 Transitional 的网页文档的 DOCTYPE 声明代码是<!DOCTYPE html PUBLIC "-//W3C//DTD XHTML 1.0 Transitional//EN" "http://www.w3.org/TR/xhtml1/DTD/ xhtml1-transitional.dtd">，文档类型为 HTML5 的网页文档的 DOCTYPE 声明代码最简单，直接为<!doctype html>。

8.1.2　CSS 盒子属性

CSS 盒子描述了元素及属性在页面布局中所占空间大小，因此盒子可以影响其他元素的位置及大小。CSS 盒子属性包括 margin、border、padding 和 content，下面对其进行简要说明。

border（边框），是内边距和外边距的分界线，可以分离不同的 HTML 元素，包括 border-top（上边框）、border-bottom（下边框）、border-left（左边框）和 border-right（右边框），有 3 个属性，分别是 border-style（样式）、border-width（粗细）和 border-color（颜色）。

padding（填充），也称边距或空白、补白，用来定义内容与边框之间的距离，包括 padding-top（上填充）、padding-bottom（下填充）、padding-left（左填充）和 padding-right（右填充）。

margin（边界），也称外边距，用来设置页面元素与元素之间的距离，定义元素周围的空间范围，包括 margin-top（上边界）、margin-bottom（下边界）、margin-left（左边界）和 margin-right（右边界）。当 margin 设为负数时，会使被设为负数的矩形框向相反的方向移动，甚至覆盖在另外的块上。当矩形框之间是父子关系时，通过设置子矩形框的 margin 参数为负数，可以将子矩形框从父矩形框中"分离"出来。

content（内容），盒子模型中必需的部分，用以存放文字、图像等元素。在给元素设置 background-color 背景颜色时，IE 作用的区域为 content+padding，而 Firefox 作用的区域则是 content+padding+border。body 是一个特殊的盒子，它的背景颜色会延伸到 margin 部分。

可以通过设置 width 和 height 来控制 content 的大小，对于同一个盒子，可以分别设置每个边的 border、padding 和 margin。

8.1.3 关于 Div 和 Span

CSS 页面布局使用层叠样式表格式（而不是传统的 HTML 表格或框架），用于组织网页上的内容。CSS 布局的基本构造块是 Div 标签，它是一个 HTML 标签，在大多数情况下用作文本、图像或其他页面元素的容器。当创建 CSS 布局时，通常将 Div 标签放在页面上，向这些标签中添加内容，然后将它们放在不同的位置上。与表格单元格（被限制在表格行和列中的某个现有位置）不同，Div 标签可以出现在网页上的任何位置。可以以绝对方式（通过指定 x 和 y 坐标）或以相对方式（通过指定其与当前位置的相对位置）定位 Div 标签。还可通过指定浮动、填充和边距（当今 Web 标准的首选方法）放置 Div 标签。

Div 标签实际上是一种区隔标记，用来为 HTML 文档内大块（block-level）的内容提供结构和背景。Div 的起始标签和结束标签之间的所有内容都是用来构成这个块的。在 Div 标记之间可以放置其他一些 HTML 元素，然后使用 CSS 相关属性将 Div 容器标记中的元素作为一个独立对象进行修饰，不会影响其他 HTML 元素。

大部分 Div 标记都可以使用 Span 标记代替，但 Div 标签是一个块级元素（block），它的内容会自动地开始一个新行，而 Span 标签是一个行内元素（inline），其前后不会发生换行。Div 标记可以包含 Span 标记元素，但 Span 标记一般不包含 Div 标记。换行是 Div 固有的唯一格式表现，Span 没有固定的格式表现。当对 Span 应用样式时，它才会产生视觉上的变化。如果不对 Span 应用样式，那么 Span 元素中的文本与其他文本不会任何视觉上的差异。可以为 Span 应用 id 或 class 属性，这样既可以增加适当的语义，又便于对 Span 应用样式。可以对 Div 通过 class 或 id 应用额外的样式，使其作用会变得更加有效。实际上，在网页设计中，对于较大的块可以使用 Div 完成，而对于具有独特样式的单独 HTML 元素，可以使用 Span 标记完成。

另外，读者需要明白，两个块级元素之间的垂直距离等于前一个块级元素的下边界（margin-bottom）与后一个块级元素的上边界（margin-top）之和。两个行内元素之间的水平距离等于前一个行内元素的右边界（margin-right）和后一个行内元素的左边界（margin-left）之和。

8.1.4　关于 id 和 class

在使用 CSS 样式时，经常会用 id 和 class 来选择调用 CSS 样式属性。对初学者来说，什么时候用 id，什么时候用 class，可能比较模糊。

class 在 CSS 中叫 "类"，在同一个页面可以无数次调用相同的类样式。id 表示标签的身份，是标签的唯一标识。在 CSS 里 id 在页面里只能出现一次，即使在同一个页面里调用相同的 id 多次仍然没有出现页面混乱错误，但为了 W3C 及各个标准，大家也要遵循 id 在一个页面里的唯一性，以免出现浏览器兼容问题。例如，在文件头定义了一个 id 名称样式 "#tstyle"，在正文中通过 id 引用了一次，除了这一次，不能再继续引用了。

因此，在页面中凡是需要多次引用的样式，需要定义成类样式，通过 class 进行多次调用，凡是只用一次的样式，可以定义成 id 名称样式，当然也可以定义为类样式。一个元素还可以应用多个类，如<div class="sidebar1 pstyle fontstyle">，这个新的类命名结构带来了更高的灵活性。

8.2　使用简单的 CSS+Div 布局

下面介绍插入 Div 标签并结合 CSS 对页面进行简单布局的基本方法。

8.2.1　教学案例——把握好你的生活

将素材文档复制到站点文件夹下，然后使用 CSS+Div 设置页面，在浏览器中的显示效果如图 8-3 所示。

图 8-3　把握好你的生活

【操作步骤】

1. 选择菜单命令【文件】/【新建】新建一个网页文档，选择菜单命令【文件】/【保存】，将网页文档保存为 "8-2-1.htm"。

2. 选择菜单命令【修改】/【页面属性】，打开【页面属性】对话框，在【外观（CSS）】分类中，设置页面字体为"宋体"，大小为"16px"；在【标题/编码】分类中，设置文档的浏览器标题为"把握好你的生活"。

3. 选择菜单命令【插入】/【布局对象】/【Div标签】，打开【插入 Div 标签】对话框，在【ID】列表框中输入"divcontainer"，如图 8-4 所示。

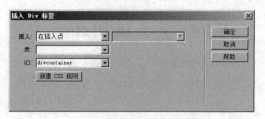

图 8-4 【插入 Div 标签】对话框

4. 单击 新建 CSS 规则 按钮，创建 ID 名称 CSS 样式"#divcontainer"，参数设置如图 8-5 所示。

5. 单击 确定 按钮，打开【#divcontainer 的 CSS 规则定义】对话框，在【方框】分类中设置宽度为"600px"，左右边界均为"auto"，如图 8-6 所示。

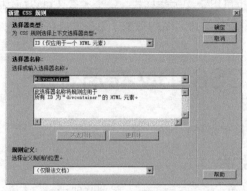

图 8-5 【新建 CSS 规则】对话框

图 8-6 输入文本

6. 单击 确定 按钮返回【插入 Div 标签】对话框，然后单击 确定 按钮插入设置 CSS 样式后的 Div 标签，如图 8-7 所示。

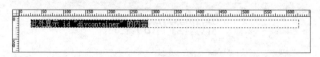

图 8-7 插入 Div 标签

7. 将 Div 标签内的文本删除，然后选择菜单命令【插入】/【布局对象】/【Div 标签】，打开【插入 Div 标签】对话框，在【ID】列表框中输入"Div_1"，如图 8-8 所示。

8. 单击 新建 CSS 规则 按钮，创建 ID 名称 CSS 样式"#Div_1"，参数设置如图 8-9 所示。

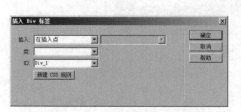

图 8-8 【插入 Div 标签】对话框

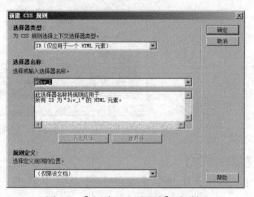

图 8-9 【新建 CSS 规则】对话框

9. 单击 确定 按钮，打开【#Div_1 的 CSS 规则定义】对话框，在【类型】分类中设置字体为"黑体"，大小为"36px"，行高为"50px"，在【区块】分类中设置文本对齐方式为"center（居中）"，如图 8-10 所示。

图 8-10 设置属性

10. 单击 确定 按钮返回【插入 Div 标签】对话框，然后单击 确定 按钮插入设置 CSS 样式后的 Div 标签，接着在其中输入文本"把握好你的生活"，如图 8-11 所示。

11. 选择菜单命令【窗口】/【插入】，打开【插入】面板，在【布局】类别中单击 插入 Div 标签 按钮，打开【插入 Div 标签】对话框，在【ID】列表框中输入"Div_2"，如图 8-12 所示。

图 8-11 输入文本

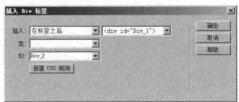

图 8-12 插入 Div 标签"Div_2"

12. 单击 新建 CSS 规则 按钮，创建 ID 名称 CSS 样式"#Div_2"，在打开的【#Div_2 的 CSS 规则定义】对话框的【背景】分类中设置背景颜色为"#FFC"，在【方框】分类中设置高度为"200px"，上下左右填充均为"10px"，上下边界均为"5px"，如图 8-13 所示。

图 8-13 创建 ID 名称 CSS 样式"#Div_2"

13. 单击 确定 按钮返回【插入 Div 标签】对话框，然后单击 确定 按钮插入设置 CSS 样式后的 Div 标签，接着在其中输入文本，如图 8-14 所示。

14. 保证鼠标光标位于正文中，然后在【CSS 样式】面板中单击 按钮，打开【新建 CSS 规则】对话框，创建复合内容的 CSS 样式"#divcontainer #Div_2 p"，如图 8-15 所示。

15. 单击 确定 按钮，打开【#divcontainer #Div_2 p 的 CSS 规则定义】对话框，在【类型】分类中设置行高为"25px"，在【方框】分类中设置上下边界均为"0"，如图 8-16 所示。

16. 继续插入 Div 标签"Div_3"，在【插入 Div 标签】对话框的【ID】列表框中输入"Div_3"，如图 8-17 所示。

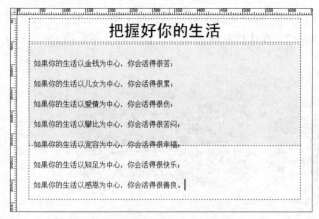

图 8-14　输入文本

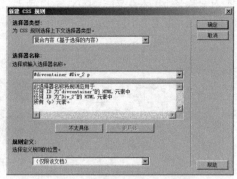

图 8-15　【新建 CSS 规则】对话框

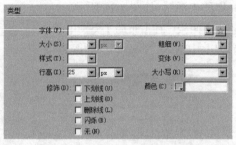

图 8-16　创建复合内容的 CSS 样式"#divcontainer #Div_2 p"

17. 直接单击 确定 按钮插入 Div 标签，将 Div 标签中的文本删除，然后插入图像"images/01.jpg"。

18. 最后保存文档，效果如图 8-18 所示。

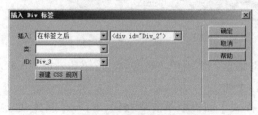

图 8-17　插入 Div 标签"Div_3"

图 8-18　网页效果

8.2.2　插入 Div 标签

可以通过手动插入 Div 标签并对它们应用 CSS 定位样式来创建页面布局。Div 标签是用来定义页面内容的逻辑区域的标签。可以使用 Div 标签将内容块居中，创建列效果以及创建不同的颜色区域等。Dreamweaver CS6 能够快速插入 Div 标签并对它应用样式。

插入 Div 标签的方法是，选择菜单命令【插入】/【布局对象】/【Div 标签】，打开【插入 Div 标签】对话框。在【插入】下拉列表中选择插入 Div 标签的位置以及标签名称（如果不是新标签的话），如果此时不定义 CSS 样式，可以单击 确定 按钮直接插入 Div 标签，如图 8-19 所示。Div 标签以一个框的形式出现在文档中，并带有占位符文本。当将指针移到该框的边缘上时，Dreamweaver 会高亮显示该框。

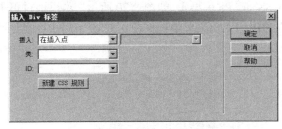

图 8-19 【插入 Div 标签】对话框

【类】选项显示了当前应用于标签的类样式。如果附加了样式表，则该样式表中定义的类将出现在列表中。可以使用此弹出菜单选择要应用于标签的样式。【ID】选项可更改用于标识 Div 标签的名称。如果附加了样式表，则该样式表中定义的 ID 将出现在列表中。不会列出文档中已存在的块的 ID。如果输入与其他标签相同的 ID，Dreamweaver 会自动提醒。

如果此时需要定义新的 CSS 样式，可单击 新建 CSS 规则 按钮创建 ID 名称 CSS 样式或类 CSS 样式。不管使用哪种形式的 CSS 样式，建议都要对 Div 标签进行 ID 命名，以方便页面布局的管理。创建完相应的 CSS 样式后，还要返回【插入 Div 标签】对话框，然后单击 确定 按钮再插入 Div 标签，这时的 Div 标签已经是受 CSS 样式控制的。

插入 Div 标签之后，可以对它进行操作或向它添加内容。在为 Div 标签分配边框时，或者在选定了菜单命令【CSS 布局外框】时，它们便具有可视边框。默认情况下，【查看】/【可视化助理】菜单中选定【CSS 布局外框】。当将指针移到 Div 标签上时，Dreamweaver CS6 将高亮显示此标签。

在选择 Div 标签时，可以在【CSS 样式】面板中查看和编辑它的规则，也可以向 Div 标签中添加内容。添加内容的方法是，将插入点放在 Div 标签中，然后就像在页面中添加内容那样添加内容。

8.2.3　关于 CSS 布局块

在【设计】视图中工作时，可以使 CSS 布局块可视化。CSS 布局块是一个 HTML 页面元素，可以将它定位在页面上的任意位置。具体地说，CSS 布局块是不带有属性设置"display:inline"的 Div 标签，或者是含有"display:block""position:absolute"或"position:relative"CSS 声明的任何其他页面元素。在 Dreamweaver CS6 中，Div 标签、指定了绝对或相对位置的图像、指定了"display:block"样式的 a 标签、指定了绝对或相对位置的段落等都被视为 CSS 布局块。出于可视化呈现的目的，CSS 布局块不包含内联元素（也就是代码位于一行文本中的元素）或段落之类的简单块元素。

Dreamweaver CS6 提供了多个可视化助理供查看 CSS 布局块。例如，在设计时可以为 CSS 布局块启用布局外框、布局背景和布局框模型。将鼠标指针移动到布局块上时，也可以查看显示有选定 CSS 布局块属性的工具提示。Dreamweaver CS6 为每个 CSS 布局块可视化助理呈现的可视化内容包括以下几项。

- 【CSS 布局外框】：显示页面上所有 CSS 布局块的外框。

- 【CSS 布局背景】：显示各个 CSS 布局块的临时指定背景颜色，并隐藏通常出现在页面上的其他所有背景颜色或图像。每次启用可视化助理查看 CSS 布局块背景时，Dreamweaver 都会自动为每个 CSS 布局块分配一种不同的背景颜色。指定的颜色在视觉上与众不同，可帮助区分不同的 CSS 布局块。

- 【CSS 布局框模型】：显示所选 CSS 布局块的框模型（即填充和边距）。

查看 CSS 布局外框、布局背景和布局框模型的方法是，选择菜单命令【查看】/【可视化助理】/【CSS 布局外框】或【CSS 布局背景】、【CSS 布局框模型】，如图 8-20 所示。也可通过单击【文档】工具栏上的 （可视化助理）按钮，在弹出的下拉菜单中选择使用 CSS 布局块可视化助理选项，如图 8-21 所示。

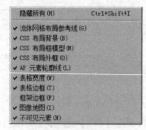 

图 8-20　菜单命令　　　　　　　　　　图 8-21　下拉菜单

8.2.4　关于 CSS 排版理念

CSS 排版是一种很新的排版理念，完全有别于传统的排版习惯。它将页面首先在整体上进行 Div 标记的分块，然后设计各块的位置，并对各个块进行 CSS 定位，最后再在各个块中添加相应的内容。通过 CSS 排版的页面，更新十分容易，甚至是页面的拓扑结构，都可以通过修改 CSS 属性来重新定位。

首先可以将所有页面内容用一个大的 Div 容器包裹起来，指定该 Div 的 id 名称为 container 或类似的名称，这个 id 在整个页面中是唯一的。接着创建相应的 CSS 样式对该 Div 容器进行控制，包括设置容器的宽度、左右边界。通常可以把左右边界均设置为 "auto"，来使 Div 居中显示。

在这个 Div 大容器内，可以根据划块再插入相应的 Div 标签，并使用 CSS 样式进行位置控制。复杂一些的包括页眉、主体和页脚 3 个部分，主体部分又可以分为左右、左中右、上下、上中下，形式可以相互嵌套。如图 8-22 所示，总体上是上中下结构，在中间部分又使用了左右结构。

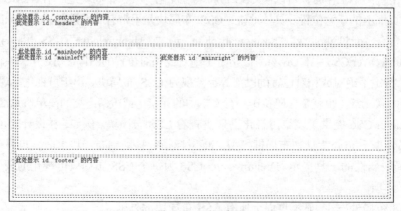

图 8-22　页面布局

在使用 Div 标签对页面进行区块划分时，首先使用 Div 标签"container"作为最外层容器，在这个容器内使用 Div 标签"header""mainbody"和"footer"对页面进行了上中下 3 个区块划分，最后在 Div 标签"mainbody"内又使用了"mainleft""mainright"两个 Div 标签对主体部分进行了左右区域划分。Div 标签代码如下。

```
<div id="container">此处显示  id "container" 的内容
  <div id="header">此处显示  id "header" 的内容</div>
  <div id="mainbody">此处显示  id "mainbody" 的内容
    <div id="mainleft">此处显示  id "mainleft" 的内容</div>
    <div id="mainright">此处显示  id "mainright" 的内容</div>

  </div>
  <div id="footer">此处显示  id "footer" 的内容</div>
</div>
```

对应的 CSS 样式控制代码如下。

```
<style type="text/css">
#container {
    width: 800px;
    margin-right: auto;
    margin-left: auto;
    padding: 5px;
}
#header {
    height: 50px;
}
#mainbody {
    margin-top: 5px;
    height: 220px;
    padding: 5px;
}
#mainleft {
    float: left;
    height: 200px;
    width: 300px;
}
#mainright {
    height: 200px;
    float: right;
    margin-left: 5px;
    width: 480px;
}
#footer {
    height: 80px;
    margin-top: 5px;
}
</style>
```

8.3　使用复杂的 CSS+Div 布局

下面介绍使用预设计的 CSS+Div 布局创建页面、插入流体网格布局 Div 标签的基本方法以及其他相关知识，从而让读者可以轻松地使用 CSS+Div 布局相对复杂的页面。

8.3.1　教学案例——人生哲理小故事

将素材文档复制到站点文件夹下，然后使用 CSS+Div 设置页面，在浏览器中的显示效果如图 8-23 所示。

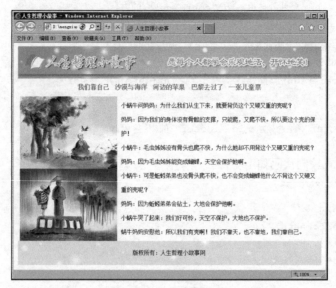

图 8-23　人生哲理小故事

【操作步骤】

1. 选择菜单命令【文件】/【新建】新建一个网页文档，选择菜单命令【文件】/【保存】，将网页文档保存为"8-3-1.htm"。

2　选择菜单命令【修改】/【页面属性】，打开【页面属性】对话框，在【外观（CSS）】分类中，设置页面字体为"宋体"，文本大小为"14px"；在【标题/编码】分类中，设置文档的浏览器标题为"人生哲理小故事"。

3. 选择菜单命令【插入】/【布局对象】/【Div 标签】，插入 ID 名称为"container"的 Div 标签，并创建 ID 名称 CSS 样式"#container"，设置方框宽度为"770px"，上下边界均为"0"，左右边界均为"auto"，效果如图 8-24 所示。

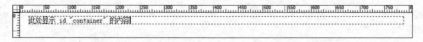

图 8-24　插入 ID 名称为"container"的 Div 标签

4. 将 Div 标签内的文本删除，继续插入一个名称为"header"的 Div 标签，然后将其中的文本也删除，接着插入图像"images/logo.jpg"，如图 8-25 所示。

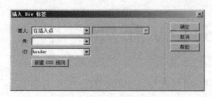

图 8-25　插入图像

5. 选择菜单命令【插入】/【布局对象】/【Div 标签】，在 Div 标签 "header" 之后继续插入名称为 "navigation" 的 Div 标签，【插入 Div 标签】对话框如图 8-26 所示。

6. 单击 新建 CSS 规则 按钮创建 ID 名称 CSS 样式 "#navigation"，在【类型】分类中设置文本行高为 "35px"，在【区块】分类中设置文本对齐方式为 "center"，在【方框】分类中设置方框高度为 "35px"，上下边界均为 "5px"。

7. 连续两次单击 确定 按钮，插入 Div 标签 "navigation"，然后输入相应的文本并添加空链接，如图 8-27 所示。

图 8-26　【插入 Div 标签】对话框　　　　　　　　　　图 8-27　输入文本

8. 在【CSS 样式】面板中单击 按钮，创建复合内容的 CSS 样式 "#container #navigation a:link, #container #navigation a:visited"，设置文本颜色为 "#0CF"，文本大小为 "16px"，文本粗细为 "bold"，文本修饰为 "无"，如图 8-28 所示。

图 8-28　创建样式#container #navigation a:link, #container #navigation a:visited"

9. 运用同样的方法创建复合内容的 CSS 样式 "#container #navigation a:hover" 来控制超级链接文本的鼠标悬停样式，设置文本颜色为 "#F00"，文本粗细为 "bold"，文本修饰为 "underline"，如图 8-29 所示。

10. 在 Div 标签 "navigation" 之后继续插入名称为 "maindiv" 的 Div 标签，【插入 Div 标签】对话框如图 8-30 所示。

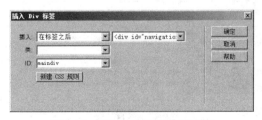

图 8-29　创建样式 "#container #navigation a:hover"　　　图 8-30　【插入 Div 标签】对话框

11. 直接单击 确定 按钮在导航栏后面插入名称为 "maindiv" 的 Div 标签，将其中的文本删除，然后在其中插入名称为 "mainleft" 的 Div 标签，【插入 Div 标签】对话框如图 8-31 所示。

12. 单击 新建 CSS 规则 按钮创建 ID 名称 CSS 样式 "#mainleft"，在【方框】分类中设置方框宽度为 "260px"，上边界和左边界均为 "0"，浮动方式为 "left"，连续两次单击 确定 按钮插入一个 ID 名称为 "mainleft" 的 Div 标签。

13. 将其中的文本删除，插入一个两行 1 列的表格，设置表格宽度为 "255px"，边框、边距和填充均为 "0"，表格对齐方式和单元格对齐方式均为 "居中对齐"，然后在单元格中依次插入图像 "images/01.jpg" 和 "images/02.jpg"。

14. 在 Div 标签 "mainleft" 之后继续插入名称为 "mainright" 的 Div 标签，【插入 Div 标签】对话框如图 8-32 所示。

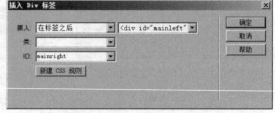

图 8-31 【插入 Div】对话框　　　　　　　图 8-32 【插入 Div 标签】对话框

15. 单击 新建 CSS 规则 按钮创建 ID 名称 CSS 样式 "#mainright"，在【方框】分类中设置方框宽度为 "500px"，浮动方式为 "left"，填充均为 "5px"，上边界为 "0"。

16. 根据素材文档 "人生哲理小故事.doc" 中的相关内容，在 Div 标签 "mainright" 中输入相应文本，然后创建复合内容样式 "#container #maindiv #mainright p"，在【类型】分类中设置行高为 "35px"，在【方框】分类中设置上下边界均为 "0"，如图 8-33 所示。

17. 选择菜单命令【插入】/【布局对象】/【Div 标签】，在 Div 标签 "maindiv" 之后继续插入 Div 标签 "footer"，同时创建 ID 名称 CSS 样式 "#footer"，在【类型】分类中设置行高为 "60px"，在【背景】分类中设置背景图像为 "images/footbg.jpg"，在【区块】分类中设置对齐方式为 "center"，在【方框】分类中设置方框高度为 "60px"，清除方式为 "both"，最后输入相应的文本。

18. 最后保存文档，效果如图 8-34 所示。

图 8-33　设置文本　　　　　　　　　图 8-34　网页效果

8.3.2　使用预设计的 CSS+Div 布局

使用随 Dreamweaver CS6 提供的预设计 CSS 布局是使用 CSS 布局创建页面的最简便方法。

Dreamweaver CS6 通过提供可以在不同浏览器中工作的事先设计好的布局，使读者可以轻松地使用 CSS+Div 构建页面。通过这些预设计的 CSS+Div 布局，也可以很好地学习 CSS+Div 布局的方法和技巧。

使用预设计的 CSS+Div 布局创建网页的方法是，选择菜单命令【文件】/【新建】，打开【新建文档】对话框，然后依次选择【空白页】/【HTML】选项，如图 8-35 所示。

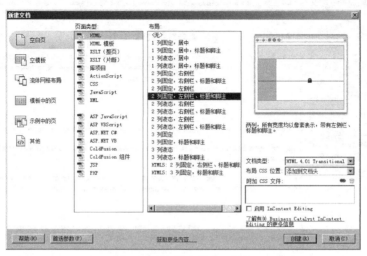

图 8-35　【新建文档】对话框

在【布局】列表中，从空白 HTML 文档（即"无"）开始，到 1 列、2 列和 3 列选项，各个选项按布局类型排列。预设计的 CSS 布局提供了下列类型的列。

- 【固定】：列宽是以像素指定的，列的大小不会根据浏览器的大小或站点访问者的文本设置来调整。
- 【液态】：列宽是以站点访问者的浏览器宽度的百分比形式指定的，如果站点访问者将浏览器变宽或变窄，该设计将会进行调整，但不会基于站点访问者的文本设置来更改列宽度。

【布局 CSS 位置】下拉列表框中有 3 个选项。

- 【添加到文档头】：将布局的 CSS 添加到要创建的页面文档头中。
- 【新建文件】：将布局的 CSS 添加到新的外部 CSS 样式表，并将这一新样式表附加到要创建的页面。
- 【链接到现有文件】：可以通过此选项指定已包含布局所需的 CSS 规则的现有 CSS 文件，当希望在多个文档上使用相同的 CSS 布局（CSS 布局的 CSS 规则包含在一个文件中）时，此选项特别有用。

如果在【布局】列表中选择【2 列固定，左侧栏、标题和脚注】，在【布局 CSS 位置】下拉列表框中选择【添加到文档头】，单击 创建(R) 按钮，创建的文档如图 8-36 所示。

如果将文档窗口切换到【代码】视图，可以发现创建的网页文档页面布局使用了以下几对 Div 标签，它们均使用了类样式对 Div 标签进行控制。

```
<div class="container">
<div class="header">…</div>
<div class="sidebar1">…</div>
<div class="content">…</div>
<div class="footer">…</div>
</div>
```

图 8-36　固定模式

含有类样式"container"的 Div 标签为最外层布局标签，用来控制整个页面的布局，它里面又嵌套了 4 个 Div 标签。含有类样式"header"的 Div 标签用来控制网页文档的顶部区域，里面可以放置 logo 图标和导航栏等内容。含有类样式"sidebar1"的 Div 标签用来控制网页文档的左侧区域，里面可以放置导航文本或其他需要简要说明的内容。含有类样式"content"的 Div 标签用来控制网页文档的右侧区域，里面可以放置需要详细说明的内容，也可将该区域继续划分成更小的板块并放置相应的内容。含有类样式"footer"的 Div 标签用来控制网页文档的底部区域，里面可以包含网站自身的版权信息等内容。

可以在【CSS 样式】面板中查看各个样式的属性设置情况。在【CSS 样式】面板中，选中类样式"header"，在【属性】列表中显示其背景颜色为"#ADB96E"；选中类样式"container"，在【属性】列表中显示其宽度为"960px"，上下边界均为"0"，左右边界均为"auto"，背景颜色为白色"#FFF"；选中类样式"sidebar1"，在【属性】列表中显示其宽度为"180px"，浮动为左对齐"left"，下填充为"10"，背景颜色为"#EADCAE"；选中类样式"content"，在【属性】列表中显示其宽度为"780px"，浮动为左对齐"left"，上下填充均为"10"，左右填充均为"0"；选中类样式"footer"，在【属性】列表中显示其定位位置为相对"relative"，清除为"both"，上下填充均为"10"，左右填充均为"0"，背景颜色为"#CCC49F"。

从上面可以看出，整个网页的宽度固定为"960px"，左侧栏宽度固定为"180px"，右侧栏宽度固定为"780px"，这就是页面固定模式的特点。为了使页面居中显示，在类样式"container"中将左右边界均设置为了自动"auto"。为了使左侧和右侧能够并排显示，在类样式"sidebar1"和"content"中，分别设置了相应的宽度，并将浮动均设置为左对齐"left"。在页面最底部，也就是页脚，为了让页脚的 Div 标签不再随其上面的 Div 标签浮动，在类样式"footer"中将清除设置为两者"both"，这个技巧读者需要注意使用。

下面再创建一个液态模式的文档，看看 CSS 样式有何变化。在【布局】列表中选择【2 列液态，左侧栏、标题和脚注】，单击 创建(R) 按钮，创建一个液态模式的网页文档，如图 8-37 所示。

图 8-37　液态模式

在【CSS 样式】面板中查看类样式"container"，发现其宽度变为"80%"，而且还新添加了两个属性：最大宽度"1260px"，最小宽度"780px"；再查看类样式"sidebar1"，发现其宽度变为"20%"；接着查看类样式"content"，发现其宽度变为"80%"，如图 8-38 所示。

图 8-38　【CSS 样式】面板

将文档保存并在浏览器中预览，当浏览器窗口宽度变化时，网页页面的宽度也相应发生变化，但变化的最小宽度为"780px"，最大宽度为"1260px"。

从液态模式的 CSS 样式设置来看，整个网页的宽度通常为浏览器窗口的"80%"，但有一个限制条件，即当浏览器窗口宽度大于或等于"780px"且小于或等于"1260px"时。当浏览器窗口宽度小于"780px"时，网页的显示宽度不再为浏览器窗口的"80%"而是"780px"。当浏览器窗口宽度大于"1260px"时，网页的显示宽度也不再为浏览器窗口的"80%"而是"1260px"。中间左栏宽度为整个网页宽度的"20%"，右栏宽度为整个网页宽度的"80%"，两栏的宽度都将随着整个网页宽度的变化而变化。

读者可以通过这些预设计的 CSS 布局来创建具有 CSS+Div 布局技术的网页，并学习其布局技巧。

8.3.3　插入流体网格布局 Div 标签

在 Dreamweaver CS6 中，使用流体网格布局技术能创建应对不同屏幕尺寸的最合适的 CSS+Div 布局。在使用流体网格布局技术生成 Web 页时，无论用户使用的是台式机、平板电脑还是智能手机，页面布局及其内容都会自动适应用户的查看装置。

创建流体网格布局的方法是，选择菜单命令【文件】/【新建流体网格布局】，打开【新建文档】对话框，如图 8-39 所示。媒体类型的中央显示的是网格中列数的默认值，要自定义设备的列数，可根据需要编辑该值。如果要相对于屏幕大小设置页面宽度，可以百分比形式设置屏幕宽度，还可更改栏间距宽度，栏间距是两列之间的空间。

单击 创建(R) 按钮，首先要求创建一个样式表文件，如图 8-40 所示。如果事先已有创建好的样式表文件可以附加，也可以在【新建文档】对话框中单击 按钮附加该样式表文件，此时不会再要求创建新的样式表文件。

单击 保存(S) 按钮保存文件时，系统提示将依赖文件（如 "boilerplate.css" 和 "respond.min.js"）保存到计算机上的某个位置。"boilerplate.css" 是基于 HTML5 的样板文件。该文件是一组 CSS 样式，可确保在多个设备上网页外观保持一致。"respond.min.js" 是一个 JavaScript 库，可帮助在旧版本的浏览器中向媒体查询提供支持。创建的页面效果如图 8-41 所示。

用户可以将 Div 标签中的文本删除，输入适合自己的内容，如果需要继续插入 Div 标签，可以将鼠标光标置于前一个 Div 标签的后面，或选中前一个 Div 标签，然后选择菜单命令【插入】/【布局对象】/【流体网格布局 Div 标签】，或在【插入】面板的【布局】类别中单击 插入流体网格布局 Div 标签 按钮即可，如图 8-42 所示。

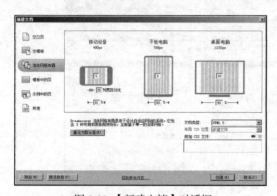

图 8-39 【新建文档】对话框

图 8-40 【将样式表文件另存为】对话框

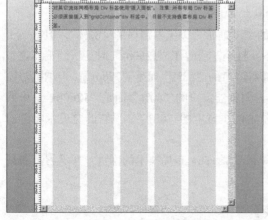

图 8-41 流体网格布局

图 8-42 插入流体网格布局 Div 标签

其源代码和【CSS 样式】面板如图 8-43 所示。

```
1   <!doctype html>
2   <!--[if lt IE 7]> <html class="ie6 oldie"> <![endif]-->
3   <!--[if IE 7]>    <html class="ie7 oldie"> <![endif]-->
4   <!--[if IE 8]>    <html class="ie8 oldie"> <![endif]-->
5   <!--[if gt IE 8]><!-->
6   <html class="">
7   <!--<![endif]-->
8   <head>
9   <meta charset="gb2312">
10  <meta name="viewport" content="width=device-width, initial-scale=1">
11  <title>无标题文档</title>
12  <link href="boilerplate.css" rel="stylesheet" type="text/css">
13  <link href="mystyle.css" rel="stylesheet" type="text/css">
14  <!--
15  要详细了解文件顶部 html 标签周围的条件注释:
16  paulirish.com/2008/conditional-stylesheets-vs-css-hacks-answer-neither/
17
18  如果您使用的是 modernizr (http://www.modernizr.com/)
    的自定义内部版本, 请执行以下操作:
19  * 在此处将链接插入 js
20  * 将下方链接替至 html5shiv
21  * 将 "no-js" 类添加到的顶部的 html 标签
22  * 如果 modernizr 内部版本中包含 MQ Polyfill, 您也可以将链接移至
    respond.min.js
23  -->
24  <!--[if lt IE 9]>
25  <script src="//html5shiv.googlecode.com/svn/trunk/html5.js"></script>
26  <![endif]-->
27  <script src="respond.min.js"></script>
28  </head>
29  <body>
30  <div class="gridContainer clearfix">
31  <div id="LayoutDiv1">对其它流体网格布局 Div 标签使用&ldquo;插入面板
    &rdquo;。 注意: 所有布局 Div 标签必须直接插入到"gridContainer"div
    标签。 目前不支持嵌套布局 Div 标签。</div>
32  <div id="LayoutDiv2">这是布局 标签 "LayoutDiv2" 的内容</div>
33  </div>
34  </body>
35  </html>
```

图 8-43　源代码和【CSS 样式】面板

　　在制作流体网格页面布局时，所有流体网格布局 Div 标签都必须直接插入到名称为 "gridContainer" 的 Div 标签中。

　　在大多数先进的移动设备中，可根据设备的把握方式更改页面方向。当用户以垂直方向把握手机时，显示纵向视图。当用户水平翻转设备时，页面将重新调整自身，以适合横向尺寸。在 Dreamweaver CS6 中，【实时】视图和【设计】视图中都提供纵向或横向查看页面的选项。使用这些选项可测试页面适应这些设置的程度。然后，如有必要可修改 CSS 文件，使页面以所需的两种方向显示。查看的方法是，选择菜单命令【查看】/【窗口大小】/【方向横向】或【方向纵向】即可。

8.3.4　Div 标签的居中、浮动和清除方式

　　在使用表格布局页面时，可以将表格的对齐方式设置为"居中对齐"，来保证页面内容的居中显示。使用 Div 标签对页面进行布局，通常在【方框】分类中将左右边界均设置为 "auto（自动）" 来保证页面内容的居中显示。如果要让页面居左显示，则取消掉 "auto" 值就可以了，因为默认就是居左显示的。

　　通常一行只能显示一个表格，如果要使一行显示多个表格，设计者一般会使用表格嵌套的方式解决，即在同一行的多个单元格中再插入表格。Div 标签通常也是自动换行的，如果要在一行显示多个 Div 块，必须对这几个 Div 标签设置浮动方式，在【方框】分类中主要使用 "left（左对齐）" 或 "right（右对齐）" 两个选项。用户可以设置它们在父容器内同时向左浮动或同时向右浮动。如果一行容纳不下，它们会自动移至下一行。在设计时，一般是一行同时容纳固定数量的 Div 标签，它们的宽度都是提前计算好的。

　　如果在父容器内的上一行中，浮动显示了几个 Div 标签，如果要在下一行中显示其他 Div 标签，而且使它们不再随着上一行的 Div 标签浮动，应在下一行第一个 Div 标签中设置【清除】选项，通常将其值设置为 "both"，这样比较安全，可以保证能够达到目的。对于 "left" 或 "right" 选项，读者可以使用其来测试效果，以便可以更清楚地知道应该在哪种情况下使用。

　　如图 8-44 所示是使用浮动效果的 Div 标签，最外层的 Div 标签为 "Div-1"，作为一个大的容器。在第 1 行有两个 Div 标签 "Div-2" 和 "Div-3"，它们的浮动方式均为 "left"。第 2 行也有两个 Div 标签 "Div-4" 和 "Div-5"，它们的浮动方式也是 "left"。第 1 行后面的空间完全可以容纳

得下 Div 标签"Div-4"，但是由于其设置了【清除】选项"clear: both;"，因此，它及其后面的
Div 标签"Div-5"显示在了下一行。

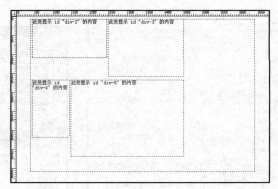

图 8-44　Div 标签的浮动效果

在源代码中，Div 标签对应的代码如下。

```
<div id="div-1">
  <div id="div-2">此处显示  id "div-2" 的内容</div>
  <div id="div-3">此处显示  id "div-3" 的内容</div>
  <div id="div-4">此处显示  id "div-4" 的内容</div>
  <div id="div-5">此处显示  id "div-5" 的内容</div>
</div>
```

控制 Div 标签的 CSS 样式代码如下。

```
<style type="text/css">
#div-1 {
    margin-right: auto;
    margin-left: auto;
    width: 600px;
    height: 400px;
}
#div-2 {
    float: left;
    height: 100px;
    width: 200px;
    margin-left: 5px;
}
#div-3 {
    float: left;
    height: 150px;
    width: 200px;
    margin-left: 5px;
}
#div-4 {
    float: left;
    height: 150px;
    width: 100px;
    clear: both;
    margin-left: 5px;
    margin-top: 10px;
}
#div-5 {
    float: left;
    height: 200px;
    width: 300px;
```

```
    margin-left: 5px;
    margin-top: 10px;
}
</style>
```

8.3.5　正确认识 CSS+Div 布局

使用 CSS+Div 进行页面布局是一种很新的排版理念，首先要将页面使用 Div 标签整体划分为几个版块，然后对各个版块进行 CSS 定位，最后在各个版块中添加相应的内容。CSS+Div 是目前网页页面布局的主流技术，它具有诸多优点。

（1）页面载入速度快。由于将大部分页面代码写在了 CSS 中，使得页面体积变得更小。将页面独立成更多的区域，在打开页面的时候，逐层加载，使得加载速度加快。

（2）易于维护和改版。由于使用了 CSS+Div 方法，将页面内容和表现形式分离，结构清晰、精简，使得在修改页面的时候，直接到 CSS 里修改相应的样式即可，这样更有效率也更方便，同时也不会破坏页面其他部分的布局样式。

（3）保持视觉的一致性。CSS+Div 最重要的优势之一就是保持视觉的一致性，它将所有页面或所有区域统一用 CSS 控制，避免了不同区域或不同页面体现出的效果偏差。

（4）提高搜索引擎对网页的索引效率。由于将大部分的内容样式写入了 CSS 中，这就使得网页中正文部分更为突出明显，页面代码精简，便于被搜索引擎采集收录。

虽然使用 CSS+Div 进行页面布局有许多好处，但用户需要清楚以下几个问题。

（1）CSS+Div 的优点在于可以进行页面统一设计管理，使用一个样式表就可以统一全站风格。但如果仅仅为一个页面或一个 Div 标记就单独做一个样式表，而没有全局的设计观念，那么这个 CSS+Div 的设计方式就完全没有必要，甚至成了累赘。

（2）如果像使用表格 Table 一样来使用 CSS+Div，进行无穷尽的嵌套，那么其效果与表格 Table 设计没有两样，并不会带来搜索引擎的优化效果，反而会增加页面的负担。

（3）推崇 CSS+Div，却不考虑兼容性，是不合适宜的。表格 Table 设计由来已久，得到浏览器的广泛支持，不会出现错位情况，所以显示效果很好，但是 CSS+Div 却在部分浏览器中会发生页面错位情况，因此在进行设计的时候也要考虑到浏览器的兼容性。

（4）CSS+Div 结构清晰精简，不意味着可以全部使用 CSS+Div 结构，如通篇 HTML 标签全是<div>，就如同整个 HTML 是许多毫不相干的内容拼装起来，或者通篇是<div><ul><li>结构，就如同这个页面所有元素全是列表。这就曲解了"CSS+Div"的真实含义，因为一个完整页面几乎不可能仅仅用 CSS+Div 就能完成。

习　　题

一、问答题

1. 简要说明盒子模型的两种类型及其区别。

2. 简要说明 Div 标签和 Span 标签的区别与联系。

3. 如何理解 CSS 排版理念、优点及其应该注意的问题？

二、操作题

自行搜集素材并制作一个网页，要求使用 CSS+Div 进行页面布局。

第9章
使用 AP Div 和 Spry

　　绝对定位元素（AP 元素）不仅可以用来制作特殊效果，也可以用来创建 CSS 布局。Spry 布局构件是与 CSS+Div 布局技术有着密切联系的一组部件，能够使网页布局焕然一新。本章将介绍 AP 元素和 Spry 布局构件的基本知识和使用方法。

　　【学习目标】
- 了解 AP 元素的基本含义。
- 掌握创建 AP Div 的基本方法。
- 掌握编辑 AP Div 的基本方法。
- 掌握 Spry 布局构件的使用方法。

9.1　AP 元素

　　下面介绍 AP 元素的概念以及【AP 元素】面板的使用方法。

9.1.1　AP 元素的含义

　　AP 元素（绝对定位元素）是分配有绝对位置的 HTML 页面元素，可以是具有绝对位置的 Div 或其他任何标签。AP 元素可以包含文本、图像或其他任何可放置到 HTML 文档正文中的内容。

　　平时所说的 AP 元素更多时候是指具有绝对定位的 Div，习惯称为 AP Div。AP Div 是 Dreamweaver CS6 默认插入的 AP 元素类型。实际上，可以将任何 HTML 元素转换为 AP 元素，方法是为其分配一个绝对位置。具有绝对定位的 table 标也可以是 AP 元素，如图 9-1 所示。所有 AP 元素（不仅仅是绝对定位的 Div）都将在【AP 元素】面板中显示。

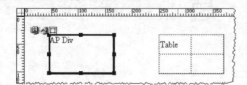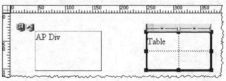

图 9-1　AP 元素

　　在 Dreamweaver CS6 中，可以将 AP 元素放置到其他 AP 元素的前后，隐藏某些 AP 元素而显示其他 AP 元素以及在屏幕上移动 AP 元素。可以对 AP 元素设置背景图像，然后在该 AP 元素的前面放置另一个包含带有透明背景的文本的 AP 元素。还可以使用 AP 元素来进行页面布局，但在实践中的应用不多。由于 AP 元素是绝对定位的，AP 元素的位置永远无法根据浏览器窗口的大小在页面上进行调整，这也是其局限性。建议读者使用表格或具有相对定位的 Div 标签和 CSS 进行页面布局，这样效果会更好一些。

在源代码中，Dreamweaver CS6 使用 HTML 标签 Div 创建 AP Div，这与具有相对定位的 Div 标签是一样的。AP Div 与 Div 标签的区别就是定位方式不一样，AP Div 是绝对定位，Div 标签是相对定位。AP Div 会显示在【AP 元素】面板中，具有相对定位的 Div 标签不会显示在【AP 元素】面板中。

Dreamweaver CS6 将所有带有绝对定位的 Div 都视为 AP 元素，即使未使用 AP Div 绘制工具创建的那些 Div 标签也是如此。AP Div 和具有相对定位的 Div 标签是可以相互转换的，例如把 AP Div 的定位类型设置为 "relative"，它就变成了具有相对定位的 Div 标签；把具有相对定位的 Div 标签的定位类型设置为 "absolute"，它就变成了 AP Div。

9.1.2 【AP 元素】面板

可以使用【AP 元素】面板来管理文档中的 AP 元素。例如，可防止 AP 元素重叠、更改 AP 元素的可见性、嵌套或堆叠 AP 元素，也可以选择 AP 元素。

打开【AP 元素】面板的方法是，选择菜单命令【窗口】/【AP 元素】，打开【AP 元素】面板。如图 9-2 所示为一个包含多个 AP Div 的【AP 元素】面板。

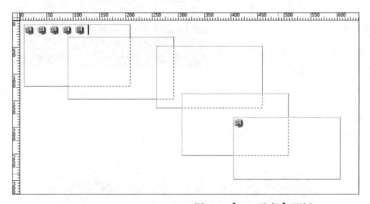

图 9-2 【AP 元素】面板

【AP 元素】面板的主体部分分为 3 列。第 1 列为显示与隐藏列，用来设置 AP Div 的显示与隐藏。通过单击 ![]栏下方的相应眼睛图标可以设置 AP Div 的可见性，眼睛睁开表示 AP 元素是可见的，眼睛闭合表示 AP 元素是不可见的。如果没有眼睛图标，AP 元素通常会继承其父级的可见性。如果 AP 元素没有嵌套，父级就是文档正文，而文档正文始终是可见的。如果未指定可见性，则不会显示眼睛图标，在【属性】面板的【可见性】选项中表示为 "default"。如果需同时改变所有 AP Div 的可见性，则单击 ![] 图标列最顶端的 ![] 图标，原来所有的 AP Div 均变为可见或不可见。

第 2 列为 ID 名称列，它与【属性】面板中【CSS-P 元素】选项的作用是相同的。双击 ID 名称可以对 AP Div 进行重命名，单击嵌套的 ID 名称前面的 ![] 图标或 ![] 图标可以伸展或收缩嵌套的 AP Div。按住 Shift 键不放，依次单击 ID 名称可以选定多个 AP Div。

第 3 列为 z 轴列，它与【属性】面板中的 z 轴选项是相同的。z 轴的含义是，除了屏幕的 x、y 坐标之外，逻辑上增加了一个垂直于屏幕的 z 轴，z 轴顺序就好像 AP Div 在 z 轴上的坐标值。这个坐标值可正可负，也可以是 0，数值大的在上层，数值小的在下层。在【AP 元素】面板中，

AP 元素按照 *z* 轴的顺序显示为一列名称。默认情况下，第一个创建的 AP 元素显示在列表底部，*z* 轴为 "1"，最新创建的 AP 元素显示在列表顶部。不过，可以通过更改 AP 元素在堆叠顺序中的位置来更改它的 *z* 轴，双击 *z* 轴的顺序号即可修改 AP Div 的 *z* 轴顺序。在【AP 元素】面板中，通过选择【防止重叠】复选框可以禁止 AP Div 重叠。

9.2 创建和设置 AP Div

下面介绍创建 AP Div 和设置 AP Div 属性的基本方法。

9.2.1 教学案例——做人要大气

将素材文档复制到站点文件夹下，然后使用 AP Div 设置页面，在浏览器中的显示效果如图 9-3 所示。

图 9-3 做人要大气

【操作步骤】

1. 选择菜单命令【文件】/【新建】新建一个网页文档，在【文档】工具栏中设置浏览器标题为 "做人要大气"，然后选择菜单命令【文件】/【保存】，将网页文档保存为 "9-2-1.htm"。

2. 将鼠标光标置于文档窗口中，选择菜单命令【插入】/【布局对象】/【AP Div】，插入一个默认大小的 AP Div，如图 9-4 所示。

3. 接着选择菜单命令【插入】/【图像】，在 AP Div 中插入一幅宽度为 "700px"、高度为 "400px" 的图像 "images/hu.jpg"，如图 9-5 所示。

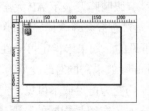

图 9-4 插入一个默认大小的 AP Div

图 9-5 插入图像

4. 在文档窗口底部的标签选择器中单击标签 "div#apDiv1" 来选中刚刚插入的名称为 "apDiv1" 的 AP Div，虽然插入的图像把 AP Div 撑得与其一样大，但在【属性】面板中，其属性参数值没有改变，仍然是默认大小的参数设置。如图 9-6 所示。

5. 在【属性】面板的【左】和【上】文本框中均输入 "20px"，在【宽】和【高】文本框中分别输入"600px"和"400px"，然后在【溢出】下拉列表框中选择"hidden"，图像超出 AP Div 大小的部分已经隐藏不再显示，如图 9-7 所示。

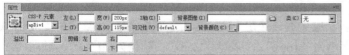

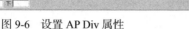

图 9-6　设置 AP Div 属性　　　　　　　　　　　图 9-7　设置 AP Div 大小

6. 在【属性】面板【剪辑】选项的【左】和【上】文本框中分别输入"50px"和"25px"，在【右】和【下】文本框中分别输入"550px"和"375px"，此时图像只显示【剪辑】选项指定的左、上、右和下坐标形成的矩形区域内的部分，如图 9-8 所示。

图 9-8　设置 AP Div【剪辑】选项

7. 选择菜单命令【插入】/【布局对象】/【AP Div】，在 AP Div "apDiv1"的后面再插入一个 AP Div，在【属性】面板中设置其相关属性，如图 9-9 所示。

图 9-9　设置 AP Div 属性

8. 在 AP Div "apDiv2"中输入文本"做人要大气"，并在【CSS 样式】面板中修改 ID 名称 CSS 样式"#apDiv2"，设置字体为"黑体"，大小为"40px"，行高为"50px"，颜色为"#FFF"，如图 9-10 所示。

图 9-10　修改 CSS 样式"#apDiv2"的属性设置

9. 在 AP Div "apDiv2" 的后面再插入一个 AP Div，在【属性】面板中设置其相关属性，如图 9-11 所示。

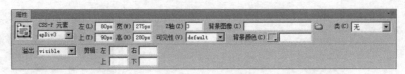

图 9-11　设置 AP Div 属性

10. 在 AP Div "apDiv3" 中输入相应文本，并在【CSS 样式】面板中修改 ID 名称 CSS 样式 "#apDiv3"，设置字体为 "宋体"，大小为 "16px"，行高为 "25px"，颜色为 "#000"，如图 9-12 所示。

11. 保存文档，效果如图 9-13 所示。

图 9-12　修改 CSS 样式 "#apDiv3" 的属性设置

图 9-13　网页效果

9.2.2　创建 AP Div

在创建 AP Div 时，可以直接插入一个默认大小的 AP Div，也可以直接绘制自定义大小的 AP Div。

1. 插入默认大小的 AP Div

将鼠标光标置于文档窗口中，选择菜单命令【插入】/【布局对象】/【AP Div】，将插入一个默认大小的 AP Div，也可以将【插入】面板【布局】类别中的 绘制 AP Div 按钮拖曳到文档窗口，此时也将插入一个默认大小的 AP Div，如图 9-14 所示。

当向网页中插入 AP Div 时，AP Div 属性是默认的，如 AP Div 的大小和背景颜色等。如果希望按照自己预先定义的大小插入 AP Div，可以选择菜单命令【编辑】/【首选参数】，打开【首选参数】对话框，在【分类】列表中选择【AP 元素】分类，对其中的参数进行设置即可，如图 9-15 所示。

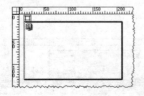

图 9-14　插入默认大小的 AP Div

图 9-15　定义【AP 元素】分类的参数

【AP 元素】分类中相关参数的含义说明如下。

● 【显示】：设置 AP 元素在默认情况下是否可见，其选项有 "default" "inherit" "visible"
和 "hidden" 4 个，"default" 不指定可见性属性，当未指定可见性时，大多数浏览器都会默认为
"继承"；"inherit" 将继承使用 AP 元素父级的可见性设置，如果 AP 元素没有嵌套，父级就是文
档正文，而文档正文始终是可见的；"visible" 将显示 AP 元素的内容，与父级的可见性无关；"hidden"
将隐藏 AP 元素的内容，与父级的可见性无关。

● 【宽】和【高】：设置使用菜单命令【插入】/【布局对象】/【AP Div】创建的 AP 元素的
默认宽度和高度（以像素为单位）。

● 【背景颜色】：设置在插入 AP Div 时其默认的背景颜色。

● 【背景图像】：设置在插入 AP Div 时其默认的背景图像。

● 【嵌套】：设置从现有 AP Div 边界内的某点开始绘制的 AP Div 是否应该是嵌套的 AP Div。

2. 绘制自定义大小的 AP Div

在【插入】面板的【布局】类别中单击 ▤ 绘制 AP Div（绘制 AP Div）按钮，然后将鼠标光标移
至文档窗口中，当光标变为 "＋" 形状时，按住鼠标左键不放，拖曳光标到合适位置，释放鼠标
左键后将绘制一个自定义大小的 AP Div，如图 9-16 所示。如果想一次绘制多个 AP Div，在单击
▤ 绘制 AP Div 按钮后，按住 Ctrl 键不放，连续进行绘制即可。

Dreamweaver CS6 使用文档头中的 CSS 样式来定位 AP Div 的位置并指定其大小，如图 9-17
所示。

当使用 ▤ 绘制 AP Div 按钮绘制 AP 元素时，Dreamweaver CS6 将在文档中插入一个含有 id 名称
的 Div 标签。默认情况下，绘制的第 1 个 Div 名称为 "apDiv1"，绘制的第 2 个 Div 名称为 "apDiv2"，
依此类推。如果需要，可以通过【AP 元素】面板或【属性】面板对 AP Div 进行重新命名。创建
AP Div 以后，可以根据需要在 AP Div 中添加文本、图像和表格等网页元素。

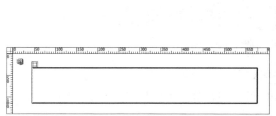

图 9-16 绘制 AP Div

图 9-17 AP Div 源代码

9.2.3 选定 AP Div

可以选择一个或多个 AP 元素进行操作或更改属性。选择 AP Div 有以下几种方法。

● 单击 AP Div 的选择柄▢，如果选择柄▢不可见，可在 AP Div 内部的任意位置单击以显
示该选项柄。

● 单击文档中的 ▣ 图标来选定 AP Div，如图 9-18 所示。如果该图标没有显示，可在【首
选参数】/【不可见元素】分类中选择【AP 元素的锚点】复选框。

● 在 AP Div 内部单击并在文档窗口底部的标签选择器中选择其标签，如图 9-19 所示。

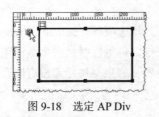

图 9-18　选定 AP Div

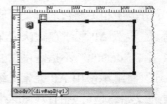

图 9-19　选择"<div#apDiv1>"标签

- 单击 AP Div 的边框线，如图 9-20 所示。
- 在【AP 元素】面板中单击 AP Div 的名称，如图 9-21 所示。

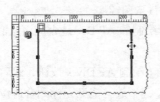

图 9-20　单击 AP Div 的边框线

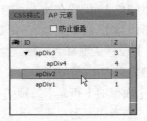

图 9-21　单击 AP Div 的名称

- 在【AP 元素】面板中，按住 Shift 键不放依次单击 AP Div 的名称，或在【文档】窗口中，按住 Shift 键不放并依次在 AP Div 的边框内（或边框上）单击，可以同时选定多个 AP Div。

以上几种方法都可以方便地选定 AP Div。选定 AP Div 以后，就可以在【属性】面板中查看或编辑其属性了。

9.2.4　AP Div 属性

插入 AP Div 后，可以在【属性】面板中查看和编辑 AP Div（或任何 AP 元素）的属性，包括 x 坐标和 y 坐标、z 轴（也称作堆叠顺序）和可见性等，如图 9-22 所示。

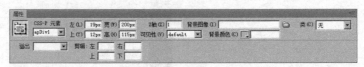

图 9-22　AP Div【属性】面板

AP Div【属性】面板相关参数的含义简要说明如下。

- 【CSS-P 元素】：用于设置 AP 元素的唯一 ID 名称，此 ID 用于在【AP 元素】面板和 JavaScript 代码中标识 AP 元素。
- 【左】、【上】：即 x 坐标、y 坐标，分别用于设置 AP 元素的左上角相对于页面（如果嵌套，则为父 AP 元素）左上角的水平距离和垂直距离，输入数值时要带单位"px"。
- 【宽】、【高】：分别用于设置 AP 元素的宽度和高度，输入数值时要带单位"px"。如果 AP 元素的内容超过 AP 元素大小，AP 元素的底边（按照在 Dreamweaver 的【设计】视图中的显示）会延伸以容纳这些内容，但如果【溢出】选项设置为"hidden（隐藏）""scroll（滚动）"或"auto（自动）"，那么 AP 元素底边将不会延伸。
- 【Z 轴】：用于设置在垂直平面的方向上 AP 元素的顺序号，编号较大的 AP 元素出现在编号较小的 AP 元素的前面，值可以为正也可以为负。

- 【可见性】：用于设置 AP 元素的可见性，包括 "default（默认）""inherit（继承）""visible（可见）" 和 "hidden（隐藏）" 4 个选项。

- 【背景图像】、【背景颜色】：分别用于设置 AP 元素的背景图像和背景颜色。

- 【类】：用于设置 AP 元素所引用的类 CSS 样式。

- 【溢出】：用于设置当 AP 元素的内容超过 AP 元素的大小时如何显示 AP 元素，包括 4 个选项："visible（可见）" 表示在 AP 元素中显示额外的内容，实际上，AP 元素会通过延伸来容纳额外的内容；"hidden（隐藏）" 表示不显示额外的内容；"scroll（滚动）" 表示浏览器应在 AP 元素上添加滚动条，而不管是否需要滚动条；"auto（自动）" 表示浏览器仅在 AP 元素的内容超过其边界时才显示滚动条。溢出选项在不同的浏览器中会获得不同程度的支持。

- 【剪辑】：用来设置 AP 元素的可见区域，指定左、上、右和下坐标以在 AP 元素的坐标空间中定义一个矩形（从 AP 元素的左上角开始计算），AP 元素将经过 "裁剪" 以使得只有指定的矩形区域才是可见的。

9.3　编辑 AP Div

许多时候要根据实际需要对 AP Div 进行编辑操作，包括缩放 AP Div、移动 AP Div、对齐 AP Div、嵌套 AP Div 等，下面进行简要介绍。

9.3.1　教学案例——做大事不可拘小节

将素材文档复制到站点文件夹下，然后使用 AP Div 设置页面，在浏览器中的显示效果如图 9-23 所示。

【操作步骤】

1. 选择菜单命令【文件】/【新建】新建一个网页文档，在【文档】工具栏中设置浏览器标题为 "做大事不可拘小节"，然后选择菜单命令【文件】/【保存】，将网页文档保存为 "9-3-1.htm"。

2. 将【插入】面板【布局】类别中的 绘制 AP Div 按钮拖曳到文档窗口中，插入一个默认大小的 AP Div。

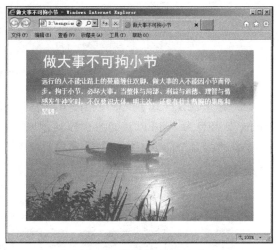

图 9-23　做大事不可拘小节

3. 选定 AP Div，当鼠标光标靠近 AP Div 边框变为 "✛" 形状时，按住鼠标左键不放，将 AP Div 拖曳到适当位置，如图 9-24 所示。

4. 选定 AP Div，然后拖曳右下角的缩放手柄来放大 AP Div 的尺寸，如图 9-25 所示。

5. 在 AP Div【属性】面板中，设置其背景图像为 "images/wanxia.jpg"，如图 9-26 所示。

6. 将鼠标光标置于 AP Div "apDiv1" 中，然后选择菜单命令【插入】/【布局对象】/【AP Div】，插入一个嵌套的 AP Div "apDiv2"，如图 9-27 所示。

7. 在 AP Div "apDiv2" 中输入文本 "做大事不可拘小节"，然后在【属性】面板中设置 AP Div 相关属性，如图 9-28 所示。

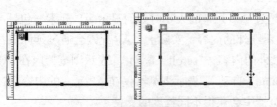

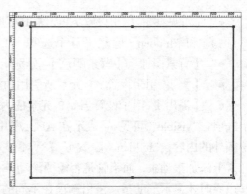

图 9-24　拖曳 AP Div　　　　　　　　　　图 9-25　缩放 AP Div

图 9-26　设置 AP Div 背景图像

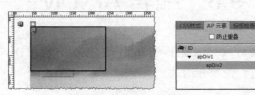

图 9-27　插入嵌套的 AP Div

图 9-28　设置 AP Div 属性

8. 在【CSS 样式】面板中修改 ID 名称 CSS 样式 "#apDiv2"，设置字体为 "黑体"，大小为 "36px"，颜色为 "#FFF"，如图 9-29 所示。

9. 选择菜单命令【插入】/【布局对象】/【AP Div】，在 AP Div "apDiv2" 的后面再插入一个 AP Div "apDiv3"，然后将其拖曳到适当位置，如图 9-30 所示。

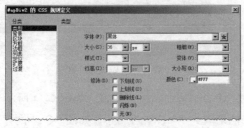

图 9-29　修改 CSS 样式 "#apDiv2" 的属性设置　　　图 9-30　插入并拖曳 AP Div

10. 在 AP Div "apDiv3" 中输入相应文本，然后在【CSS 样式】面板中修改 ID 名称 CSS 样式 "#apDiv3"，设置字体为 "宋体"，大小为 "16px"，粗细为 "bold"，行高为 "25px"，颜色为 "#FFF"，如图 9-31 所示。

11. 选定 AP Div "apDiv3"，然后拖曳其右下角的缩放手柄来调整 AP Div 的大小，如图 9-32 所示。

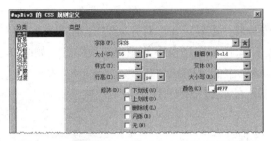

图 9-31　修改 CSS 样式 "#apDiv3" 的属性设置

图 9-32　调整 AP Div 的大小

12. 最后保存文档。

9.3.2　移动 AP Div

要想精确定位 AP Div，许多时候要根据需要移动 AP Div。移动 AP Div 时，首先要确定 AP Div 是可以重叠的，也就是不选择【AP 元素】面板中的【防止重叠】复选框，这样 AP Div 可以不受限制地被移动。移动 AP Div 的方法主要有以下几种。

● 选定 AP Div 后，当鼠标光标靠近边框变为 "✛" 形状时，按住鼠标左键并拖曳，AP Div 将跟着鼠标的移动而发生位移。

● 选定 AP Div，然后按 4 个方向键，向 4 个方向移动 AP Div。每按一次方向键，将使 AP Div 移动 1 个像素的距离。

● 选定 AP Div，按住 Shift 键，然后按 4 个方向键，向 4 个方向移动 AP Div。每按一次方向键，将使 AP Div 移动 10 个像素的距离。

● 选定 AP Div，在【属性】面板的【左】和【上】文本框内输入数值（要带单位，如 "150px"），并按 Enter 键确认。

9.3.3　缩放 AP Div

缩放 AP Div 仅改变 AP Div 的宽度和高度，不改变 AP Div 中的内容。在文档窗口中可以缩放一个 AP Div，也可同时缩放多个 AP Div，使它们具有相同的尺寸。缩放单个 AP Div 有以下几种方法。

● 选定 AP Div，然后拖曳缩放手柄（AP Div 周围出现的小方块）来改变 AP Div 的尺寸。拖曳上或下手柄改变 AP Div 的高度，拖曳左或右手柄改变 AP Div 的宽度，拖曳 4 个角的任意一个缩放点同时改变 AP Div 的宽度和高度。

● 选定 AP Div，然后按住 Ctrl 键，每按一次方向键，AP Div 就被改变一个像素大小。

● 选定 AP Div，然后同时按住 Shift + Ctrl 组合键，每按一次方向键，AP Div 就被改变 10 个像素值。

● 选定 AP Div，在【属性】面板的【宽】和【高】文本框中输入数值（要带单位，如 "100px"），并按 Enter 键确认。

如果同时对多个 AP Div 的大小进行统一调整，通常有以下两种方法。

● 选定多个 AP Div，在【属性】面板的【宽】和【高】文本框中输入数值，并按 Enter 键确认，此时文档窗口中所有 AP Div 的宽度和高度全部变成了指定的宽度。

● 选定多个 AP Div，选择菜单命令【修改】/【排列顺序】/【设成宽度相同】或【设成高度相同】来统一宽度或高度，利用这种方法将以最后选定的 AP Div 的宽度或高度为标准。

9.3.4   对齐 AP Div

对齐功能可以使两个或两个以上的 AP Div 按照某一边界对齐。对齐 AP Div 的方法是，首先将所有 AP Div 选定，然后选择菜单命令【修改】/【排列顺序】中的相应选项即可，如图 9-33 所示。例如，选择【对齐下缘】命令，将使所有被选中的 AP Div 的底边按照最后选定 AP Div 的底边对齐，即所有 AP Div 的底边都排列在一条水平线上。

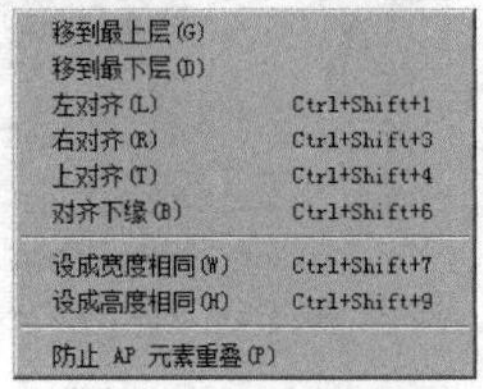

在【修改】/【排列顺序】菜单中，共有以下 4 种对齐方式。

● 【左对齐】：以最后选定的 AP Div 的左边线为标准，对齐排列 AP Div。

● 【右对齐】：以最后选定的 AP Div 的右边线为标准，对齐排列 AP Div。

图 9-33   菜单命令

● 【对齐上缘】：以最后选定的 AP Div 的顶边为标准，对齐排列 AP Div。

● 【对齐下缘】：以最后选定的 AP Div 的底边为标准，对齐排列 AP Div。

9.3.5   嵌套 AP Div

所谓嵌套的 AP Div 是指其代码包含在另一个 AP Div 标签内的 AP Div。嵌套通常用于将 AP Div 组合在一起。例如，以下代码显示了两个未嵌套的 AP Div 和两个嵌套的 AP Div。

```
<div id="apDiv1"></div>
<div id="apDiv2"></div>
<div id="apDiv3">
<div id="apDiv4"></div>
</div>
```

在第 1 组 Div 标签中，一个 Div 位于页面上另一个 Div 的上方。在第 2 组 Div 标签中，"apDiv4" 实际上位于 "apDiv3" 的内部。当然，可以在【AP 元素】面板中更改 AP Div 的堆叠顺序。

可以在【首选参数】对话框的【AP 元素】分类中启用【嵌套】选项，这样，当从另一个 AP Div 内部开始绘制 AP Div 时将实现 AP Div 的自动嵌套。如果要在另一个 AP Div 的内部或上方进行绘制，还必须在【AP 元素】面板中取消选择【防止重叠】选项。

绘制嵌套的 AP Div 的方法是，首先在【首选参数】对话框的【AP 元素】分类中，选择【在 AP div 中创建以后嵌套】选项，并确保在【AP 元素】面板中取消选择【防止重叠】选项，然后在【插入】面板的【布局】类别中单击 [绘制 AP Div] 按钮，在现有 AP Div 中拖曳，绘制的 AP Div 就嵌套在现有 AP Div 中了。

插入嵌套的 AP Div 的方法是，确保在【AP 元素】面板中取消选择【防止重叠】选项，将鼠标光标置于所要嵌套的 AP Div 中，然后选择菜单命令【插入】/【布局对象】/【AP Div】，这时插入的是一个嵌套的 AP Div。

AP Div 的嵌套和重叠是不一样的。嵌套的 AP Div 与父 AP Div 存在着继承关系。继承的作用就是可以保持子 AP Div 与父 AP Div 的相对位置不变以及使子 AP Div 的可见性永远与父 AP Div 保持一致。当移动子 AP Div 位置时，父 AP Div 不会发生任何变化，但在移动父 AP Div 时，子 AP Div 会随着父 AP Div 发生位移，并且位移量都一样，也就是说二者的相对位置不发生变化。嵌套 AP Div 可以继承其父级的可见性。当父 AP Div 的可见性改变时，子 AP Div 的可见性也随之改变。而重叠的 AP Div 除视觉上会有一些联系外，没有其他关系。

嵌套 AP Div 与嵌套表格也不一样。表格嵌套时，在视觉上子表格是完全包含在父表格里面的。而嵌套的 AP Div 除了在源代码上是嵌套外，在视觉上并不意味着子 AP Div 必须在父 AP Div 里面，它不受父 AP Div 的限制。

9.4　使用 Spry 布局构件

Spry 布局构件是 Dreamweaver CS6 预置的常用用户界面组件，它使用了 CSS+Div 布局技术，因此在 CSS+Div 布局中使用 Spry 布局构件，能较好地保证 Spry 布局构件的效果。

在新建网页文档中使用 Spry 布局构件，需要先保存该文档，用户可以选择菜单命令【插入】/【Spry】中的相应选项向页面中插入 Spry 构件，也可以通过【Spry】面板中的相应按钮进行操作。如果要编辑 Spry 构件，可以将鼠标光标指向页面中的构件，直到看到构件的蓝色选项卡式轮廓，单击构件左上角的选项卡将其选中，然后在【属性】面板中编辑构件即可。【属性】面板不支持 Spry 构件外观 CSS 样式的设置，如果要修改其外观 CSS 样式，必须在【CSS 样式】面板中修改对应的 CSS 样式代码。下面对 Spry 布局构件进行简要介绍。

9.4.1　Spry 菜单栏

Spry 菜单栏是一组可导航的菜单按钮，包括水平和垂直两种形式，当鼠标光标悬停在其中的某个按钮上时，将显示相应的子菜单。插入 Spry 菜单栏的方法是，选择菜单命令【插入】/【Spry】/【Spry 菜单栏】，打开【Spry 菜单栏】对话框，选择布局模式【水平】或【垂直】，然后单击 确定 按钮，在页面中插入一个 Spry 菜单栏，如图 9-34 所示。

由【属性】面板可以看出，创建的菜单栏最多可有 3 级菜单，可以根据需要添加菜单项，如图 9-35 所示。在【属性】面板中，从左至右的 3 个列表框分别用来定义一级菜单项、二级菜单项和三级菜单项。在定义每个菜单项时，均使用【属性】面板右侧的【文本】、【链接】、【标题】和【目标】4 个文本框进行设置。单击列表框上方的 按钮可添加一个菜单项，单击 按钮可删除一个菜单项，单击 按钮可将选中的菜单项上移，单击 按钮可将选中的菜单项下移。

图 9-34　插入 Spry 菜单栏

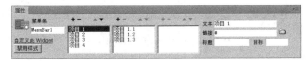

图 9-35　Spry 菜单栏【属性】面板

9.4.2　Spry 选项卡式面板

Spry 选项卡式面板是一组可以相互切换的面板，主要用来将内容存储到紧凑空间中，当浏览者单击不同的选项卡时，会打开相应的面板。创建 Spry 选项卡式面板的方法是，选择菜单命令【插入】/【Spry】/【Spry 选项卡式面板】，在页面中插入一个 Spry 选项卡式面板，如图 9-36 所示。

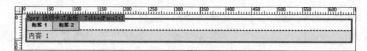

图 9-36　添加 Spry 选项卡式面板构件

Spry 选项卡式面板的【属性】面板如图 9-37 所示。

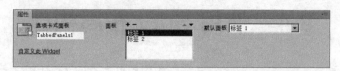

图 9-37　Spry 选项卡式面板构件的【属性】面板

在【属性】面板的【选项卡式面板】文本框中，可以设置面板的名称。在【面板】列表框中，单击 ＋ 按钮可以添加面板，单击 ━ 按钮可以删除面板，单击 ▲ 按钮可以上移面板，单击 ▼ 按钮可以下移面板。在【默认面板】列表框中，可以设置在浏览器中显示时默认打开显示内容的面板。选项卡的名字和选项卡内容可以在文档中直接编辑。

9.4.3　Spry 折叠式

Spry 折叠式是一组可以折叠的面板，可以将大量内容存储在一个紧凑的空间中。浏览者可通过单击该面板上的选项卡来显示或隐藏相应区域的内容。Spry 折叠式每次只能有一个内容面板处于打开状态。插入 Spry 折叠式的方法是，选择菜单命令【插入】/【Spry】/【Spry 折叠式】，在页面中插入一个 Spry 折叠式部件，如图 9-38 所示。

Spry 折叠式【属性】面板如图 9-39 所示。在【属性】面板中，可以在【折叠式】文本框中设置面板的名称。在【面板】列表框中，单击 ＋ 按钮可添加面板，单击 ━ 按钮可删除面板，单击 ▲ 按钮可上移面板，单击 ▼ 按钮可下移面板。可以直接在文档中更改 Spry 折叠式部件的标题名称和内容。

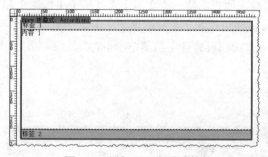

图 9-38　添加 Spry 折叠式构件

图 9-39　Spry 折叠式【属性】面板

9.4.4　Spry 可折叠面板

与 Spry 折叠式部件是一组面板不同，Spry 可折叠面板只有一个面板，可将内容存储到紧凑空间中，用户单击选项卡即可隐藏或显示存储在面板中的内容。创建 Spry 可折叠面板的方法是，选择菜单命令【插入】/【Spry】/【Spry 可折叠面板】，在页面中插入一个 Spry 可折叠面板，如图 9-40 所示。如果页面中需要多个可折叠面板，可以多次选择该命令依次添加即可。

Spry 可折叠面板【属性】面板如图 9-41 所示。在【属性】面板中，可以在【可折叠面板】文本框中设置面板的名称，在【显示】列表框中设置面板当前状态为"打开"或"已关闭"，在【默认状态】列表框中设置在浏览器中浏览时面板默认状态为"打开"或"已关闭"，选择【启用动画】复选框将启用动画效果。可以直接在文档中更改标面板的标题名称并输入相应的内容。

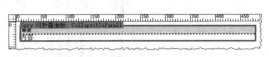

图 9-40　添加 Spry 可折叠面板

图 9-41　Spry 可折叠面板的【属性】面板

9.4.5　Spry 工具提示

Spry 工具提示是指当鼠标光标悬停在网页中的特定元素上时，Spry 工具提示会显示提示信息，当鼠标光标移开时，提示信息消失。创建 Spry 工具提示的方法是，选择菜单命令【插入】/【Spry】/【Spry 工具提示】，在页面中插入一个 Spry 工具提示部件，如图 9-42 所示。此时需要在触发器位置输入文本或插入图像作为触发器，然后在提示内容处输入提示信息。也可先选择页面上的现有元素（如图像）作为触发器，然后再插入 Spry 工具提示。

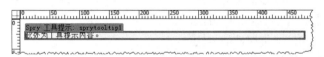

图 9-42　Spry 工具提示

Spry 工具提示【属性】面板如图 9-43 所示。在【属性】面板中，可以在【Spry 工具提示】文本框中设置 ID 名称，还可以设置水平和垂直偏移量、显示延迟、隐藏延迟以及遮帘和渐隐效果等。

图 9-43　Spry 工具提示【属性】面板

习　题

一、问答题

1. 如何理解 AP 元素的含义？
2. Spry 布局构件有哪些？

二、操作题

自行搜集素材并制作网页，要求使用本章所学知识。

第 10 章
使用框架

框架能够将页面分割成几个不同的独立窗口，每个窗口内显示不同的内容。在网页制作中，经常会使用框架技术布局页面。本章将介绍在 Dreamweaver CS6 中创建和设置框架的基本方法。

【学习目标】
- 了解框架网页的含义和工作原理。
- 掌握创建和保存框架的方法。
- 掌握调整、拆分和删除框架的方法。
- 掌握在页面中插入浮动框架的方法。
- 掌握设置框架和框架集属性的方法。
- 掌握设置框架中链接目标窗口的方法。

10.1　认识框架

下面首先介绍框架网页的含义、框架网页工作原理、嵌套的框架集以及使用框架网页存在的问题等内容。

10.1.1　框架网页的含义

使用框架技术进行页面区域划分和内容显示的网页称为框架网页。要想明白框架网页的确切含义，首先必须充分理解框架和框架集这两个基本概念。

框架（frame）是浏览器窗口中的一个区域，如图 10-1 所示，它可以显示与其他区域所显示内容无关的网页文档。框架为网页制作者提供了一种将浏览器窗口划分为多个区域，每个区域显示不同网页文档的方法。这些框架可以有各自独立的背景、滚动条和标题等。

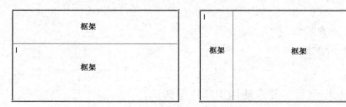

图 10-1　框架

框架集（frameset）是 HTML 文件，用来定义一组框架的布局和属性，包括显示在页面中框架的数目、框架的大小和位置、最初在每个框架中显示的页面的 URL 等。框架集文件本身不包含要在浏览器中显示的网页内容，只是向浏览器提供应如何显示一组框架以及在这些框架中应显示哪些文档的有关信息。当然，如果框架集文件含有"noframes（编辑无框架内容）"部分，在遇到不支持框架技术的浏览器时，其将会显示在浏览器中。

10.1.2　框架网页的工作原理

可以使用框架来设置网页中内容固定的部分，如一个框架显示含有导航控件的文档，而另一个框架显示超级链接的目标文档。如果一个网页左边的导航菜单是固定的，而另一边的信息可以上下移动来展现所选择的网页内容，一般就可以认为这是一个框架网页。也有一些站点在其页面上方放置了公司的 Logo 或图像，其位置也是固定的，而页面的其他部分则可以上下左右移动来展现相应的网页内容，这也可以认为是一个框架网页。

如果要在浏览器中查看一组框架网页，需要输入这个框架集文件的 URL，浏览器将打开要显示在这些框架中的相应文档。图 10-2 显示了一个由 3 个框架组成的框架网页结构：一个框架位于顶部，其中包含站点的徽标和标题等；一个较窄的框架位于左侧，其中包含导航链接；一个大框架占据了页面的其余部分，其中包含要显示的主要内容。每一个框架中，都显示一个单独的网页文档。

图 10-2　框架网页

在图 10-2 所示的框架网页中，由于在顶部框架中显示的文档永远不更改，导航按钮包含在左侧的框架中，浏览者单击导航按钮时会在右侧的框架中显示相应的文档，但左侧框架本身的内容保持不变，从而达到网页布局的相对统一。

框架不是文件而是存放文档的容器，因此当前显示在框架中的文档实际上并不是框架的一部分。如果一个框架网页在浏览器中显示为包含 3 个框架的单个页面，则它实际上至少由 4 个网页文档组成：框架集文件以及 3 个文档，这 3 个文档包含最初在这些框架内显示的内容。在 Dreamweaver CS6 中设计使用框架集的页面时，必须保存所有这 4 个文件，该页面才能在浏览器中正常显示。

"页面"可以表示单个网页文档，也可以表示给定时刻浏览器窗口中的全部内容，即使同时显示了多个网页文档。例如，"使用框架的页面"通常表示一组框架以及最初显示在这些框架中的文档。

10.1.3　框架集的嵌套

在一个框架集中的另一个框架集称为嵌套框架集。一个框架集可以包含多个嵌套的框架集。大多数使用框架的网页实际上都使用嵌套的框架集，在 Dreamweaver CS6 中大多数预定义的框架集也使用嵌套。如果在一组框架里，不同行或不同列中有不同数目的框架，它使用的就是嵌套的框架集。例如，最常见的框架布局在顶行有一个框架（框架中显示公司的徽标），并且在底行有两个框架（一个导航框架和一个内容框架）。此布局要求嵌套的框架集：一个两行的框架集，在第二行中嵌套了一个两列的框架集。

Dreamweaver CS6 会根据需要自动嵌套框架集；如果在 Dreamweaver CS6 中使用框架拆分工具，则不需要考虑哪些框架将被嵌套、哪些框架不被嵌套这样的细节问题。有两种方法可以嵌套框架集：内部框架集可以与外部框架集在同一文件中定义，相关代码如下。

```
<frameset rows="100,*" cols="*" frameborder="NO" border="0" framespacing="0">
 <frame src="top.htm" name="topFrame" scrolling="NO" noresize title="topFrame">
 <frameset cols="120,*" frameborder="NO" border="0" framespacing="0">
  <frame src="left.htm" name="leftFrame" scrolling="NO" noresize title="leftFrame">
  <frame src="main.htm" name="mainFrame" title="mainFrame">
 </frameset>
</frameset>
```

也可以在不同的文件中单独定义，第 1 个文件相关代码如下。

```
<frameset rows="80,*" frameborder="NO" border="0" framespacing="0">
 <frame src="top.htm" name="topFrame" scrolling="NO" noresize title="topFrame">
 <frame src="qiantao.htm" name="zhuFrame" title="zhuFrame">
</frameset>
```

其中嵌套的文件"qiantao.htm"的相关代码如下。

```
<frameset cols="120,*" frameborder="NO" border="0" framespacing="0">
 <frame src="left.htm" name="leftFrame" scrolling="NO" noresize title="leftFrame">
 <frame src="main.htm" name="mainFrame" title="mainFrame">
</frameset>
```

这两种类型的嵌套产生的视觉效果是相同的，如果没有查看源代码，很难判断使用的是哪种类型的嵌套。在 Dreamweaver CS6 中使用外部框架集文件最常见的情形是，使用【在框架中打开】命令在框架内打开了一个框架集文件，这种情况这可能导致设置的链接目标会出现问题。通常最简单最常用的方法是在单个文件中定义所有的框架集，Dreamweaver CS6 中每个预定义的框架集均在同一文件中定义其所有框架集。

10.1.4　合理使用框架网页

在制作网页时，对于是否使用框架要考虑清楚。因为框架先天存在下面一些不足之处，通常情况下不主张使用框架进行页面布局。

* 可能难以实现不同框架中各元素的精确图形对齐。
* 对框架中的导航链接进行测试可能会消耗很多时间。
* 框架中加载的每个页面的 URL 不会显示在浏览器地址栏中，导致访问者难以将特定页面设为书签。
* 并非所有浏览器都对框架提供良好的支持，并且框架对于残障人士来说导航会有困难。
* 大多数的搜索引擎都无法识别网页中的框架，或者无法对框架中的内容进行遍历或搜索，这是由于那些具体内容都被放到"内部网页"中去了。

如果确定要使用框架，它最常用于导航。一组框架中通常包含两个框架，一个含有导航栏，另一个显示主要内容页面。按这种方式使用框架，它具有以下优点。

* 浏览者的浏览器不需要为每个页面重新加载与导航相关的图形。
* 每个框架都具有自己的滚动条，因此浏览者可以独立滚动这些框架。

通过 Dreamweaver CS6 可以在【文档】窗口中查看和编辑与框架关联的所有文档。具体来说，每一框架会显示一个单独的网页文档。即使文档是空的，也必须将它们全部保存以预览它们，因为只有当框架集包含要在每个框架中显示的文档的 URL 时，才可以准确预览该框架集。如果要确保框架集在浏览器中正确显示，需要执行以下常规步骤。

（1）创建框架集并指定要在每个框架中显示的文档。

（2）保存将要在框架中显示的每个文档。每个框架都显示单独的网页文档，必须保存每个文档以及该框架集文件。

（3）设置每个框架和每个框架集的属性，包括对每个框架命名、设置滚动和不滚动选项等。

（4）在【属性】面板中为所有链接设置目标窗口，以便所链接的内容显示在正确的区域中。

实际上，在许多情况下可以创建没有框架的网页，它可以达到与框架网页同样的效果。例如，如果希望导航栏显示在页面的左侧，可以在站点中的每一页的左侧处包含该导航栏即可。在 Dreamweaver CS6 中，通过模板和库可以创建使用相同布局的多个页面，它们既具有类似框架的页面设计，又没有使用框架。

10.2　创建框架

当一个页面被划分为若干个框架后，Dreamweaver CS6 就建立起一个框架集文件，每个框架中包含一个文档。下面介绍创建框架网页的基本方法。

10.2.1　教学案例——早安心语

将素材文档复制到站点文件夹下，然后使用框架技术创建网页，在浏览器中的显示效果如图 10-3 所示。

【操作步骤】

1. 选择菜单命令【文件】/【新建】新建一个网页文档，然后选择菜单命令【插入】/【HTML】/【框架】/【上方及左侧嵌套】，弹出【框架标签辅助功能属性】对话框，如图 10-4 所示。

2. 单击 确定 按钮，创建如图 10-5 所示的框架网页（如果在【首选参数】对话框的【辅助功能】分类中没有选择【框架】选项，将直接创建框架网页）。

3. 选择菜单命令【窗口】/【框架】，可查看所命名的框架关系图，如图 10-6 所示。

图 10-3　早安心语

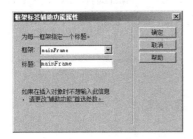

图 10-4　【框架标签辅助功能属性】对话框

图 10-5　创建框架页

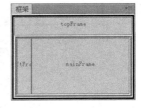

图 10-6　【框架】面板

4. 在【框架】面板中用鼠标左键单击最外层框架集边框将其选中，在【文档】工具栏的【标题】框中输入框架集文档的标题名称"早安心语"，如图 10-7 所示，然后选择菜单命令【文件】/【保存框架页】，将框架集文件保存为"10-2-1.htm"。

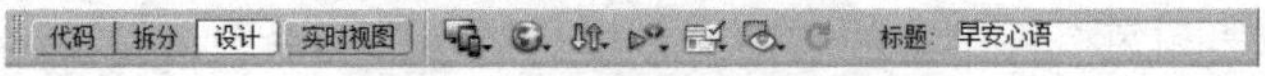

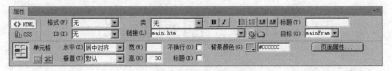

图 10-7　设置浏览器标题名称

5. 将鼠标光标置于顶部框架内，选择菜单命令【文件】/【在框架中打开】，打开网页文档"top.htm"，然后运用相同的方法依次在左侧和右侧的框架内打开文档"left.htm"和"main.htm"。

6. 选中左侧框架中的文本"心语一"，然后在【属性】面板中为其添加目标链接文件"main.htm"，并在【目标】下拉列表中选择"mainframe"，如图 10-8 所示。

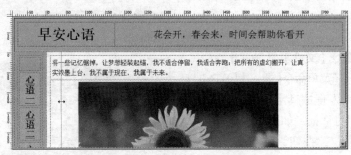

图 10-8　设置超级链接

7. 运用同样的方法依次给文本"心语二""心语三"创建超级链接，分别指向文件"main2.htm""main3.htm"，目标窗口均为"mainFrame"。

8. 在【文档】窗口的【设计】视图中，用鼠标将框架边框向右拖动，调整左侧框架的宽度，如图 10-9 所示。

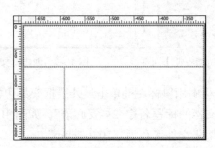

图 10-9　调整框架宽度

9. 最后选择菜单命令【文件】/【保存全部】，保存所有文档。

10.2.2　创建框架

在 Dreamweaver CS6 中创建框架网页的方法是，首先新建一个网页，然后选择菜单命令【查看】/【可视化助理】/【框架边框】，使框架的边框可见，接着选择菜单命令【插入】/【HTML】/【框架】/【上方及左侧嵌套】或其他菜单命令来插入框架，如图 10-10 所示。

图 10-10　创建框架的菜单命令

如果在【首选参数】对话框的【辅助功能】分类中选择了【框架】选项，此时将弹出【框架标签辅助功能属性】对话框，在【框架】下拉列表中每选择一个框架，就可以在其下面的【标题】文本框中为其指定一个标题名称，如图 10-11 所示。对于使用屏幕阅读器的访问者，屏幕阅读器在遇到页面中的框架时，将读取此名称。

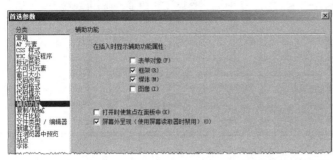

图 10-11 【辅助功能】分类

在【框架标签辅助功能属性】对话框中，如果在没有输入新名称的情况下单击 确定 按钮，Dreamweaver CS6 将为此框架指定一个与其在框架集中的位置（如左框架、右框架等）相对应的名称。如果直接单击 取消 按钮，该框架集将出现在文档中，但 Dreamweaver CS6 不会将它与辅助功能标签或属性相关联。如果在创建框架网页时不希望出现【框架标签辅助功能属性】对话框，可以在【首选参数】对话框的【辅助功能】分类中取消选择【框架】选项。

在使用 Dreamweaver CS6 中的可视化工具创建一组框架时，框架中显示的每个新文档都将获得一个默认文件名。例如，第一个框架集文件被命名为"UntitledFrameset-1"，而框架中第一个文档被命名为"UntitledFrame-1"。

10.2.3 保存框架

在浏览器中预览框架网页前，必须保存框架集文件以及要在框架中显示的所有网页文档。用户既可以单独保存每个框架集文件和带框架的网页文档，也可以同时保存框架集文件和框架中出现的所有网页文档。

单独保存每个框架集文件和带框架的网页文档的方法是，依次在框架内单击鼠标，然后选择菜单命令【文件】/【保存框架】或【框架另存为】，将各个框架页分别进行保存，最后选择最外层框架集，并选择菜单命令【文件】/【保存框架页】或【框架集另存为】，将整个框架集文件进行保存即可。

同时保存框架集文件和框架中出现的所有网页文档的方法是，在每个框架中的页面内容都输入完毕后，选择菜单命令【文件】/【保存全部】将依次保存框架集文件和框架文件。例如，对于选择菜单命令【插入】/【HTML】/【框架】/【上方及左侧嵌套】创建的框架网页，在输入完各个框架页的内容后，选择菜单命令【文件】/【保存全部】，将首先打开【另存为】对话框来保存整个框架集文件，然后依次打开【另存为】对话框来分别保存框架页"mainFrame""leftFrame"和"topFrame"，如图 10-12 所示。当前正在被保存的框架或框架集的边框内侧将出现一个阴影框。

在源代码中，频繁出现的两个词汇是 frameset 和 frame。其中，frameset 习惯被称为框架集，frame 习惯被称为框架。定义框架集的 HTML 标签是<frameset>…</frameset>，每个<frameset>…</frameset>定义一系列行（rows）或列（columns）的值，规定每行或每列占据屏幕的面积。其中含有<frame>标签，<frame>标签用来定义框架集中的框架，并为框架设置名称、显示在框架中的网页文档等属性。

图 10-12　保存文件

10.2.4　为框架添加内容

在创建了框架网页后，可以依次在各个框架中直接输入网页元素，就像在平常网页中进行页面布局和添加内容一样。

当然也可以在框架中打开已经事先准备好的网页。如果在每个框架中要显示的网页都已提前制作好，在保存框架网页时，需要先选择最外层框架集来保存整个框架网页，然后依次在各个框架中打开已经制作好的网页，最后选择菜单命令【文件】/【保存全部】，再次保存文件即可。在框架中打开网页的方法是，将鼠标光标置于框架中，然后选择菜单命令【文件】/【在框架中打开】即可，如图 10-13 所示。

图 10-13　【在框架中打开】命令

10.2.5　框架中链接的目标窗口

在没有框架的文档中，按照指向的对象窗口不同，链接目标可以分为"_blank""_parent""_self""_top"共 4 种形式。而在使用框架的文档中，又增加了与框架有关的目标，可以在一个框架内使用链接改变另一个框架的内容。

如果要在一个框架中使用超级链接在另一个框架中打开目标文档，必须设置链接目标窗口打开方式。例如，在左侧框架"leftFrame"中选中文本，接着在【属性（HTML）】面板的【链接】文本框中设置链接目标文件，并在【目标】下拉列表中设置要显示链接文档的目标框架，通常为"mainFrame"，如图 10-14 所示。

图 10-14　设置框架网页中超级链接目标窗口打开方式

在【属性（HTML）】面板的【目标】下拉列表中，除了前 5 个是传统的目标窗口打开方式外，后面的是框架网页中的框架名称，仅当在框架网页内编辑文档时才显示框架名称。其中，【_blank】表示在新的浏览器窗口中打开链接的目标文档；【new】表示在同一个新建的窗口中打开目标文档，同时替换该窗口中原有的内容；【_parent】表示在显示链接的框架的父框架集中打开链接的目标文档，同时替换整个框架集；【_self】表示在当前框架中打开链接的目标文档，同时替换该框架中的内容；【_top】表示在当前浏览器窗口中打开链接的文档，同时替换所有框架；选择框架名称表示在该框架中打开链接的目标网页文档。

当在文档窗口中单独打开在框架中显示的没有框架的源文件时，框架名称不会显示在【目标】下拉列表中。当然，在这种情况下可以直接在【目标】下拉列表中输入目标框架的名称。如果要链接到站点以外的页面，建议使用选择"_top"或"_blank"，以确保该页面不会看起来像自己站点的一部分。

有一种方法可以单击一次同时改变多个框架中的内容。方法是，先选中一个对象，然后打开【行为】面板，单击 ✚ 按钮在弹出的下拉菜单中选择【转到 URL】命令，打开【转到 URL】对话框，在【打开在】列表框中每选中一个框架名称，就可在【URL】文本框中为其设置所指向的文档路径，如图 10-15 所示，设置完毕后单击 确定 按钮关闭对话框，并确认在【行为】面板中触发事件为"onClick"。在浏览器中，当单击该对象时，所有框架窗口中的内容都将进行改变。关于行为的内容将在后续章节进行详细介绍。

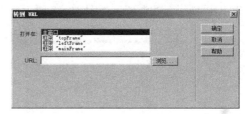

图 10-15　为框架设置【URL】

10.2.6　框架集文档的标题

设置框架集网页文档浏览器标题的方法是，在【文档】窗口的【设计】视图中单击框架集中两个框架之间的边框，或在【框架】面板中单击围绕框架集的边框选择框架集，然后在【文档】工具栏的【标题】文本框中，输入框架集文档的名称。当访问者在浏览器中查看框架集时，此标题将显示在浏览器的标题栏中。

10.2.7　调整框架大小

如果要设置框架的近似大小，可在【文档】窗口的【设计】视图中拖动框架边框进行调整即可，如图 10-16 所示。如果要指定准确大小，并指定当浏览器窗口大小不允许框架以完全大小显示时浏览器分配给框架的行或列的大小，可通过【属性】面板进行设置。关于框架和框架集【属性】面板将在后面进行详细介绍。

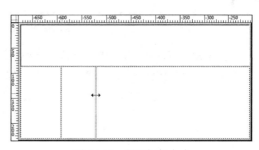

图 10-16　调整框架大小

10.2.8　拆分和删除框架

虽然 Dreamweaver 预先提供了一些框架页，但并不一定满足实际需要，这时就需要在预定义框架页的基础上拆分框架或删除不需要的框架。

1．使用菜单命令拆分框架

将鼠标光标置于要拆分的页面内，选择菜单命令【修改】/【框架集】下的【拆分左框架】、【拆分右框架】、【拆分上框架】或【拆分下框架】，可以拆分该框架，如图 10-17 所示。这些命令可以用来反复对框架进行拆分，直至满意为止。

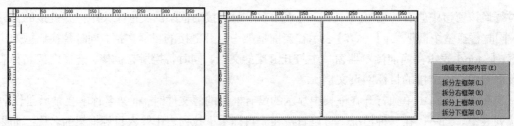

图 10-17 【拆分左框架】命令的应用

2. 自定义框架集

选择菜单命令【查看】/【可视化助理】/【框架边框】，显示出当前网页的边框，然后将鼠标光标置于框架最外层边框线上，当鼠标光标变为"$\leftrightarrow$"形状时，单击并拖动鼠标光标到合适的位置即可创建新的框架，如图 10-18 所示。

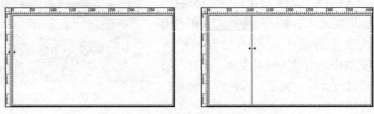

图 10-18 拖动框架最外层边框线创建新的框架

如果将鼠标光标置于最外层框架的边角上，当鼠标光标变为"$\updownarrow$"形状时，单击并拖动鼠标光标到合适的位置，可以一次创建垂直和水平的两条边框，将框架分隔为 4 个，如图 10-19 所示。

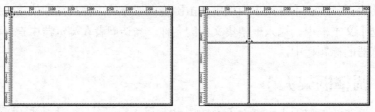

图 10-19 拖动框架边角创建新的框架

如果拖动内部框架的边角，可以一次调整周围所有框架的大小，但不能创建新的框架。如要创建新的框架，可以先按住 Alt 键，然后拖动鼠标光标，可以对框架进行垂直和水平的分隔，如图 10-20 所示。

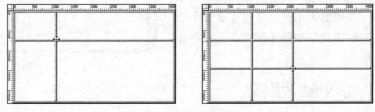

图 10-20 对框架进行垂直和水平的分隔

3. 删除框架

如果要删除框架页中多余的框架，可以将其边框拖动到父框架边框上或直接拖离页面。如果要删除的框架中的文档有未保存的内容，则 Dreamweaver CS6 将提示保存该文档。不能通过拖动边框完全删除一个框架集。要删除一个框架集，需要关闭显示它的【文档】窗口。如果该框架集文件已保存，则删除该文件。

10.3 设置框架

实际上,创建框架网页以后,必须对框架网页中所包含的框架集和框架的属性进行设置,如框架的大小、边框宽度、是否有滚动条等,才能使框架页面看起来更美观。

10.3.1 教学案例——美丽风情

将素材文档复制到站点文件夹下,然后使用框架设置页面,在浏览器中的显示效果如图 10-21 所示。

图 10-21 美丽风情

【操作步骤】

1. 选择菜单命令【文件】/【新建】新建一个网页文档,然后选择菜单命令【插入】/【HTML】/【框架】/【上方及右侧嵌套】,创建如图 10-22 所示的框架网页。

2. 在【框架】面板中用鼠标左键单击最外层框架集边框将其选中,在【文档】工具栏的【标题】框中输入框架集文档的标题名称"美丽风情",然后选择菜单命令【文件】/【保存框架页】,将框架集文件保存为"10-3-1.htm"。

3. 将鼠标光标置于顶部框架内,选择菜单命令【文件】/【在框架中打开】,打开文档"top.htm",然后运用同样的方法依次在左侧和右侧的框架内打开文档"content-1.htm"和"nav.htm",如图 10-23 所示。

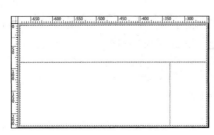

图 10-22 创建框架页

图 10-23 框架网页

4．选中右侧框架中的文本"牟尼沟"，然后在【属性】面板中为其添加目标链接文件"content-1.htm"，并在【目标】下拉列表中选择"mainframe"，如图 10-24 所示。

图 10-24　设置超级链接

5．运用同样的方法依次给文本"金川梨花""年宝玉则""黑水彩林""若尔盖湿地"创建超级链接，分别指向文件"content-2.htm""content-3.htm""content-4.htm""content-5.htm"，目标窗口均为"mainFrame"。

6．在【框架】面板中单击最外层框架集的边框选中第 1 层框架集，在【属性】面板中，将顶部框架高度设置为"100 像素"，其他设置不变，如图 10-25 所示。

图 10-25　设置第 1 层框架集属性

7．在【框架】面板中单击第 2 层框架集的边框选中第 2 层框架集，在【属性】面板中，将右侧框架列宽设置为"150 像素"，其他设置不变，如图 10-26 所示。

图 10-26　设置第 2 层框架集属性

8．在【框架】面板中单击顶部框架来选中顶部框架，【属性】面板参数设置如图 10-27 所示。

图 10-27　设置顶部框架属性

9．在【框架】面板中单击左侧框架来选中左侧框架，【属性】面板参数设置如图 10-28 所示。

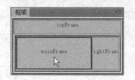

图 10-28　设置左侧框架属性

10．在【框架】面板中单击右侧框架来选中右侧框架，【属性】面板参数设置如图 10-29 所示。

11．最后选择菜单命令【文件】/【保存全部】，保存所有文档，效果如图 10-30 所示。

至此，一个框架页就初步搭建完成了。下面就各个框架如何分配浏览器窗口的尺寸进行一下简要说明。由于顶部框架被设置为 100 像素高，当网页显示时顶部框架首先占了 100 像素的空间高度，剩下的分配给下面的框架。右侧的框架被设置为 150 像素宽，因此在显示时右边的框架占了 150 像素的空间宽度，其余的宽度分配给左边的框架。

图 10-29　设置右侧框架属性

图 10-30　框架网页效果

10.3.2　选定框架

选择框架和框架集最简单的方法是通过【框架】面板来进行。【框架】面板提供框架集内各框架的可视化表示形式，以缩略图的形式列出了框架页中的框架集和框架，每个框架中间的文字就是框架的名称。【框架】面板能够显示框架集的层次结构，而这种层次结构在【文档】窗口中的显示可能不够直观。在【框架】面板中，环绕每个框架集的边框非常粗；而环绕每个框架的是较细的灰线，并且每个框架由框架名称标识。

在【框架】面板中选择框架和框架集的方法是，选择菜单命令【窗口】/【框架】，打开【框架】面板，在【框架】面板中单击相应的框架即可选择该框架，单击框架集的边框即可选择该框架集，被选择的框架和框架集，其周围出现黑色细线框，如图 10-31 所示。

 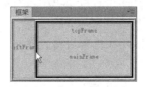

图 10-31　在【框架】面板中选择框架和框架集

也可以在【文档】窗口中选择框架或框架集。在【设计】视图中，框架边框必须是可见的，如果看不到框架边框，可选择【查看】/【可视化助理】/【框架边框】以使框架边框可见。在【设计】视图中选定了一个框架后，其边框被虚线环绕；在选定了一个框架集后，该框架集内各框架的所有边框都被淡颜色的虚线环绕。将插入点放置在框架内显示的文档中并不等同于选择了一个框架。

在【文档】窗口中选择框架或框架集的方法是，在【设计】视图中按住 Shift 和 Alt 组合键的同时单击框架内部可选择该框架，单击框架集的内部框架边框可选择该框架集，如图 10-32 所示。

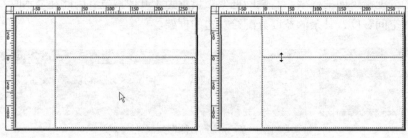

图 10-32　在【文档】窗口中选择框架或框架集

选择不同的框架或框架集的方法是，按住 Alt 键的同时按下左箭头键或右箭头键，可在当前选定内容的同一层次级别上选择下一框架（框架集）或前一框架（框架集），使用这些键可以按照框架和框架集在框架集文件中定义的顺序依次选择这些框架和框架集；按住 Alt 键的同时按上箭头键，可选择父框架集（包含当前选定内容的框架集）；按住 Alt 键的同时按下箭头键，可选择当前选定框架集的第一个子框架或框架集，即按在框架集文件中定义顺序中的第一个。

10.3.3　框架和框架集属性

框架及框架集是一些独立的 HTML 文档。可以通过设置框架或框架集的属性来对框架或框架集进行修改，如框架的大小、边框宽度及是否有滚动条等。

1. 设置框架集属性

选中框架集后，其【属性】面板如图 10-33 所示。在设置框架集各部分的属性时，用鼠标左键单击【属性】面板中相应的缩略图可进行切换。

图 10-33　框架集【属性】面板

下面对框架集【属性】面板中各项参数的含义进行简要说明。

- 【边框】：用于设置在浏览器中查看文档时是否应在框架周围显示边框。如果要显示边框应选择"是"，如果不显示边框应选择"否"，如果要让浏览器确定如何显示边框应选择"默认值"。
- 【边框宽度】：用于设置框架集中所有边框的宽度，以"像素"为单位。
- 【边框颜色】：用于设置边框的颜色。
- 【行】或【列】：用于设置行高或列宽，显示【行】还是显示【列】是由框架集的结构决定的。

在【单位】下拉列表中包含 3 个选项：像素、百分比和相对。

- 【像素】：以"像素"为单位设置框架大小时，尺寸是绝对的，即这种框架的大小永远是固定的。如果网页中其他框架用不同的单位设置框架的大小，则浏览器首先为这种框架分配屏幕空间，再将剩余空间分配给其他类型的框架。
- 【百分比】：以"百分比"为单位设置框架大小时，框架的大小将随框架集大小按所设的百分比发生变化。在浏览器分配屏幕空间时，它比"像素"类型的框架后分配，比"相对"类型的框架先分配。

- 【相对】：以"相对"为单位设置框架大小时，框架在前两种类型的框架分配完屏幕空间后再分配，它占据前两种框架的所有剩余空间。

设置框架大小最常用的方法是，将左侧框架设置为固定像素宽度，将右侧框架设置为相对大小。这样在分配像素宽度后，能够使右侧框架伸展以占据所剩余空间。如果所有宽度都是以"像素"为单位设置的，而指定的宽度对于访问者查看框架集所使用的浏览器而言太宽或太窄，则框架将按比例伸缩以填充可用空间。这同样适用于以"像素"为单位指定的高度。因此，将至少一个宽度和高度指定为相对大小通常是一个不错的选择。

当设置单位为"相对"时，在【值】文本框中输入的数字将消失。如果想指定一个数字，则必须重新输入。但是，如果只有一行或一列，则不需要输入数字。因为该行或列在其他行和列分配空间后，将接受所有剩余空间。为了确保浏览器的兼容性，可以在【值】文本框中输入"1"，这等同于不输入任何值。

2. 设置框架属性

选中框架后，其【属性】面板如图 10-34 所示。

图 10-34　框架【属性】面板

下面对框架【属性】面板中各项参数的含义进行简要说明。

- 【框架名称】：用于设置链接指向的目标窗口名称。
- 【源文件】：用于设置在框架中显示的源文档，单击□按钮可以浏览到一个文件并选择一个文件。
- 【边框】：用于设置在浏览器中查看框架时显示或隐藏当前框架的边框，为框架设置【边框】选项将覆盖框架集的【边框】设置，其下拉列表中包括"默认""是"和"否"3 个选项，选择"默认"，将由浏览器端的设置来决定是否有边框。大多数浏览器默认为显示边框，除非父框架集已将【边框】设置为"否"。仅当共享边框的所有框架都将【边框】设置为"否"时，或者当父框架集的【边框】属性设置为"否"并且共享该边框的框架都将【边框】设置为"默认值"时，才会隐藏边框。
- 【滚动】：用于设置在框架中是否显示滚动条，其下拉列表中包含【是】、【否】、【自动】和【默认】4 个选项。"是"表示显示滚动条；"否"表示不显示滚动条；"自动"将根据窗口的显示大小而定，也就是当该框架内的内容超过当前屏幕上下或左右边界时，滚动条才会显示，否则不显示；"默认"表示将不设置相应属性的值，从而使各个浏览器使用默认值。大多数浏览器默认为"自动"，这意味着只有在浏览器窗口中没有足够空间来显示当前框架的完整内容时才显示滚动条。
- 【不能调整大小】：用于设置在浏览器中是否可以通过拖动框架边框来调整框架大小。用户始终可以在 Dreamweaver CS6 中调整框架大小，该选项仅适用于在浏览器中查看框架的访问者。
- 【边框颜色】：用于设置所有框架边框的颜色。此颜色应用于和框架接触的所有边框，并且重写框架集的指定边框颜色。如果要更改框架的背景颜色，需要在页面属性中设置该框架中文档的背景颜色。

- 【边界宽度】：用于设置左右边框与内容之间的距离，以"像素"为单位。
- 【边界高度】：用于设置上下边框与内容之间的距离，以"像素"为单位。

10.3.4　编辑无框架内容

并不是所有的浏览器都一定会支持框架技术，因此，在使用框架的网页中通常会使用 <noframes>标记，让使用不能显示框架网页的用户知道这个框架内容是什么，这也就是框架中经常所说的【编辑无框架内容】。

编辑无框架内容的操作方法是，选择菜单命令【修改】/【框架集】/【编辑无框架内容】，进入【无框架内容】编辑状态，此时 Dreamweaver CS6 将清除【设计】视图中的内容，并在【设计】视图的顶部显示"无框架内容"字样，如图 10-35 所示。在【文档】窗口中，像处理普通文档一样输入或插入需要的内容，包括表格等布局技术、超级链接等，再次选择菜单命令【修改】/【框架集】/【编辑无框架内容】，返回到框架集文档的普通视图，最后再次保存文档。

图 10-35　编辑无框架内容

另外，使用<noframes>标记也可以有效地对页面进行优化，从而使得搜索引擎能够正确索引框架网页上的内容信息。Dreamweaver CS6 允许指定在基于文本的浏览器和不支持框架的旧式图形浏览器中显示的内容。此内容存储在框架集文件中，用<noframes>…</noframes>标签括起来。当不支持框架的浏览器加载该框架集文件时，只显示包含在该标签中的内容。

不能将<body>…</body>标签与<frameset>…</frameset>标签同时使用。但是，如果已添加包含一段文本的<noframes>…</noframes>标签，必须将这段文本嵌套于<body>…</body>标签内。<body>…</body>标签必须包含在<noframes>…</noframes>标签中，如以下代码。

```
<noframes>
<body>
<table width="100%" border="0" cellspacing="0" cellpadding="0">
  <tr>
    <td><img src="images/jin01.jpg" width="633" height="400"></td>
  </tr>
</table>
</body>
</noframes>
```

10.3.5　插入浮动框架

浮动框架是一种特殊的框架形式，可以包含在页面的许多 HTML 元素中。插入浮动框架的方法是，选择菜单命令【插入】/【标签】，打开【标签选择器】对话框，然后展开【HTML 标签】分类，在右侧列表中找到"iframe"，如图 10-36 所示。

单击 插入(I) 按钮，打开【标签编辑器-iframe】对话框，设置相关参数，然后单击 确定 按钮，返回到【标签选择器】对话框，最后单击 关闭(C) 按钮插入浮动框架，如图 10-37 所示。

下面对【标签编辑器-iframe】对话框常规参数的含义进行简要说明。

- 【源】：用于设置浮动框架中显示的文档路径。
- 【名称】：用于设置浮动框架的名称。
- 【宽度】和【高度】：用于设置浮动框架的尺寸，有"px"和"%"两种单位。

图 10-36 【标签选择器】对话框

图 10-37 【标签编辑器-iframe】对话框

- 【边距宽度】和【边距高度】：用于设置浮动框架中内容与边框的距离。
- 【对齐】：用于设置浮动框架在外延元素中的对齐方式。
- 【滚动】：用于设置浮动框架页的滚动条显示状态。
- 【显示边框】：用于设置浮动框架的外边框显示与否。

浮动框架中包含的文档通过定制的浮动框架显示出来，可通过拖曳滚动条来滚动显示，虽然显示区域有所限制，但能灵活地显示位置及尺寸的优点，使浮动框架具有不可替代的作用。

习　　题

一、问答题

1. 框架与框架集有什么区别？
2. 如何选取框架和框架集？
3. 框架网页中链接的目标窗口与普通网页有什么不同？

二、操作题

将素材文件复制到站点文件夹下，然后根据要求使用框架创建网页，最终效果如图 10-38 所示。

（1）新建一个"对齐上缘"的框架网页，将浏览器标题设置为"祖国名山"，然后将框架集文件进行保存。

（2）在顶部框架中打开网页文档"top.htm"，在下面的框架中打开网页文档"main-1.htm"。

（3）选中顶部框架中的文本"云南路南石林"，然后在【属性】面板中为其添加目标链接文件

"content-1.htm"，并在【目标】下拉列表中选择 "mainframe"。

图 10-38　祖国名山

（4）利用同样的方法依次给文本 "四川剑门阁" "浙江天目山" "安徽天柱山" "湖南武陵源"
创建超级链接，分别指向文件 "content-2.htm" "content-3.htm" "content-4.htm" "content-5.htm"，
目标窗口均为 "mainFrame"。

（5）将顶部框架的高度设置为 "100 像素"，其他保持默认设置。

（6）最后保存文档。

第**11**章
使用行为

行为是 Dreamweaver CS6 内置的脚本程序，在制作网页时将 JavaScript 行为代码放置到文档中，浏览者就可以通过多种方式更改网页或启动某些任务。本章将介绍 Dreamweaver CS6 内置行为的基本使用方法。

【学习目标】
- 了解行为的基本概念。
- 了解常用事件和动作。
- 掌握添加行为的方法。
- 掌握常用行为的应用方法。

11.1　认识行为

下面介绍行为的基本知识和【行为】面板的主要功能。

11.1.1　行为

行为是某个事件和由该事件触发的动作的组合，是用来动态响应用户操作、改变当前页面效果或是执行特定任务的一种方法。行为的基本元素有两个：事件和动作。事件是触发动作的原因，动作是事件触发后的效果。对象是产生行为的主体，不同的事件为不同的对象所定义。例如，onMouseOver 和 onClick 是与链接相关的事件，onLoad 是与图像和文档相关的事件。

行为代码是客户端 JavaScript 代码，它运行在浏览器中而不是服务器上。行为和动作属于 Dreamweaver 术语，而非 HTML 术语。从浏览器的角度看，动作与其他任何一段 JavaScript 代码并没有什么不同。

11.1.2　事件

事件是由浏览器生成的消息，它提示该页的浏览者已执行了某种操作。例如，当浏览者将鼠标光标移到某个链接上时，浏览器将为该链接生成一个 onMouseOver 事件，然后浏览器检查在当前页面中是否应该调用某段 JavaScript 代码进行响应。不同的页面元素定义不同的事件。例如，在大多数浏览器中，onMouseOver 和 onClick 是与超级链接关联的事件，而 onLoad 是与图像和文档的 body 部分关联的事件。下面通过表 11-1 对行为中比较常用的事件进行简要说明。

表 11-1   常用事件

事件	说明
onFocus	当指定的元素成为浏览者交互的中心时产生。例如，在一个文本区域中单击，将产生一个 onFocus 事件
onFocus	onFocus 事件的相反事件。产生该事件则当前指定元素不再是浏览者交互的中心。例如，当浏览者在文本区域内单击后再在文本区域外单击，浏览器将为这个文本区域产生一个 onBlur 事件
onChange	当浏览者改变页面的参数时产生。例如，当浏览者从菜单中选择一个命令或改变一个文本区域的参数值，然后在页面的其他地方单击时，会产生一个 OnChange 事件
onClick	当浏览者单击指定的元素时产生。单击直到浏览者释放鼠标按键时才完成，只要按下鼠标按键便会令某些现象发生
onLoad	当图像或页面结束载入时产生
onUnload	当浏览者离开页面时产生
onMouseMove	当浏览者指向一个特定元素并移动鼠标光标时产生（鼠标光标停留在元素的边界以内）
onMouseDown	当在特定元素上按下鼠标按键时产生该事件
onMouseOut	当鼠标光标从特定的元素(该特定元素通常是一个图像或一个附加于图像的链接)移走时产生。这个事件经常被用来和【恢复交换图像】动作关联，当浏览者不再指向一个图像时，即鼠标光标离开它时它将返回到初始状态
onMouseOver	当鼠标光标首次指向特定元素时产生（鼠标光标从没有指向元素向指向元素移动），该特定元素通常是一个链接
onSelect	当浏览者在一个文本区域内选择文本时产生
onSubmit	当浏览者提交表格时产生

11.1.3　动作

动作是一段预先编写的 JavaScript 代码，可用于执行诸如以下的任务：打开浏览器窗口、显示或隐藏 AP 元素、转到 URL 等。在将行为附加到某个页面元素后，当该元素的某个事件发生时，行为即会调用与这一事件关联的动作。例如，如果将【弹出信息】行为动作附加到一个链接上，并指定它将由 onMouseOver 事件触发，则只要某人将鼠标光标放到该链接上，就会弹出相应的信息。一个事件也可以触发许多动作，用户可以定义它们执行的顺序。Dreamweaver CS6 内置了许多行为动作，下面通过表 11-2 对其功能进行简要说明。

表 11-2   行为动作

动作	说明
交换图像	发生设置的事件后，用其他图像来取代选定的图像
弹出信息	设置事件发生后，显示警告信息
恢复交换图像	用来恢复设置了交换图像，却又因某种原因而失去交换效果的图像
打开浏览器窗口	在新窗口中打开 URL，可以定制新窗口的大小
拖动 AP 元素	可让浏览者拖曳绝对定位的（AP）元素。使用此行为可创建拼板游戏、滑块控件和其他可移动的界面元素
改变属性	使用此行为可更改对象某个属性的值
效果	Spry 效果是视觉增强功能，几乎可以将它们应用于使用 JavaScript 的 HTML 页面的所有元素上

续表

动作	说明
显示-隐藏元素	可显示、隐藏或恢复一个或多个页面元素的默认可见性
检查插件	确认是否设有运行网页的插件
检查表单	能够检测用户填写的表单内容是否符合预先设定的规范
设置文本	包括 4 个选项，各个选项的含义分别是：在选定的容器上显示指定的内容、在选定的框架上显示指定的内容、在文本字段区域显示指定的内容、在状态栏中显示指定的内容
调用 JavaScript	事件发生时，调用指定的 JavaScript 函数
跳转菜单	制作一次可以建立若干个链接的跳转菜单
跳转菜单开始	在跳转菜单中选定要移动的站点后，只有单击 开始 按钮才可以移动到链接的站点上
转到 URL	选定的事件发生时，可以跳转到指定的站点或者网页文档上
预先载入图像	为了在浏览器中快速显示图像，事先下载图像之后显示出来

11.2　行为基本操作

下面介绍【行为】面板的使用方法。

11.2.1　【行为】面板

Dreamweaver CS6 提供了一个专门管理和编辑行为的工具面板，即【行为】面板。通过【行为】面板，用户可以方便地为文本、图像等页面对象添加行为，还可以修改以前设置过的行为参数。选择菜单命令【窗口】/【行为】，可打开【行为】面板，如图 11-1 所示。

使用【行为】面板可将行为附加到页面元素。已附加到当前所选页面元素的行为显示在【行为】面板列表中，并按事件以字母顺序列出。如果同一事件引发不同的行为，这个行为将按执行顺序在【行为】面板中显示。如果行为列表中没有显示任何行为，则表示没有行为附加到当前所选的页面元素。下面对【行为】面板中的选项进行简要说明。

- ▤ （显示设置事件）按钮：仅显示附加到当前文档的那些事件，【显示设置事件】视图是【行为】面板默认显示的视图，如图 11-2 所示。
- ▤ （显示所有事件）按钮：按字母顺序显示属于特定类别的所有事件，已经设置行为动作的将在事件名称后面显示动作名称，如图 11-3 所示。

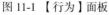

图 11-1　【行为】面板

图 11-2　【显示设置事件】视图

图 11-3　【显示设置所有事件】视图

- ➕ （添加行为）按钮：单击该按钮将会弹出一个下拉菜单，其中包含可以附加到当前选定元素的动作。当从该列表中选择一个动作时，将出现一个对话框，用户可以在此对话框中设置该动作的参数。如果菜单上的所有动作都处于灰色显示状态，则表示选定的元素无法生成任何行为。

- - （删除事件）按钮：单击该按钮可在行为列表中删除所选的事件和动作。
- ▲或▼按钮：可在行为列表中上下移动特定事件的选定动作。只能更改特定事件的动作顺序，如可以更改 onLoad 事件中发生的几个动作的顺序，但是所有 onLoad 动作在行为列表中都会放置在一起。对于不能在列表中上下移动的动作，箭头按钮将处于禁用状态。
- 【事件】下拉列表：其中包含可以触发该动作的所有事件，此下拉列表仅在选中某个事件时可见，当单击所选事件名称旁边的箭头时显示此下拉列表。根据所选对象的不同，显示的事件也有所不同。如果未显示预期的事件，需要确认是否选择了正确的页面元素或标签。如果要选择特定的标签，可使用文档窗口左下角的标签选择器。括号中的事件名称只用于链接，选择其中的一个事件名称后将向所选的页面元素自动添加一个空链接，并将行为附加到该链接而不是元素本身。在 HTML 代码中，空链接的表示方法是 href="javascript:;"。

11.2.2　添加行为

在【行为】面板中，可以先添加一个动作，然后指定触发该动作的事件，以此将行为添加到页面中。每个浏览器都提供一组事件，这些事件可以与【行为】面板的【动作】下拉菜单中列出的动作相关联。当网页的浏览者与页面进行交互时（例如，单击某个图像），浏览器会生成事件，这些事件可用于调用执行动作的 JavaScript 函数。

在【行为】面板中添加行为的基本操作过程为：

（1）在页面上选择一个对象，如一个图像或一个链接。如果要将行为附加到整个文档，可在文档窗口左下角的标签选择器中单击选中<body>标签。

（2）打开【行为】面板，单击 ➕ 按钮，在弹出的下拉菜单中选择一个要添加的行为动作。下拉菜单中灰色显示的行为动作不可选择。它们呈灰色显示的原因可能是当前文档中缺少某个所需的对象。当选择某个动作时，将出现一个对话框，显示该动作的参数和说明。

（3）在对话框中为动作设置参数，然后单击 确定 按钮关闭对话框。

Dreamweaver CS6 中提供的所有动作都适用于新型浏览器。一些动作不适用于较旧的浏览器，但它们不会产生错误。目标元素需要唯一的 ID。例如，如果要对图像应用【交换图像】行为，则此图像需要一个 ID。如果没有为元素指定一个 ID，Dreamweaver CS6 将自动为其指定一个 ID。

（4）触发该动作的默认事件显示在【事件】下拉列表中。如果这不是所需要的触发事件，可从【事件】下拉列表中选择需要的事件。

根据所选对象的不同，【事件】下拉列表中显示的事件也有所不同。如果要查明对于给定的页面元素给定的浏览器支持哪些事件，可在文档中插入该页面元素并向其附加一个行为，然后查看【行为】面板中的【事件】下拉列表。默认情况下，事件是从 HTML 4.01 事件列表中选取的，并受大多数新型浏览器支持。如果页面中尚不存在相关的对象或所选的对象不能接收事件，则菜单中的事件将处于禁用状态。如果未显示预期的事件，需要查看是否选择了正确的对象。

实际上，用户既可以将行为附加到整个文档（即附加到<body>标签），也可以附加到超级链接、图像、表单元素和多种其他 HTML 页面元素。如果要将行为附加到某个图像，则一些事件（例如 onMouseOver）前面显示<A>，表明这些事件仅用于链接。当选择其中之一时，Dreamweaver 在图像周围使用<a>标签来定义一个空链接。在【属性】面板的【链接】文本框中，该空链接表示为 "javascript:;"。如果要将其变为一个指向另一页面的真正链接，可以更改链接值，但是如果删除了 JavaScript 链接而没有用另一个链接来替换它，则将删除该行为。

11.2.3　编辑行为

在附加了行为之后，可以根据需要更改触发动作的事件、动作的参数，对于不需要的动作也可以将其删除。

编辑行为的方法是，首先选择一个附加有行为的对象，然后在【行为】面板中根据具体情况进行以下相应操作。

● 如果要编辑动作的参数，可在【行为】面板的行为列表中双击动作的名称，或将其选中并按 Enter 键，也可单击鼠标右键，在弹出的快捷菜单中选择【编辑行为】命令，打开相应的对话框，在对话框中更改参数并确认即可。

● 如果要更改给定事件的多个动作的顺序，可在【行为】面板的行为列表中选择某个动作，然后单击 ▲ 或 ▼ 按钮。

● 如果要删除某个行为，可在【行为】面板的行为列表中将其选中，然后单击 ━ 按钮或按 Delete 键即可。

11.3　文本类行为

下面介绍【弹出信息】、【设置状态栏文本】行为的应用方法。

11.3.1　教学案例——只闻花香

将素材文档复制到站点文件夹下，然后使用行为设置页面，在浏览器中的显示效果如图 11-4 所示。

图 11-4　只闻花香

【操作步骤】

1. 在【文件】面板中双击打开网页文档"11-3-1.htm"，然后在页面中用鼠标选中图像

"images/tu.jpg"。

2. 选择菜单命令【窗口】/【行为】，打开【行为】面板，然后单击 <kbd>+</kbd> 按钮，在弹出的下拉菜单中选择【弹出信息】命令。

3. 在打开的【弹出信息】对话框的【消息】文本框中输入相应文本，如图 11-5 所示，然后单击 <kbd>确定</kbd> 按钮关闭对话框。

4. 在【行为】面板的【事件】下拉列表中选择触发事件"onMouseDown"，如图 11-6 所示。

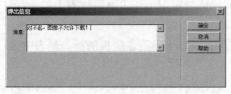

图 11-5 【弹出信息】对话框

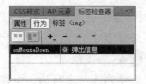

图 11-6 设置触发事件

5. 仍然选中图像，然后在【行为】面板中单击 <kbd>+</kbd> 按钮，在弹出的【行为】下拉菜单中选择【设置文本】/【设置状态栏文本】命令。

6. 在打开的【设置状态栏文本】对话框的【消息】文本框中输入相应文本，如图 11-7 所示，然后单击 <kbd>确定</kbd> 按钮关闭对话框。

7. 在【行为】面板的【事件】下拉列表中选择触发事件"onMouseOver"，如图 11-8 所示。

图 11-7 【设置状态栏文本】对话框

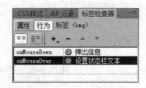

图 11-8 设置触发事件

8. 最后选择菜单命令【文件】/【保存】保存文档。

11.3.2 弹出信息

【弹出信息】行为显示一个包含指定消息的提示框。因为提示对话框只有提示文本和一个 <kbd>确定</kbd> 按钮，所以使用此行为可以给用户提供信息，但不能为用户提供选择操作。

在文档中选择对象后，在【行为】面板中单击 <kbd>+</kbd> 按钮，从弹出的【行为】下拉菜单中选择【弹出信息】命令，可打开【弹出信息】对话框。在【消息】文本框中输入文本，在输入的文本中也可以嵌入任何有效的 JavaScript 函数调用、属性、全局变量或其他表达式，如图 11-9 所示。在嵌入 JavaScript 表达式时，需要将其放置在大括号"{}"中。如果要在浏览器中显示大括号，需要在它前面加一个反斜杠，如"\{}"。

图 11-9 设置弹出信息行为

如果在【弹出信息】对话框中输入"图像不允许下载！"或类似的文本，然后在【行为】面板中将事件设置为"onMouseDown"，即鼠标按下时触发该事件。在浏览网页时，当浏览者单击鼠标右键时，将显示"图像不允许下载！"的提示框，这样就达到了限制用户使用鼠标右键来下载图像的目的，并在用户试图下载时进行提醒。

11.3.3　设置状态栏文本

【设置状态栏文本】行为将在浏览器窗口的状态栏中显示信息。在文档中选择如电子邮件超级

链接对象后，在【行为】面板中单击 ➕ 按钮，从弹出的【行为】下拉菜单中选择【设置文本】/【设置状态栏文本】命令，打开【设置状态栏文本】对话框，根据需要输入相应内容即可，如图 11-10 所示，最后在【行为】面板中设置触发事件为"onMouseOver"。

图 11-10　【设置状态栏文本】对话框

输入的内容要简明扼要，如果内容不能完全显示在状态栏中，浏览器将截断所输入的文本。由于浏览者常常会注意不到状态栏中的消息，而且也不是所有的浏览器都提供对【设置状态栏文本】行为的完全支持，如果用户的信息非常重要，建议使用【弹出信息】行为等形式提醒浏览者。

11.4　图像类行为

下面介绍【交换图像】、【恢复交换图像】和【预先载入图像】行为的应用方法。

11.4.1　教学案例——人生就是相逢

将素材文档复制到站点文件夹下，然后使用行为设置页面，在浏览器中的显示效果，如图 11-11 所示。

【操作步骤】

1. 在【文件】面板中双击打开网页文档"11-4-1.htm"，如图 11-12 所示。

图 11-11　人生就是相逢

图 11-12　打开网页文档

2. 选择菜单命令【插入】/【图像】，在正文文本下面的单元格中插入图像"images/feng01.jpg"，然后在【属性】面板的【ID】文本框中输入图像 ID 名称"xf"，如图 11-13 所示。

图 11-13 设置图像 ID 名称

3. 在【行为】面板中单击 ➕ 按钮，从弹出的【行为】菜单中选择【交换图像】命令，打开【交换图像】对话框。

4. 在【图像】列表框中选中要改变的图像，然后设置对应的【设定原始档为】选项，并选中【预先载入图像】和【鼠标滑开时恢复图像】选项，如图 11-14 所示。

5. 单击 确定 按钮关闭对话框，在【行为】面板中自动添加了相应的行为，其触发事件已进行自动设置，不需要更改。

6. 最后选择菜单命令【文件】/【保存】保存文档，效果如图 11-15 所示。

图 11-14 【交换图像】对话框

图 11-15 网页效果

11.4.2 交换图像

【交换图像】行为可以将一个图像替换为另一个图像，这是通过改变图像的 SRC 属性来实现的。虽然也可以通过为图像添加【改变属性】行为来改变图像的 SRC 属性，但是【交换图像】行为更加复杂一些，可以使用这个行为来创建翻转的按钮及其他图像效果。

选择一幅图像后，在【行为】面板中单击 ➕ 按钮，从弹出的【行为】下拉菜单中选择【交换图像】命令，可打开【交换图像】对话框。在【图像】列表框中选择要改变的图像，然后设置其对应的【设定原始档为】选项，可根据需要确定是否选择【预先载入图像】和【鼠标滑开时恢复图像】选项，如图 11-16 所示。如果希望鼠标光标在经过同一个图像时，文档中其他图像也产生【交换图像】行为，可在该对话框的【图像】列表框中继续选择其他的图像进行设置。

单击 确定 按钮关闭对话框后，在【行为】面板中将自动添加 3 个行为，如图 11-17 所示。将【交换图像】行为附加到某个对象时，如果选择了【鼠标滑开时恢复图像】和【预先载入图像】选项，都会自动添加【恢复交换图像】和【预先载入图像】两个行为。【恢复交换图像】行为可以将最后一组交换的图像恢复为它们以前的源文件。【预先载入图像】行为可在加载页面时对新图像进行缓存，这样可防止当图像应该出现时由于下载而导致延迟。

图 11-16　【交换图像】对话框　　　　　图 11-17　在【行为】面板中自动添加了 3 个行为

11.4.3　恢复交换图像

【恢复交换图像】行为就是将交换后的图像恢复为它们以前的源文件。在添加【交换图像】行为时，如果没有选择【鼠标滑开时恢复图像】选项，以后可以通过添加【恢复交换图像】行为达到这一目的。

选中已添加【交换图像】行为的对象，在【行为】面板中单击 + 按钮，从弹出的【行为】下拉菜单中选择【恢复交换图像】命令，可打开【恢复交换图像】对话框，直接单击　确定　按钮即可，如图 11-18 所示。

图 11-18　【恢复交换图像】对话框

11.4.4　预先载入图像

【预先载入图像】行为可以缩短显示时间，其方法是对在页面打开之初不会立即显示的图像进行缓存，如那些将通过行为或 JavaScript 调入的图像。

在文档中选择一个对象，如在标签选择器中选择 "<body>"标签，然后在【行为】面板中单击 + 按钮，从弹出的【行为】下拉菜单中选择【预先载入图像】，打开【预先载入图像】对话框。单击　浏览　按钮，选择一个图像文件或在【图像源文件】文本框中输入图像的路径和文件名，

然后单击对话框顶部的 + 按钮将图像添加到【预先载入图像】列表框中，如图 11-19 所示。按照相同的方法添加要在当前页面预先加载的其他图像文件。如果要从【预先载入图像】列表框中删除某个图像，可在列表框中选择该图像，然后单击 − 按钮。最后在【行为】面板中设置触发事件为 "onLoad"。

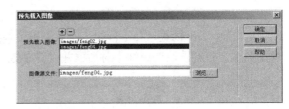

图 11-19　【预先载入图像】对话框

11.5　代码属性类行为

下面介绍【调用 JavaScript】、【改变属性】行为的应用方法。

11.5.1　教学案例——深山村寨

将素材文档复制到站点文件夹下，然后使用行为设置页面，在浏览器中的显示效果如图 11-20 所示。

图 11-20　深山村寨

【操作步骤】

1. 在【文件】面板中双击打开网页文档"11-5-1.htm"，如图 11-21 所示。

2. 将鼠标光标置于文本"深山村寨"下面的单元格中，然后选择菜单命令【插入】/【布局对象】/【Div 标签】插入一个 Div 标签"Divtu"，并创建 ID 名称 CSS 样式"#Divtu"，设置方框宽度为"580px"，边框样式为"solid"，粗细为"5px"，颜色为"#00F"，效果如图 11-22 所示。

图 11-21　打开网页文档

图 11-22　插入 Div 标签

3. 将 Div 标签中的文本删除，然后插入图像"images/cunzhai.jpg"，如图 11-23 所示。

4. 选中 Div 标签，在【行为】面板中单击 **+** 按钮，从弹出的【行为】菜单中选择【改变属性】命令，打开【改变属性】对话框并设置参数，如图 11-24 所示。

图 11-23　插入图像

图 11-24　【改变属性】对话框

5. 单击 确定 按钮关闭对话框，然后在【行为】面板的【事件】下拉列表中选择触发事

件 "onMouseOver"。

6. 运用相同的方法再添加一个【改变属性】动作，并将触发事件设置为 "onMouseOut"，如图 11-25 所示。

图 11-25 【改变属性】对话框

7. 在文档中选中文本 "关闭窗口" 并为其添加空链接 "#"，然后在【行为】面板中单击 ➕ 按钮，从弹出的【行为】菜单中选择【调用 JavaScript】命令，打开【调用 JavaScript】对话框，在文本框中输入 JavaScript 代码 "window.close()"，如图 11-26 所示。

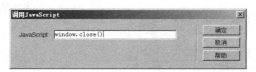

图 11-26 【调用 JavaScript】对话框

8. 单击 确定 按钮关闭对话框，然后在【行为】面板的【事件】下拉列表中选择触发事件 "onClick"。

9. 最后选择菜单命令【文件】/【保存】保存文档。

11.5.2 改变属性

【改变属性】行为用来改变网页元素的属性值，如文本的大小和字体、层的可见性、背景色、图片的来源以及表单的执行等。

在添加【改变属性】行为时，通常需要先选中一个 HTML 元素，该元素最好设置了 ID 名称，在打开【改变属性】对话框后选择该元素的类型，在【元素 ID】下拉列表中会显示该类型的所有标识的元素，如图 11-27 所示。

然后根据实际需要设置【属性】和【新的值】两个选项，在【元素类型】下拉列表中选择的元素类型不同，在【属性】的【选择】下拉列表中显示的具体属性也不同，如图 11-28 所示。可从【属性】下拉列表中选择一个属性，也可在【输入】文本框中输入该属性的名称，最后在【新的值】文本框中为新属性输入一个新值。只有在用户非常熟悉 HTML 和 JavaScript 的情况下才能更好地使用此行为。

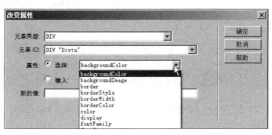

图 11-27 【改变属性】对话框　　　　图 11-28 【选择】下拉列表

为了实现动态效果，在【行为】面板中通常会添加两个【改变属性】行为，触发事件分别为"onMouseOver"和"onMouseOut"。这样在浏览网页时，当鼠标光标经过对像时，对象会发生变化，鼠标光标离开时便恢复为原来的状态。

11.5.3　调用 JavaScript

【调用 JavaScript】行为能够在事件发生时执行自定义的函数或 JavaScript 代码行。用户可以自己编写 JavaScript，也可以使用 Web 上各种免费的 JavaScript 库中提供的代码。

在使用【调用 JavaScript】行为时，需要在文档中先选择要触发行为的对象，如带有空链接的"关闭窗口"或"打印文档"文本，然后从行为菜单中选择【调用 JavaScript】命令，打开【调用 JavaScript】对话框，在【JavaScript】文本框中输入 JavaScript 代码，如 "window.close()" 或 "window.print()"，用来关闭窗口或打印网页文档。在【行为】面板中确认触发事件已设置为 "onClick"。在预览网页时，当单击 "关闭窗口" 或 "打印文档" 超级链接文本时，就会弹出提示对话框或打印窗口，询问用户是否关闭窗口或打印文档，如图 11-29 所示。

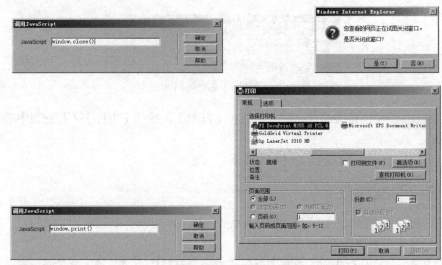

图 11-29　【调用 JavaScript】对话框

在【JavaScript】文本框中必须准确输入要执行的 JavaScript 代码或函数的名称。例如，如果要创建一个 "后退" 按钮，可以键入 "if(history.length>0){history.back()}"。如果已将代码封装在一个函数中，则只需键入该函数的名称，如 "hGoBack()"。

11.6　跳转类行为

下面介绍【打开浏览器窗口】、【转到 URL】行为的应用方法。

11.6.1　教学案例——宋词之美

将素材文档复制到站点文件夹下，然后使用行为设置页面，在浏览器中的显示效果如图 11-30 所示。

图 11-30　宋词之美

【操作步骤】

1. 在【文件】面板中双击打开网页文档"11-6-1.htm"，如图 11-31 所示。

2. 选中文本"宋词美在何处"，并在【属性（HTML）】面板中为其添加空链接"#"。

3. 在【行为】面板中单击 + 按钮，从弹出的【行为】下拉菜单中选择【打开浏览器窗口】命令，打开【打开浏览器窗口】对话框并进行参数设置，如图 11-32 所示。

图 11-31　打开网页文档

图 11-32　【打开浏览器窗口】对话框

4. 单击 确定 按钮关闭对话框，在【行为】面板中确认触发事件为"onClick"。

5. 选中文本"严蕊-如梦令"，并在【属性（HTML）】面板中为其添加空链接"#"。

6. 在【行为】面板中单击 + 按钮，从弹出的【行为】下拉菜单中选择【转到 URL】命令，打开【转到 URL】对话框。

7. 在对话框的【打开在】列表框中选择目标窗口【框架"mainframe"】，在【URL】文本框中设置要打开文档的 URL 为"mainpic-1.htm"，如图 11-33 所示。

8. 接着在对话框的【打开在】列表框中选择目标窗口【框架"bottomframe"】，在【URL】文本框中设置要打开文档的 URL 为"bottomtext-1.htm"，如图 11-34 所示。

图 11-33　【转到 URL】对话框

图 11-34　【转到 URL】对话框

9. 单击 确定 按钮关闭对话框，在【行为】面板中确认触发事件为"onClick"。

10. 运用同样的方法依次给文本"辛弃疾-南乡子""辛弃疾-菩萨蛮"添加空链接"#"，并分别添加【转到 URL】行为。

11. 最后选择菜单命令【文件】/【保存全部】保存所有文件，效果如图 11-35 所示。

图 11-35　网页效果

11.6.2　打开浏览器窗口

使用【打开浏览器窗口】行为可在一个新的窗口中打开页面。设计者可以指定这个新窗口的属性，包括窗口尺寸、是否可以调节大小、是否有菜单栏等。例如，可以使用此行为在浏览者单击缩略图时在一个单独的窗口中打开一个较大的图像；使用此行为，可以使新窗口与该图像恰好一样大。

在添加【打开浏览器窗口】行为时，需先选中一个对象，然后在【行为】面板中单击 按钮，从弹出的【行为】下拉菜单中选择【打开浏览器窗口】命令，打开【打开浏览器窗口】对话框，根据需要进行设置即可，如图 11-36 所示。

图 11-36　【打开浏览器窗口】对话框

如果不指定该窗口的任何属性，在打开时窗口的大小和属性与先打开的浏览器窗口相同。指定窗口的任何属性都将自动关闭所有其他未明确打开的属性。例如，如果不为窗口设置任何属性，它将以"1024×768"像素的大小打开，并具有导航条、地址工具栏、状态栏和菜单栏。如果将宽度明确设置为"640"、将高度设置为"480"，但不设置其他属性，则该窗口将以"640×480"像素的大小打开，并且不具有工具栏。

如果需要将该窗口用作链接的目标窗口，或者需要使用 JavaScript 对其进行控制，需要指定窗口的名称（不使用空格或特殊字符）。

11.6.3　转到 URL

【转到 URL】行为可在当前窗口或指定的框架中打开一个新页。此行为适用于通过一次单击更改两个或多个框架的内容。

在添加【转到 URL】行为时，需先选中对象，然后在【属性（HTML）】面板中为其添加空链接 "#"。在【行为】面板中单击 + 按钮，从弹出的【行为】下拉菜单中选择【转到 URL】命令，打开【转到 URL】对话框。在对话框的【打开在】列表框中选择 URL 的目标窗口，在【URL】文本框中设置要打开文档的 URL，如图 11-37 所示。【打开在】列表框自动列出当前框架集中所有框架的名称以及主窗口，如果没有任何框架，则"主窗口"是唯一的选项。如果需要一次单击更改多个框架的内容，在【打开在】列表框中继续选择其他的目标窗口，并在【URL】文本框中设置要打开文档的 URL 即可。最后在【行为】面板中设置触发事件为 "onClick"。

图 11-37　【转到 URL】对话框

11.7　效果类行为

下面介绍效果类行为的应用方法。

11.7.1　教学案例——美丽风景

将素材文档复制到站点文件夹下，然后使用行为设置页面，在浏览器中的显示效果如图 11-38 所示。

图 11-38　美丽风景

【操作步骤】

1. 选择菜单命令【文件】/【新建】创建一个网页文档，并在【文档】工具栏中设置显示在浏览器标题栏的标题为"美丽风景"，然后选择菜单命令【文件】/【保存】将文档保存为"11-7-1.htm"。

2. 选择菜单命令【插入】/【图像】，在文档中插入图像 "images/jing.jpg"，并在【属性】面板中设置其 Id 为 "fj"。

3. 在【行为】菜单中选择【效果】/【增大/收缩】命令，打开【增大/收缩】对话框，参数设置如图 11-39 所示。

4. 单击 确定 按钮关闭对话框，在【行为】面板中添加了【增大/收缩】行为，同时检查默认事件是否正确，如图 11-40 所示。

图 11-39 【增大/收缩】对话框   图 11-40 【行为】面板

5. 选择菜单命令【文件】/【保存】保存文档，弹出【复制相关文件】对话框，如图 11-41 所示。

6. 单击 确定 按钮复制相关文件，站点文件夹下添加了文件夹 "SpryAssets" 及相关文件，如图 11-42 所示。

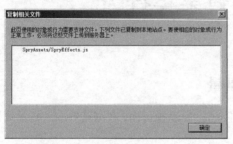

图 11-41 【复制相关文件】对话框   图 11-42 【文件】面板

在浏览器中预览，当单击图像时，图像由大变小，直到原图像大小的 20%，再次单击图像，图像又由小变大，恢复原大小。

11.7.2 效果

效果是视觉增强功能，用户几乎可以将它们应用于使用 JavaScript 的 HTML 页面上的所有元素。要使某个元素应用效果，该元素必须处于当前选定状态，或者必须具有一个 ID 名称。利用该效果可以修改元素的不透明度、缩放比例、位置和样式属性（如背景颜色），也可以组合两个或多个属性来创建有趣的视觉效果。由于这些效果都基于 Spry，因此当用户单击应用了效果的对象时，只有对象会进行动态更新，不会刷新整个 HTML 页面。在【行为】面板的下拉菜单中选择【效果】命令，其子命令如图 11-43 所示。

下面对【效果】命令的子命令进行简要说明。

- 【增大/收缩】：使元素变大或变小。
- 【挤压】：使元素从页面的左上角消失。
- 【显示/渐隐】：使元素显示或渐隐。
- 【晃动】：模拟从左向右晃动元素。
- 【滑动】：上下移动元素。
- 【遮帘】：模拟百叶窗，向上或向下滚动百叶窗来隐藏或显示元素。
- 【高亮颜色】：更改元素的背景颜色。

当选择【增大/收缩】命令时，将打开【增大/收缩】对话框，当在【效果】下拉列表中选择"增大"时，对话框如图 11-44 所示。下面对【增大/收缩】对话框中的各个选项进行简要说明。

图 11-43 【效果】命令的子命令　　　　　　图 11-44 【增大/收缩】对话框

- 【目标元素】：如果已经选定了对象，此处将显示为 "<当前选定内容>"，如果对象已经设置了 Id，也可以从下拉列表中选择相应的 Id 名称。
- 【效果持续时间】：设置效果持续的时间，以 "毫秒" 为单位。
- 【效果】：选择要应用的效果，包括 "增大" 和 "收缩" 两个选项。
- 【增大自】/【收缩自】：用于设置效果在开始时的大小，以 "%" 或 "像素" 为单位。
- 【增大到】/【收缩到】：用于设置效果在结束时的大小，以 "%" 或 "像素" 为单位。
- 【增大自】/【收缩到】：用于设置元素增大或收缩的位置，包括 "左上角" 和 "居中"。
- 【切换效果】：如果希望所选效果是可逆的（即通过连续单击被设置元素即可使其增大或收缩），应勾选此复选框。

当使用效果时，系统会在【代码】视图中将不同的代码行添加到文件中。其中的一行代码用来标识 "SpryEffects.js" 文件，该文件是包括这些效果所必需的。不能从代码中删除该行，否则这些效果将不起作用。当在【效果】命令中选择其他子命令时，对话框参数大同小异，这里不再单独介绍。

习　题

一、问答题

1. 简要说明行为、事件和动作的含义。

2. 简要说明添加行为的过程。

二、操作题

1. 制作一个网页，要求当鼠标指针指向图像时，图像变换成另一幅图像，当鼠标指针离开图像时，图像恢复成原来的图像，并且当使用鼠标右键单击保存图像时提示禁止下载图像。

2. 制作一个网页，并在网页中插入图像时，要求使用效果中的行为。

第12章
使用库和模板

在 Dreamweaver CS6 中，可以使用库项目制作网页内容相同的部分，使用模板制作网页结构相同的部分。库项目通常代表诸如站点徽标、版权信息或导航栏这类小型的设计资源，对于较大的设计区域可使用模板。本章将介绍库和模板的基本知识以及使用库和模板制作网页的基本方法。

【学习目标】
- 了解库和模板的概念。
- 掌握创建和应用库项目的方法。
- 掌握创建和应用模板的方法。

12.1　使用库

下面介绍库的基本知识、创建库以及在页面中使用库的基本方法。

12.1.1　教学案例——励志小故事

将素材文档复制到站点文件夹下，然后使用库设置页面，在浏览器中的显示效果如图 12-1 所示。

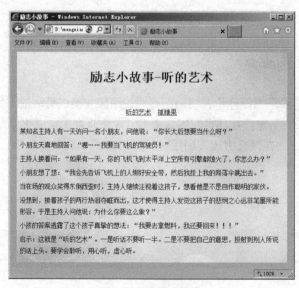

图 12-1　励志小故事

【操作步骤】

1. 选择菜单命令【窗口】/【资源】，打开【资源】面板，然后单击 （库）按钮切换至【库】分类。

2. 单击面板底部的 按钮新建一个库项目，然后输入库项目名称"nav"，并按 Enter 键确认，如图 12-2 所示。

3. 单击面板底部的 （编辑）按钮打开库项目，然后在文档窗口中输入相应文本，如图 12-3 所示。

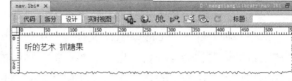

<table>
<tr><td>图 12-2　新建一个库项目</td><td>图 12-3　输入文本</td></tr>
</table>

4. 选中文本"听的艺术"，在【属性（HTML）】面板中单击 按钮设置链接路径为"../12-1-1.htm"，如图 12-4 所示。

图 12-4　设置链接目标文件

5. 运用同样的方法设置文本"抓糖果"的链接路径为"../tangguo.htm"，如图 12-5 所示。

图 12-5　设置链接目标文件

6. 保存文件，效果如图 12-6 所示。

7. 在【文件】面板中双击打开网页文档"12-1-1.htm"，如图 12-7 所示。

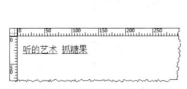

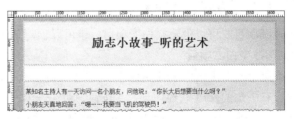

<table>
<tr><td>图 12-6　库项目</td><td>图 12-7　打开网页文档</td></tr>
</table>

8. 将鼠标光标置于正文上面的单元格内，然后在【资源】面板的【库】分类中选中库项目"nav"，并单击 插入 按钮将库项目插入到当前网页中，如图 12-8 所示。

9. 打开网页文档"tangguo.htm"，运用同样的方法将库项目"nav"插入到网页表格单元格中，如图 12-9 所示。

图 12-8　插入库项目　　　　　　　　图 12-9　插入库项目

10. 最后选择菜单命令【文件】/【保存全部】，保存所有文档。

12.1.2　认识库项目

库是一种特殊的 Dreamweaver 文件，其中包含可放置到网页中的一组单个资源或资源副本。库中的这些资源称为库项目，也就是要在整个网站范围内反复使用或经常更新的元素。可在库中存储的项目包括图像、表格、声音和使用 Adobe Flash 创建的文件等。

在网页制作实践中，经常遇到要将一些网页元素在多个页面内应用的情形。当修改这些重复使用的页面元素时如果逐页修改会相当费时，这时便可以使用库项目来解决这个问题。每当编辑某个库项目时，可以自动更新所有使用该项目的页面。

例如，假设正在为某公司创建一个大型站点，公司希望在站点的每个页面上显示一个广告语。可以先创建一个包含该广告语的库项目，然后在每个页面上使用这个库项目。如果需要更改广告语，则可以更改该库项目，这样可以自动更新所有使用这个项目的页面。

使用库项目时，Dreamweaver CS6 将在网页中插入该项目的链接，而不是项目本身。也就是说，Dreamweaver 向文档中插入该项目的 HTML 源代码副本，并添加一个包含对原始外部项目的引用的 HTML 注释。自动更新过程就是通过这个外部引用来实现的。库项目不能包含样式表，因为这些元素的代码包含在 head 部分。

对于链接项（如在库中插入的图像），库只存储对该项的引用。原始文件必须保留在原位置，这样才能使库项目正常工作。在库项目中存储图像也很有用。例如，可以在库项目中存储一个完整的 img 标签，这样可以方便地在整个站点中更改图像的 alt 文本，甚至更改它的 src 属性。但是，除非使用图像编辑器更改图像的实际尺寸，否则不建议使用此方法更改图像的 width 和 height 属性。

12.1.3　创建库项目

创建库项目既可以创建空白库项目，也可以创建基于选定内容的库项目。

1. 创建空白库项目

选择菜单命令【窗口】/【资源】，打开【资源】面板，单击 📖（库）按钮切换至【库】分类，单击面板右下角的 🔁（新建库项目）按钮，新建一个库项目，然后在列表框中输入库项目的新名称并按 Enter 键确认，如图 12-10 所示。此时它还是一个空白库项目，可单击面板底部的 📝（编辑）按钮或双击库项目名称打开库项目，在里面添加内容保存即可。

也可以选择菜单命令【文件】/【新建】，打开【新建文档】对话框，选择【空白页】/【库项目】选项来创建空白库项目，如图 12-11 所示。此时创建的库项目是打开的，添加内容后保存即可。

图 12-10　使用【资源】面板创建空白库项目

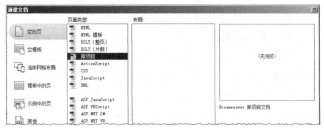

图 12-11　使用菜单命令创建空白库项目

2. 创建基于选定内容的库项目

用户也可以从网页文档 body 部分中的任意元素创建库项目，这些元素包括文本、表格、表单和图像等。在页面中选择要创建库项目的元素，然后选择菜单命令【修改】/【库】/【增加对象到库】，即可将选中的内容创建为库项目，在【库】列表中输入库名称并确认即可，如图 12-12 所示。

图 12-12　创建基于选定内容的库项目

在 Dreamweaver 中，创建的库项目保存在站点的 "Library" 文件夹内，文件扩展名为 ".lbi"，"Library" 文件夹是自动生成的，不能对其名称进行修改。

12.1.4　添加库项目

库项目是可以在多个页面中重复使用的页面元素。在【资源】面板中选中库项目，然后单击面板底部的 ▭ 插入 ▭ 按钮（或者单击鼠标右键，在弹出的快捷菜单中选择【插入】命令），可将库项目插入到当前页面中，如图 12-13 所示。

在使用库项目时，Dreamweaver 不是向网页中直接插入库项目，而是插入一个库项目链接，【属性】面板中的 "/Library/tu.lbi" 可以清楚地说明这一点，如图 12-14 所示。

图 12-13　插入库项目

图 12-14　库项目【属性】面板

12.1.5　维护库项目

下面介绍快速打开库项目、修改库项目、更新库项目、分离库项目、重命名库项目和删除库项目的基本方法。

1. 修改库项目

库项目创建以后，根据需要适时地修改其内容是不可避免的。如果要修改库项目，需要直接打开库项目进行修改。在【资源】面板的库项目列表中双击库项目，或先选中库项目，然后单击面板底部的 按钮打开库项目。也可以在引用库项目的网页中选中库项目，然后在【属性】面板中单击 打开 按钮打开库项目，这是一种快速打开库项目的方法。在打开库项目后，根据需要编辑内容并保存即可。

2. 更新库项目

在库项目被修改保存后，引用该库项目的网页会进行自动更新。如果没有进行自动更新，可以选择菜单命令【修改】/【库】/【更新当前页】，对应用库项目的页面进行更新。也可选择菜单命令【修改】/【库】/【更新页面】，打开【更新页面】对话框，根据需要更新相关页面。如果在【更新页面】对话框的【查看】下拉列表中选择【整个站点】选项，然后从其右侧的下拉列表中选择站点的名称，将会使用当前库项目更新所选站点中的所有页面，如图 12-15 所示。如果选择【文件使用…】选项，然后从其右侧的下拉列表中选择库项目名称，将会更新当前站点中所有应用了该库项目的文档，如图 12-16 所示。

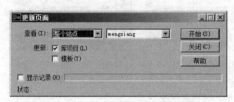
图 12-15　更新站点

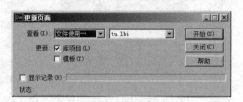
图 12-16　更新页面

3. 分离库项目

一旦在网页文档中应用了库项目，如果希望其成为网页文档的一部分可以自由编辑，这就需要将库项目从源文件中分离出来。在当前网页中选中库项目，然后在【属性】面板中单击 从源文件中分离 按钮，在弹出的信息提示框中单击 确定 按钮，即可将页面中的库项目与源文件分离，使其成为网页的一部分，如图 12-17所示。分离后，就可以对这部分内容进行编辑了，因为它与库项目再没有联系。

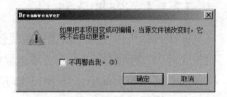
图 12-17　分离库项目信息提示框

4. 重命名库项目

在【资源】面板的【库】类别中选中库项目，然后单击库项目名称，此时名称处于可编辑状态，接着输入新名称并按 Enter 键确认即可。也可在库项目上单击鼠标右键，在弹出的快捷菜单中选择【重命名】命令来修改库项目的名称。

5. 删除库项目

在【资源】面板的【库】类别中选中库项目，单击面板底部的 按钮或直接在键盘上按 Delete 键即可删除库项目。一旦删除了库项目，将无法进行恢复，因此应特别小心。

12.2　使用模板

下面介绍模板的基本知识、创建模板以及使用模板创建网页的基本方法。

12.2.1　教学案例——浮山学堂

将素材文档复制到站点文件夹下，然后使用库和模板制作页面，在浏览器中的显示效果如图 12-18 所示。

图 12-18　浮山学堂

【操作步骤】

1. 在【资源】面板的【库】分类中，单击 🔲 按钮新建一个库项目，然后输入库项目名称"head"，并按 Enter 键确认。

2. 双击打开库项目"head"，然后选择菜单命令【插入】/【图像】，在文档窗口中插入图像"logo.jpg"，并在【属性】面板中设置替换文本为"浮山学堂"，如图 12-19 所示。

图 12-19　创建库项目"head"

3. 运用相同的方法新建库项目"foot"，并在文档窗口中输入相应文本，如图 12-20 所示。

4. 运用相同的方法新建库项目"nav"，并在文档窗口中输入相应文本，然后给文本均添加空链接"#"，如图 12-21 所示。

图 12-20　创建库项目"foot"

图 12-21　创建库项目"nav"

5. 在【资源】面板中单击 🔲 按钮切换到【模板】类别，然后单击面板底部的 🔲 按钮新建一个模板，并输入模板的新名称"12-2-1"，按 Enter 键确认，如图 12-22 所示。

6. 选择菜单命令【修改】/【页面属性】，打开【页面属性】对话框，在【外观（CSS）】分类中设置页面字体为"宋体"，大小为"14px"，上边距为"0"。

图 12-22　新建一个模板

7. 选择菜单命令【插入】/【表格】，在文档中插入一个 2 行 1 列的表格，设置表格宽度为"800 像素"，填充、间距和边框均为"0"，表格对齐方式为"居中对齐"，然后设置第 2 行单元格水平对齐方式为"居中对齐"，高度为"36"，背景颜色为"#B9D3F4"。

8. 在表格第 1 行单元格中插入库项目"head"，在第 2 行单元格中插入库项目"nav"，如图 12-23 所示。

图 12-23　插入库项目

9. 在【CSS 样式】面板中创建复合内容的 CSS 样式".navigate a:link,.navigate a:visited"，参数设置如图 12-24 所示。

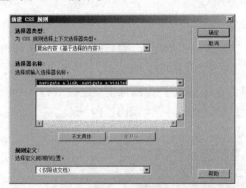
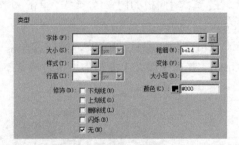

图 12-24　创建复合内容的 CSS 样式

10. 接着创建复合内容的 CSS 样式".navigate a:hover"，参数设置如图 12-25 所示。

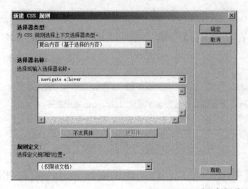

图 12-25　创建复合内容的 CSS 样式

11. 将鼠标光标置于第 2 行单元格内，然后在【属性（HTML）】面板的【类】下拉列表中选择 "navigate" 来给单元格应用类 CSS 样式，如图 12-26 所示。

12. 将鼠标光标置于表格的后面，然后选择菜单命令【插入】/【表格】继续插入一个 1 行 2 列的表格，设置表格宽度为 "800 像素"，填充、间距和边框均为 "0"，表格的对齐方式为 "居中对齐"。

13. 在【属性】面板中设置左侧单元格水平对齐方式为 "居中对齐"，垂直对齐方式为 "顶端"，宽度为 "250"，然后选择菜单命令【插入】/【模板对象】/【重复区域】，打开【新建重复区域】对话框，输入重复区域名称，如图 12-27 所示。

图 12-26　【属性（HTML）】面板　　　　　图 12-27　【新建重复区域】对话框

14. 单击 确定 按钮插入重复区域，如图 12-28 所示。

图 12-28　插入重复区域

15. 将重复区域内的文本删除，然后选择菜单命令【插入】/【布局对象】/【Div 标签】，打开【插入 Div 标签】对话框，单击 确定 按钮插入 Div 标签，如图 12-29 所示。

16. 在【CSS 样式】面板中，创建类 CSS 样式 ".divstyle"，设置方框宽度为 "100%"，下填充和上下边界均为 "5px"，下边框样式为 "dotted"，宽度为 "5px"，颜色为 "#0CF"，如图 12-30 所示。

图 12-29　插入 Div 标签　　　　　　图 12-30　 ".divstyle" 的属性设置

17. 将鼠标光标置于 Div 标签内，然后在【属性（HTML）】面板的【类】下拉列表中选择 "divstyle" 来给 Div 标签应用类 CSS 样式，如图 12-31 所示。

18. 将 Div 标签内的文本删除，然后选择菜单命令【插入】/【模板对象】/【可编辑区域】，打开【新建可编辑区域】对话框，输入可编辑区域名称，如图 12-32 所示。

图 12-31 【属性（HTML）】面板 　　　　　图 12-32 【新建可编辑区域】对话框

19. 单击 确定 按钮插入可编辑区域，如图 12-33 所示。

图 12-33 插入可编辑区域

20. 在【属性】面板中设置右侧单元格水平对齐方式为"居中对齐"，垂直对齐方式为"顶端"，然后选择菜单命令【插入】/【模板对象】/【重复表格】，打开【新建重复表格】对话框，参数设置如图 12-34 所示。

21. 单击 确定 按钮插入重复表格，并将表格的两个单元格的水平对齐方式均设置为"左对齐"，效果如图 12-35 所示。

图 12-34 【插入重复表格】对话框 　　　　　图 12-35 插入重复表格

22. 依次单击可编辑区域左上角的标签，然后在【属性】面板的【名称】文本框中分别修改其名称，并按 Enter 键确认，如图 12-36 所示。

图 12-36 修改可编辑区域名称

23. 在【CSS 样式】面板中创建标签 CSS 样式 "p"，设置文本大小为 "14px"，行高为 "25px"，上下边界为 "0"，如图 12-37 所示。

24. 在表格的后面继续插入一个 2 行 1 列的表格，表格宽度为 "800px"，填充、间距和边框均为 "0"，表格的对齐方式为 "居中对齐"。

25. 在【属性】面板中设置第 1 行单元格的高度为 "6"，背景颜色为 "#0099FF"，将文档窗口切换到【代码】视图，将单元格源代码中的不换行空格符 " " 删除。

26. 在【属性】面板中设置第 2 行单元格的水平对齐方式为 "居中对齐"，高度为 "30"，然后在【资源】面板的【库】类别中选择库项目 "foot.lbi"，并单击 插入 按钮，在单元格中插入页脚库项目。

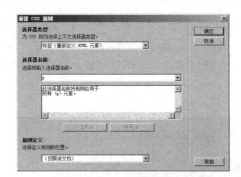

图 12-37 创建标签 CSS 样式 "p"

27. 最后选择菜单命令【文件】/【保存】保存模板文档，效果如图 12-38 所示。

图 12-38 模板效果

下面使用模板创建文档。

28. 选择菜单命令【文件】/【新建】，打开【新建文档】对话框，选择【模板中的页】选项，然后在【站点】列表框中选择站点，在模板列表框中选择模板，并选择【当模板改变时更新页面】复选框，如图 12-39 所示。

29. 单击 创建(R) 按钮，创建基于模板的网页文档，然后在【文档】工具栏中设置浏览器标题为 "浮山学堂"，并将文档保存为 "12-2-1.htm"，如图 12-40 所示。

图 12-39 【新建文档】对话框   图 12-40 创建文档

30. 连续单击"重复：左侧区域"文本右侧的 + 按钮 2 次，然后将 3 个可编辑区域内的文本依次删除，并分别在其中插入图像"images/jiaoxeu.jpg""images/kouzi.jpg"和"images/taoxingzhi.jpg"。

31. 单击"重复：右侧区域"文本右侧的 + 按钮添加一个重复表格，然后添加相应文本，并将标题格式设置为"标题 2"显示。

32. 最后保存文档，效果如图 12-41 所示。

图 12-41　添加内容

12.2.2　认识模板

模板是一种特殊类型的文档，用于设计固定的并可重复使用的页面布局，基于模板创建的网页文档会继承模板的布局结构。在批量制作具有相同版式和风格的网页文档时，使用模板不仅可使网站拥有统一的布局和外观，而且可以同时更新基于该模板的多个网页文档，无疑提高了站点管理和维护的效率。

使用模板可以控制大的设计区域以及重复使用完整的布局。在设计模板时，设计者可在模板中插入模板对象，从而指定在基于模板的网页文档中哪些区域是可以进行修改和编辑的。实际上在模板中操作时，模板的整个页面都可以进行编辑，这与平时设计网页没有差别，唯一不同的是最后一定要插入模板对象。在基于模板创建的网页文档中，只能在可编辑的模板对象中添加或更改内容，不能修改其他区域。

在 Dreamweaver CS6 中，常用的模板对象有可编辑区域、重复区域、重复表格和可选区域等类型。可编辑区域基于模板文档中未锁定的区域，也就是模板用户可以编辑的部分。模板创作者可以将模板的任何区域指定为可编辑的。要使模板生效，其中至少应该包含一个可编辑区域，否则基于该模板的页面是不可编辑的。重复区域是文档布局的一部分，设置该部分可以使模板用户必要时在基于模板的文档中添加或删除重复区域的副本。例如，可以设置重复一个表格行。重复部分是可编辑的，这样模板用户可以编辑重复元素中的内容，而设计本身则由模板创作者控制。可以在模板中插入的重复区域有两种：重复区域和重复表格。可选区域是模板中放置内容（如文本或图像）的部分，在文档中可以出现也可以不出现。在基于模板的页面上，模板用户通常控制是否显示内容。

创建模板时，可编辑区域和锁定区域都可以更改。而在基于模板的文档中，模板用户只能在可编辑区域中进行更改，不能修改锁定区域。

12.2.3　创建模板

创建模板必须在 Dreamweaver 站点中进行，如果没有站点，在保存模板时系统会提示创建 Dreamweaver 站点。在站点中，可以基于现有文档（如 HTML、ASP、ColdFusion、JSP 或 PHP 文档）创建模板，也可以基于新文档创建模板。创建模板文件后，可以根据需要插入相应的模板区域。

1. 基于新文档创建模板

在【资源】面板中单击 ▤（模板）按钮，切换到【模板】类别，单击底部的 ➔（新建模板）按钮，新建一个模板，然后在列表框中输入模板的新名称并按 Enter 键确认即可，如图 12-42 所示。

图 12-42　通过【资源】面板创建模板

也可以选择菜单命令【文件】/【新建】，打开【新建文档】对话框，然后选择【空模板】，在【模板类型】列表框中选择相应选项来创建模板文件，如图 12-43 所示。

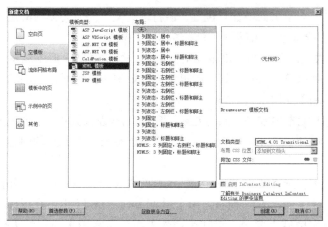

图 12-43　【新建文档】对话框

在创建空白模板文件后，需要通过单击面板底部的 ◢（编辑）按钮或用鼠标双击来打开模板文件，进行页面布局并添加模板对象后才有实际意义。

2. 基于现有文档创建模板

这是创建模板比较快捷的一种方式。首先打开一个现有的网页，选择菜单命令【文件】/【另存为模板】，打开【另存模板】对话框，将当前的文档保存为模板文件，然后选择相应的网页元素，通过插入模板对象的方式将其转换为相应的模板区域，最后再次保存即可，如图 12-44 所示。

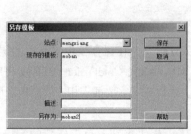

图 12-44 【另存模板】对话框

在 Dreamweaver 中，创建的模板文件保存在站点的 "Templates" 文件夹内，文件扩展名为 ".dwt"，"Templates" 文件夹是自动生成的，不能对其名称进行修改。

不要将模板移动到 "Templates" 文件夹之外或者将任何非模板文件放在 "Templates" 文件夹中。此外，不要将 "Templates" 文件夹移动到本地根文件夹之外。这样做将在模板中的路径中引起错误。

12.2.4 可编辑区域

可编辑区域是指可以进行添加、修改和删除网页元素等操作的区域。可编辑区域控制在基于模板的页面中，用户可以编辑哪些区域。在插入可编辑区域之前，需要将文档保存为模板。如果是在普通网页文档而不是模板文档中插入可编辑区域，则会提醒用户系统会将该文档自动另存为模板。

可以将可编辑区域置于页面的任意位置，但将现有文档保存为模板的过程中，如果要使表格或绝对定位的元素（AP 元素）可编辑，需要考虑以下两点。

● 可以将整个表格或单独的表格单元格标记为可编辑区域，但不能将多个表格单元格标记为单个可编辑区域。如果选定<td>标签，则可编辑区域中包括单元格周围的区域。如果未选定，则可编辑区域将只影响单元格中的内容。

● AP 元素和 AP 元素内容是不同的元素。将 AP 元素设置为可编辑便可以更改 AP 元素的位置和该元素的内容，而使 AP 元素的内容可编辑则只能更改 AP 元素的内容，不能更改该元素的位置。

在【文档】窗口中，选择要设置为可编辑区域的内容或将插入点放在要插入可编辑区域的位置，然后选择菜单命令【插入】/【模板对象】/【可编辑区域】（也可在鼠标右键快捷菜单中选择【模板】/【新建可编辑区域】命令，或在【插入】面板【常用】类别的【模板】按钮组中单击 ▦▾模板：可编辑区域 按钮），来打开【新建可编辑区域】对话框，在【名称】文本框中输入可编辑区域名称，单击 确定 按钮即可，如图 12-45 所示。可编辑区域左上角的选项卡显示可编辑区域的名称。

可编辑区域在模板中由高亮显示的矩形边框围绕,该边框使用在首选参数中设置的高亮颜色。该区域左上角的选项卡显示该区域的名称。如果在文档中插入空白的可编辑区域,则该区域的名称会出现在该区域内部。

插入可编辑区域后,也可以在以后修改其名称。单击可编辑区域左上角的标签,在【属性】面板的【名称】文本框中输入一个新名称,按 Enter 键确认即可,如图 12-46 所示。

图 12-45 插入可编辑区域 　　　　　　　　　　　　　　图 12-46 【属性】面板

如果已经将模板文件的某个区域标记为可编辑,现在想要重新锁定该区域(使其在基于模板的文档中不可编辑),请使用“删除模板标记”命令。单击可编辑区域左上角的标签,然后选择菜单命令【修改】/【模板】/【删除模板标记】,也可在鼠标右键快捷菜单中选择【模板】/【删除模板标记】命令,该区域将不能再编辑。

12.2.5　重复区域

重复区域是指可以复制任意次数的指定区域。重复区域是模板非常重要的一部分,可以在基于模板的页面中重制多次。使用重复区域,可以通过重复特定项目来控制页面布局,例如目录项、说明布局或者重复数据行。实际上,重复区域经常与表格一起使用。

模板用户可以使用重复区域在模板中重复任意次数的指定区域。如果要将重复区域中的内容设置为可编辑(例如,允许用户在基于模板的文档的表格单元格中输入文本),必须在重复区域中插入可编辑区域。

在【文档】窗口中,选择要设置为可编辑区域的内容或将插入点放在要插入可编辑区域的位置,然后选择菜单命令【插入】/【模板对象】/【重复区域】(也可在鼠标右键快捷菜单中选择【模板】/【新建重复区域】命令,或在【插入】面板【常用】类别的【模板】按钮组中单击 模板:重复区域 按钮),来打开【新建重复区域】对话框,在【名称】文本框中输入重复区域名称,单击 确定 按钮即可,如图 12-47 所示。重复区域左上角的选项卡显示重复区域的名称。

图 12-47 插入重复区域

12.2.6　重复表格

重复表格是指包含重复行的表格格式的可编辑区域,用户可以定义表格的属性并设置哪些单元格可编辑。将插入点放在文档中要插入重复表格的位置,然后选择菜单命令【插入】/【模板对象】/【重复表格】(也可在【插入】面板【常用】类别的【模板】按钮组中单击 模板:重复表格 按钮),打开【插入重复表格】对话框,进行参数设置后单击 确定 按钮,即可插入重复表格,如图 12-48 所示。

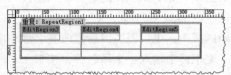

图 12-48　插入重复表格

重复表格可以被包含在重复区域内，但不能被包含在可编辑区域内。另外，在将现有网页保存为模板时，不能将选定的区域变成重复表格。

如果在【插入重复表格】对话框中不设置【单元格边距】、【单元格间距】和【边框】的值，则大多数浏览器按【单元格边距】为"1"、【单元格间距】为"2"和【边框】为"1"显示表格。【插入重复表格】对话框的上半部分与普通的表格参数没有什么不同，重要的是下半部分的参数。

- 【重复表格行】：用于指定表格中的哪些行包括在重复区域中。
- 【起始行】：用于设置重复区域的第 1 行。
- 【结束行】：用于设置重复区域的最后 1 行。
- 【区域名称】：用于设置重复表格的名称。

12.2.7　可选区域

用户可将可选区域设置为在基于模板的文档中显示或隐藏。当要为在文档中显示内容设置条件时，可使用可选区域。使用可选区域可以控制不一定在基于模板的文档中显示的内容。可选区域分为以下两类。

1. 不可编辑的可选区域

使模板用户能够显示和隐藏特别标记的区域但却不允许编辑相应区域的内容。可选区域的模板选项卡在单词 if 之后。根据模板中设置的条件，模板用户可以定义该区域在他们所创建的页面中是否可见。

插入不可编辑的可选区域的方法是：在【文档】窗口中，选择要设置为可选区域的元素，然后选择菜单命令【插入】/【模板对象】/【可选区域】（也可在鼠标右键快捷菜单中选择【模板】/【新建可选区域】命令，或在【插入】面板【常用】类别的【模板】按钮组中单击 [If] - 模板：可选区域 按钮），打开【新建可选区域】对话框。在【基本】选项卡中输入可选区域的名称，选中【默认显示】复选框以设置为在文档中显示选定的区域，取消选择该复选框将把默认值设置为假。要为参数设置其他值，可在【代码】视图中文档的文件头部找到该参数，然后编辑参数的值。如果需要，可以在【高级】选项卡中设置以下选项：如果要链接可选区域参数，可选择【使用参数】选项，然后从弹出菜单中选择要将所选内容链接到的现有参数；如果要编写模板表达式来控制可选区域的显示，可选择【输入表达式】选项，然后在框中输入表达式，如图 12-49 所示。

单击 确定 按钮即可插入可选区域，选中可选区域左上角的标签，显示可选区域【属性】面板，如图 12-50 所示。单击 编辑... 按钮可打开【新建可选区域】对话框，修改相关参数设置。

2. 可编辑的可选区域

使模板用户能够设置是显示还是隐藏区域并能够编辑相应区域的内容。例如，如果可选区域中包括图像或文本，模板用户即可设置该内容是否显示，并根据需要对该内容进行编辑。可编辑区域由条件语句控制。

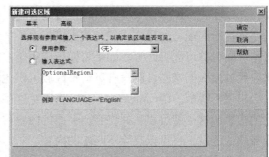

图 12-49 【新建可选区域】对话框

图 12-50 插入可选区域

插入可编辑的可选区域的方法是，在【文档】窗口中，将插入点置于要插入可选区域的位置（不能环绕选定内容来创建可编辑的可选区域），然后选择菜单命令【插入】/【模板对象】/【可编辑的可选区域】（也可在【插入】面板【常用】类别的【模板】按钮组中单击  按钮），打开与图 12-46 所示一样的对话框，输入可选区域的名称，如果要设置可选区域的高级参数，可选择【高级】选项卡，最后单击 [确定] 按钮插入可编辑的可选区域，如图 12-51 所示。

图 12-51 插入可编辑的可选区域

12.2.8 使用模板创建网页

创建模板的目的在于应用，通过模板生成网页的方式有以下两种。

1. 从模板新建网页

选择菜单命令【文件】/【新建】，打开【新建文档】对话框，选择【模板中的页】选项，然后在【站点】列表框中选择站点，在模板列表框中选择模板，并选择【当模板改变时更新页面】复选框，以确保模板改变时更新基于该模板的页面，如图 12-52 所示，然后单击 [创建(R)] 按钮来创建基于模板的网页文档。

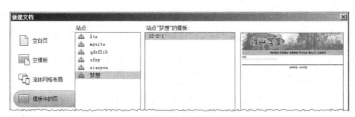

图 12-52 从模板创建网页

2. 将现有文档应用模板

利用【资源】面板或通过【文档】窗口，可以将模板应用于现有文档。如果需要，也可以撤消模板应用。

首先打开要应用模板的网页文档，然后选择菜单命令【修改】/【模板】/【应用模板到页】，或在【资源】面板的模板列表框中选中要应用的模板，再单击面板底部的 [应用] 按钮，即可应用模板。

如果已打开的文档是一个空白文档，文档将直接应用模板。如果打开的文档是一个有内容的文档，Dreamweaver CS6 会尝试将现有内容与模板中的区域进行匹配。如果应用的是现有模板之一的修订版本，则名称可能会匹配。如果将模板应用于一个尚未应用过模板的文档，则没有可编辑区域可供比较并且会出现不匹配。Dreamweaver CS6 将跟踪这些不匹配的内容，这样就可以选择将当前页面的内容移到哪个或哪些区域，也可以删除不匹配的内容。

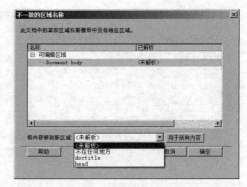

图 12-53　【不一致的区域名称】对话框

通常这时会打开【不一致的区域名称】对话框，如图 12-53 所示。使用【将内容移到新区域】菜单选择以下两项中的一项，以选择内容的目标位置：在新模板中选择一个要将现有内容移动到其中的区域；选择"不在任何地方"可将该内容从文档中删除。若要将所有未解决的内容移到选定的区域，可单击 用于所有内容 按钮。单击 确定 按钮应用模板，或单击 取消 按钮取消将模板应用到文档的操作。

将模板应用于现有文档时，该模板将用其标准化内容替换文档内容。将模板应用于页面之前，建议备份原有页面文件。

在将模板应用于现有文档后，单击 + 按钮在当前所选项下面添加一个重复区域项。单击 = 按钮删除所选重复区域项。单击 ˅ 按钮将所选项向下移动一个位置。单击 ˄ 按钮将所选项向上移动一个位置。

12.2.9　维护模板

下面介绍打开附加模板、更新应用了模板的文档、重命名模板、删除模板、将网页从模板中分离的基本方法。

1. 打开附加模板

在一个网站中，在模板较少的情况下，在【资源】面板中就可以方便地打开模板进行编辑。但是如果模板很多，使用模板的网页也很多，该如何快速地打开当前网页文档所使用的模板呢？

打开网页文档所使用的模板的快速方法是：首先打开使用模板的网页文档，然后选择菜单命令【修改】/【模板】/【打开附加模板离】，这样就可根据需要快速地编辑模板了。

2. 更新应用了模板的文档

从模板创建的文档与该模板保持连接状态（除非以后分离该文档），可以修改模板并立即更新基于该模板的所有文档中的设计。修改模板后，Dreamweaver CS6 会提示更新基于该模板的文档，用户可以根据需要手动更新当前文档或整个站点。手动更新基于模板的文档与重新应用模板相同。将模板更改应用于基于模板的当前文档的方法是：在文档窗口中打开要更新的网页文档，然后选择菜单命令【修改】/【模板】/【更新当前页】，Dreamweaver CS6 基于模板的更改来更新该网页文档。用户可以更新站点的所有页面，也可以只更新特定模板的页面。选择菜单命令【修改】/【模板】/【更新页面】，打开【更新页面】对话框。在【查看】下拉列表中根据需要执行下列操作之一：如果要按相应模板更新所选站点中的所有文件，请选择【整个站点】，然后从后面的下拉列表中选择站点名称，如图 12-54 所示；如果要针对特定模板更新文件，请选择【文件使用…】，然后从后面的下拉列表中选择模板名称，如图 12-55 所示。

确保在【更新】选项中选中了【模板】。如果不想查看更新文件的记录，可取消选择【显示记录】复选框。否则，可让该复选框处于选中状态。单击 开始(S) 按钮更新文件，如果选择了【显示记录】复选框，将提供关于它试图更新的文件的信息，包括它们是否成功更新的信息。

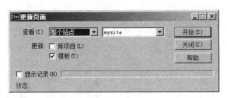
图 12-54 更新站点

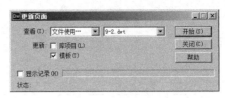
图 12-55 更新文件

3. 重命名模板

在【资源】面板的【模板】类别中单击模板的名称选择该模板，再次单击模板的名称，在模板名称处输入一个新名称，按 Enter 键确认即可。这种重命名方式与在 Windows 资源管理器中对文件进行重命名的方式相同。

4. 删除模板

用户可以删除站点中不需要的模板文件，方法是，在【资源】面板的【模板】类别中选择要删除的模板，单击面板底部的 🗑 按钮或按 Delete 键，然后确认要删除该模板。

删除模板后，该模板文件将被从站点中删除。基于已删除模板的文档不会与此模板分离，它们仍保留该模板文件在被删除前所具有的结构和可编辑区域。可以将这样的文档转换为没有可编辑区域或锁定区域的网页文档。

5. 将网页从模板中分离

如果要更改基于模板的文档的锁定区域，必须将该文档从模板分离。将文档分离之后，整个文档都将变为可编辑的。将网页从模板中分离的方法是，首先打开想要分离的基于模板的文档，然后选择菜单命令【修改】/【模板】/【从模板中分离】。

文档被从模板分离，所有模板代码都被删除。网页文档脱离模板后，模板中的内容将自动变成网页中的内容，网页与模板不再有关联，用户可以在文档中的任意区域进行编辑。

习 题

一、问答题

1. 如何理解库和模板的概念？
2. 如何理解可编辑区域、重复区域和重复表格的概念？
3. 如何分离模板和库项目？
4. 如何在当前网页中快速打开应用的模板和库项目？

二、操作题

将本章素材文件复制到 Dreamweaver 站点下，然后使用库和模板制作图 12-56 所示网页模板。

图 12-56 网页模板

第13章
使用表单

表单是制作交互式网页的基础，制作能够交互的表单网页通常需要两个步骤：一是创建表单页面，二是编写应用程序。本章将介绍表单的基本知识以及常用表单对象、Spry 验证表单对象和表单类行为的基本使用方法。

【学习目标】
- 了解表单的基本概念和工作原理。
- 掌握使用常用表单对象的方法。
- 掌握使用行为验证表单的基本方法。
- 掌握使用 Spry 验证表单对象的方法。

13.1 常规表单对象

下面介绍表单的基本知识以及常用表单对象的使用方法。

13.1.1 教学案例——用户注册

将素材文档复制到站点文件夹下，然后使用表单制作页面，在浏览器中的显示效果如图 13-1 所示。

【操作步骤】

1. 在【文件】面板中双击打开网页文档"13-1-1.htm"，如图 13-2 所示。

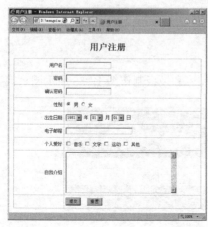

图 13-1 用户注册

图 13-2 打开网页文档

2. 将鼠标光标置于文本"用户注册"下面的单元格内，然后选择菜单命令【插入】/【表单】/【表单】，插入一个表单标签，并进行相应的属性设置，如图 13-3 所示。

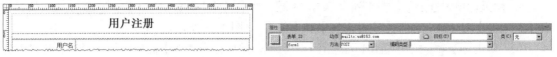

图 13-3　插入表单

3. 将鼠标光标置于文本"用户名"所在的表格内，然后单击鼠标右键，在弹出的快捷菜单中选择【表格】/【选择表格】命令选中表格，接着选择菜单命令【编辑】/【剪切】来剪切表格。

4. 将鼠标光标置于文本"用户注册"下面单元格中的表单内，然后选择菜单命令【编辑】/【粘贴】来粘贴表格，如图 13-4 所示。

5. 将鼠标光标置于文本"用户名"右侧的单元格内，然后选择菜单命令【插入】/【表单】/【文本域】，插入一个文本域，其属性设置如图 13-5 所示。

图 13-4　粘贴表格

图 13-5　设置文本域属性

6. 运用同样的方法分别在第 2 行、第 3 行相应单元格内插入文本域，将它们设置为【密码】类型，如图 13-6 所示。

图 13-6　插入密码文本域

7. 在"性别"右侧的单元格内输入文本"男女"，将鼠标光标置于文本"男"的前面，然后选择菜单命令【插入】/【表单】/【单选按钮】，插入一个单选按钮，在【属性】面板中设置其属性参数，运用同样的方法在文本"女"的前面再插入一个单选按钮，进行相应的属性设置，如图 13-7 所示。

图 13-7　插入单选按钮

8. 在"出生日期"右侧的单元格内输入文本"年月日"，将鼠标光标置于文本"年"的前面，然后选择菜单命令【插入】/【表单】/【选择（列表/菜单）】，插入一个选择域。

9. 用鼠标单击选定【选择（列表/菜单）】域，在【属性】面板中单击 列表值... 按钮，打开【列表值】对话框，添加【项目标签】和【值】，如图 13-8 所示。

10. 单击 确定 按钮关闭【列表值】对话框，然后在【属性】面板中将选择域名称设置为"year"，如图 13-9 所示。

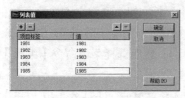

图 13-8　添加列表项

图 13-9　选择（列表/菜单）【属性】面板

11. 运用相同的方法分别在文本"月"和"日"的前面再插入两个选择域，并进行相应的属性设置，如图 13-10 所示。

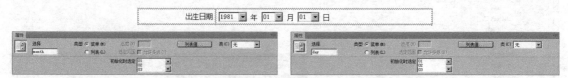

图 13-10　设置代表"月"和"日"的选择域

12. 将鼠标光标置于文本"电子邮箱"右侧的单元格内，然后选择菜单命令【插入】/【表单】/【文本域】，插入一个文本域，其属性设置如图 13-11 所示。

图 13-11　文本域【属性】面板

13. 在"个人爱好"右侧的单元格内输入文本"音乐文学运动其他"，然后将鼠标光标置于文本"音乐"的前面，选择菜单命令【插入】/【表单】/【复选框】，插入一个复选框，在【属性】面板中设置其属性参数，运用同样的方法依次在其他文本前面插入相应的复选框，并进行相应的属性设置，如图 13-12 所示。

图 13-12　插入复选框

14. 将鼠标光标置于文本"自我介绍"右侧的单元格内，然后选择菜单命令【插入】/【表单】/【文本区域】，插入一个文本区域，并进行属性设置，如图 13-13 所示。

15. 将文本"注册日期"删除，然后选择菜单命令【插入】/【表单】/【隐藏域】，将插入一个隐藏域，并设置相应的属性，如图 13-14 所示。

图 13-13 插入文本区域

图 13-14 插入隐藏域

16. 将鼠标光标置于刚刚删除的文本"注册日期"右侧的单元格内，然后选择菜单命令【插入】/【表单】/【按钮】两次，插入两个按钮，并进行相应的属性设置，如图 13-15 所示。

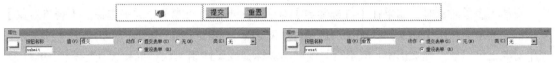

图 13-15 插入按钮

17. 最后选择菜单命令【文件】/【保存】保存文档，效果如图 13-16 所示。

图 13-16 网页效果

13.1.2 认识表单

在申请电子邮箱时经常需要填写相关信息，如图 13-17 所示，当"提交"页面时，这些信息将被发送到运营商 Web 服务器，服务器端应用程序对这些信息进行处理，这时使用的就是交互式表单网页。

交互式表单网页通常由两部分组成，一部分是供用户填写信息的表单页面，另一部分是表单数据处理程序。在制作供用户填写信息的表单页面时，通常需要插入表单对象，表单对象是允许用户输入数据的机制。每个文本域、隐藏域、复选框和选择域等表单对象都必须具有标识其自身的唯一名称，表单对象名称可以使用字母、数字、字符和下划线的任意组合，但不能包含空格或特殊字符。设计表单时，要用描

图 13-17 表单网页

述性文本来标记表单域，以使用户知道他们要回答哪些内容。例如，"请输入您的用户名"表示请求输入用户名信息。

可以使用 Dreamweaver CS6 制作表单网页，在制作表单网页时，可以使用表格、段落标记、换行符、预格式化的文本等技术来设置表单的布局格式。在表单中使用表格时，必须确保所有表格标签都位于<form>和</form>标签之间。一个页面可以包含多个不重名的表单标签<form>，但<form>标签不能嵌套。

使用 Dreamweaver CS6 在页面中插入表单对象通常有两种方式，一种是在菜单栏中选择【插入】/【表单】中的相应菜单命令，另一种是使用【插入】面板【表单】类别中的相应工具按钮。在插入表单对象后，如果要设置表单对象的属性，需要保证表单对象处于选中状态，然后在【属性】面板中进行设置。

在插入表单对象时，如果在【首选参数】对话框的【辅助功能】分类中选择了【表单对象】复选框，通常会弹出【输入标签辅助功能属性】对话框，如图 13-18 所示。单击 取消 按钮，表单对象也可以插入到文档中，但不会与辅助功能标签或属性相关联。如果取消选择【表单对象】复选框，在插入表单对象时将不会弹出【输入标签辅助功能属性】对话框。

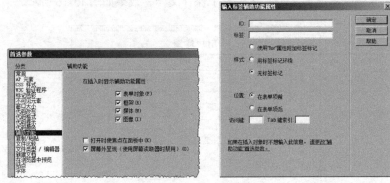

图 13-18　表单辅助功能

13.1.3　表单和按钮

在页面中插入表单对象时，通常需要选择菜单命令【插入】/【表单】/【表单】，插入一个表单标签，如图 13-19 所示，然后再在其中插入一个表格，在表格单元格输入提示文本和插入各种表单对象。在【设计】视图中，表单的轮廓线以红色的虚线表示。如果看不到表单轮廓线，可以选择菜单命令【查看】/【可视化助理】/【不可见元素】来显示轮廓线。

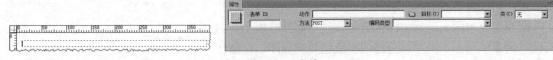

图 13-19　表单

表单【属性】面板相关属性参数功能简要说明如下。

- 【表单 ID】：用于设置能够标识该表单的唯一名称。
- 【动作】：用于设置一个在服务器端处理表单数据的页面或脚本，如果直接发送到邮箱，需要输入"mailto:"和要发送到的邮箱地址。

- 【方法】：用于设置将表单内的数据传送给服务器的传送方式。【默认】是指用浏览器默认的传送方式；【GET】是指将表单内的数据附加到 URL 后面传送，但当表单内容比较多时不适合用这种传送方式；【POST】是指用标准输入方式将表单内的数据进行传送，在理论上这种方式不限制表单的长度。

- 【目标】：用于指定一个窗口来显示应用程序或者脚本程序将表单处理完后所显示的结果。

- 【编码类型】：用于设置对提交给服务器进行处理的数据使用的编码类型，默认设置"application/x-www-form-urlencoded"常与【POST】方法协同使用。

表单中按钮的主要作用是将表单数据提交到服务器，或者重置该表单以便重新填写数据。选择菜单命令【插入】/【表单】/【按钮】，将插入一个按钮，如图 13-20 所示。

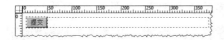

图 13-20　插入按钮

按钮【属性】面板相关属性参数功能简要说明如下。

- 【按钮名称】：用于设置按钮的名称。

- 【值】：用于设置按钮上的文字，一般为"确定""提交"或"注册"等。

- 【动作】：用于设置单击该按钮后运行的程序。【提交表单】表示单击该按钮后将表单中的数据提交给表单处理应用程序，【重设表单】表示单击该按钮后表单中的数据将恢复到初始值，【无】表示单击该按钮后表单中的数据既不提交也不重设。

13.1.4　文本域和文本区域

文本域是可以输入文本内容的表单对象。选择菜单命令【插入】/【表单】/【文本域】，将插入一个文本域，如图 13-21 所示。

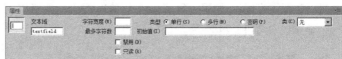

图 13-21　插入文本域

文本域【属性】面板相关属性参数功能简要说明如下。

- 【文本域】：用于设置文本域的唯一名称。

- 【字符宽度】：用于设置文本域的宽度。

- 【最多字符数】：当文本域的【类型】选项设置为【单行】或【密码】时，该属性用于设置最多可向文本域中输入的单行文本或密码的字符数。

- 【类型】：用于设置文本域的类型，包括【单行】、【多行】和【密码】3 个选项。当选择【密码】选项并向密码文本域输入密码时，这种类型的文本内容显示为"*"号。当选择【多行】选项时，文档中的文本域将会变为文本区域。

- 【初始值】：用于设置文本域中默认状态下显示的文本内容。

- 【禁用】：用于设置将当前文本域禁用。

- 【只读】：用于将当前文本域设置为只读状态，只能显示内容不能输入内容。

选择菜单命令【插入】/【表单】/【文本区域】，将插入一个文本区域，如图 13-22 所示。在文本区域【属性】面板中，【字符宽度】选项用于设置文本区域的宽度，【行数】选项用于设置文本区域的高度。

图 13-22　插入文本区域

13.1.5　单选按钮和单选按钮组

单选按钮主要用于用户从多个选项中选择一个选项。选择菜单命令【插入】/【表单】/【单选按钮】，将插入一个单选按钮，反复执行该操作将插入多个单选按钮，如图 13-23 所示。

图 13-23　插入单选按钮

在设置单选按钮属性时，需要依次选中各个单选按钮分别进行属性设置。单选按钮一般以两个或者两个以上的形式出现，它的作用是让用户在两个或者多个选项中选择一项。同一组单选按钮的名称都是一样的，那么依靠什么来判断哪个按钮被选定呢？因为单选按钮具有唯一性，即多个单选按钮只能有一个被选定，所以【选定值】选项就是判断的唯一依据。每个单选按钮的【选定值】选项被设置为不同的数值，如性别"男"的单选按钮的【选定值】选项被设置为"1"，性别"女"的单选按钮的【选定值】选项被设置为"0"。

使用【插入】/【表单】/【单选按钮】命令，一次只能插入一个单选按钮。在实际应用中，单选按钮至少要有两个或者更多，因此可以使用【插入】/【表单】/【单选按钮组】命令一次插入多个单选按钮。由于其布局使用换行符或表格，每个单选按钮都是单独一行，可以根据实际需要进行调整。例如，如果一行显示 3 个单选按钮，就可以将它们之间的换行符删除，让它们在一行中显示，如图 13-24 所示。

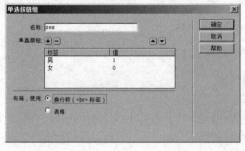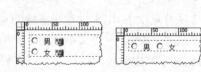

图 13-24　单选按钮组

单击 + 按钮向组内添加一个单选按钮项，同时可以指定标签文字和值，单击 − 按钮在组内删除选定的单选按钮项。单击 ▲ 按钮将选定的单选按钮项上移，单击 ▼ 按钮将选定的单选按钮项下移。

13.1.6　复选框和复选框组

复选框常被用于有多个选项可以同时被选中的情况。每个复选框都是独立的，必须有一个唯一的名称。选择菜单命令【插入】/【表单】/【复选框】，将插入一个复选框，反复执行该操作将插入多个复选框，如图 13-25 所示。

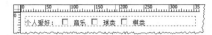

图 13-25　插入复选框

在设置复选框属性时，需要依次选中各个复选框分别进行设置。由于复选框在表单中一般都不单独出现，而是多个复选框同时使用，因此复选框的【名称】不能相同。另外，复选框的名称最好与其说明性文字发生联系，这样在表单脚本程序的编制中将会节省许多时间和精力。由于复选框的名称不同，因此【选定值】可以取相同的值。

使用【插入】/【表单】/【复选框】命令，一次只能插入一个复选框。在实际应用中，复选框通常是多个同时使用，因此可以使用【插入】/【表单】/【复选框组】命令一次插入多个复选框。由于其布局使用换行符或表格，每个复选框都是单独一行，可以根据实际需要进行调整。例如，如果一行显示 3 个复选框，就可以将它们之间的换行符删除，让它们在一行中显示，如图 13-26 所示。

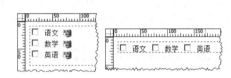

图 13-26　复选框组

单击 + 按钮向组内添加一个复选框项，同时可以指定标签文字和值，单击 - 按钮在组内删除选定的复选框项。单击 ▲ 按钮将选定的复选框项上移，单击 ▼ 按钮将选定的复选框项下移。

13.1.7　选择域和隐藏域

【选择（列表/菜单）】可以显示一个包含有多个选项的可滚动列表，在列表中可以选择需要的项目。选择菜单命令【插入】/【表单】/【选择（列表/菜单）】，将插入一个选择域，如图 13-27 所示。

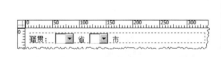

图 13-27　插入选择域

选择域【属性】面板中的相关属性参数功能简要说明如下。

- 【选择】：用于设置选择域的唯一名称。
- 【类型】：用于设置选择域的类型是下拉菜单还是滚动列表。当设置为【菜单】时，【高度】和【选定范围】选项为不可选，在【初始化时选定】列表框中只能选择 1 个初始选项，文档窗口的下拉菜单中只显示 1 个选择的条目，而不是显示整个条目表。将设置为【列表】时，【高度】和【选定范围】选项为可选状态。其中，【高度】选项用于设置列表框中文档的高度，设置为 "1" 表示在列表中显示 1 个选项。【选定范围】选项用于设置是否允许多项选择，选择【允许多选】复选框表示允许，否则为不允许。

- <u>列表值...</u>按钮：单击此按钮将打开【列表值】对话框，在该对话框中可以编辑选择域的内容。每项内容都有一个项目标签和一个值，标签将显示在浏览器中的列表或菜单中。当列表或者菜单中的某项内容被选中，提交表单时它对应的值就会被传送到服务器端的表单处理程序，如果没有对应的值，则传送标签本身。

- 【初始化时选定】：文本列表框内首先显示选择域的内容，然后可在其中设置选择域的初始选项。单击欲作为初始选择的选项。如果【类型】选项设置为【列表】，则可初始选择多个选项。如果【类型】选项设置为【菜单】，则只能初始选择 1 个选项。

隐藏域主要用来储存并提交非用户输入信息，如注册时间、认证号等，这些都需要使用 JavaScript、ASP 等源代码来编写，隐藏域在网页中一般不显现。选择菜单命令【插入】/【表单】/【隐藏域】，将插入一个隐藏域，如图 13-28 所示。

图 13-28　插入隐藏域

在【属性】面板中，【隐藏区域】文本框主要用来设置隐藏域的名称。【值】文本框内通常是一段 ASP 代码，如"<% =Date() %>"。其中"<%...%>"是 ASP 代码的开始和结束标志，而"Date()"表示当前的系统日期，如"2010-12-20"。如果换成"Now()"则表示当前的系统日期和时间，如"2010-12-20 10:16:44"，而"Time()"则表示当前的系统时间，如"10:16:44"。

13.1.8　图像域和文件域

图像域用于在表单中插入一幅图像从而生成图形化按钮，在网页中使用图形化按钮要比单纯使用按钮美观得多。选择菜单命令【插入】/【表单】/【图像域】，打开【选择图像源文件】对话框，选择图像并单击 <u>确定</u> 按钮，即可插入一个图像域，如图 13-29 所示。

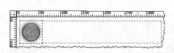

图 13-29　插入图像域

图像域【属性】面板中的相关属性参数功能简要说明如下。

- 【图像区域】：用于设置图像域的名称。
- 【源文件】：用于设置要为图像域使用的图像文件。
- 【替换】：用于设置替换文本，当浏览器不能显示图像时将显示该文本。
- 【对齐】：设置图像的对齐方式。
- <u>编辑图像</u>：单击该按钮将打开默认的图像编辑软件对图像进行编辑。

文件域的作用是允许用户浏览并选择本地计算机上的文件，以便将该文件作为表单数据进行上传。但真正上传文件还需要相应的上传组件作支持，文件域仅仅是供用户浏览并选择本地文件使用，并不具有上传功能。从外观上看，文件域只是比文本域多了一个 <u>浏览...</u> 按钮。选择菜单命令【插入】/【表单】/【文件域】，将插入一个文件域，如图 13-30 所示。

文件域【属性】面板中的相关属性参数功能简要说明如下。

图 13-30 插入文件域

- 【文件域名称】：用于设置文件域的名称。
- 【字符宽度】：用于设置文件域的宽度。
- 【最多字符数】：用于设置文件域中最多可以容纳的字符数。

13.1.9 跳转菜单

跳转菜单是网页文档中的弹出菜单，列出了到文档或文件的链接。可以创建到整个网站内的文档、其他网站上的文档、电子邮件、图像或可在浏览器中打开的任何类型文档的链接。跳转菜单中的每个选项都与 URL 关联。在用户选择一个选项时，会跳转到关联的 URL。跳转菜单可包含 3 个部分。

- 【菜单选择提示（可选）】：菜单项的类别说明或一些提示信息，如"选择其中一项"。
- 【所链接的菜单项的列表（必需）】：当用户选择某个选项时，链接的文档或文件打开。
- 【前往 按钮（可选）】：可以根据需要设置是否包括 前往 按钮。

选择菜单命令【插入】/【表单】/【跳转菜单】，打开【插入跳转菜单】对话框，进行相应的参数设置，单击 确定 按钮，插入一个跳转菜单，如图 13-31 所示。

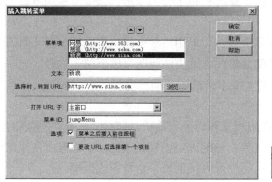

图 13-31 【插入跳转菜单】对话框

【插入跳转菜单】对话框中的相关参数简要说明如下。

- 【菜单项】：用于显示菜单列表项，单击 + 按钮添加一个菜单项，单击 − 按钮删除一个菜单项，单击 ▲ 按钮将选定的菜单项上移，单击 ▼ 按钮将选定的菜单项下移。
- 【文本】：用于设置菜单项的名称，如果菜单项包含选择提示（如"请选择其中一项"），可在此处输入该提示作为第 1 个菜单项（如果是这样，还必须选择底部的【更改 URL 后选择第一个项目】）。
- 【选择时，转到 URL】：用于设置菜单项相对应的 URL。
- 【打开 URL 于】：用于设置是否在同一窗口或框架中打开 URL。如果要使用的目标框架未出现在菜单列表中，可在关闭【插入跳转菜单】对话框后命名该框架。
- 【菜单 ID】：设置选择域的 ID 名称。
- 【菜单之后插入前往按钮】：用于设置是否插入 前往 按钮，如果选择插入 前往 按钮则将同时添加【跳转菜单开始】行为，此时在菜单项中不需要添加菜单选择提示项，如果不选择插入 前往按钮则将同时添加【跳转菜单】行为，此时建议在菜单项中添加菜单选择提示项。

● 【更改 URL 后选择第一个项目】：用于设置是否插入菜单选择提示（如"选择其中一项"）作为第一个菜单项，如图 13-32 所示。

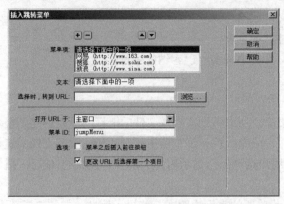

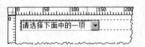

图 13-32　插入菜单选择提示

跳转菜单的外观和选择域相似，不同的是跳转菜单具有超级链接功能。如果要修改跳转菜单的菜单项，可在跳转菜单【属性】面板中单击 列表值… 按钮打开【列表值】对话框更改菜单项。如果要修改按钮的属性，其方法与设置按钮属性的方法一样，这等于是将跳转菜单分解了进行修改。如果通过 Dreamweaver 中的【跳转菜单】行为来进行修改可能更方便一些，具体可参考有关【跳转菜单】行为的内容。

在浏览器中，用户选择跳转菜单项后，如果用户导航回该页面，或者【打开 URL 于】选项指定了一个框架，则无法重新选择此菜单项。解决此问题有以下两个途径。

● 使用菜单选择提示（如类别）或用户说明（如"选择其中一项"）。在选择每个菜单之后将自动重新选择菜单选择提示。

● 使用 前往 按钮，该按钮允许用户重新访问当前所选链接。当将 前往 按钮用于跳转菜单时，前往 按钮会成为将用户"跳转"到与菜单中的选定内容相关的 URL 时所使用的唯一一机制。在跳转菜单中选择菜单项时，不再自动将用户重定向到另一个页面或框架。

由于这些选项应用于整个跳转菜单，因此在【插入跳转菜单】对话框中，每个跳转菜单只能选择这些选项中的一项。

13.2　使用表单类行为

下面介绍与表单有关的行为的使用方法。

13.2.1　教学案例——论文信息提交

将素材文档复制到站点文件夹下，然后使用表单类行为设置页面，在浏览器中的显示效果如图 13-33 所示。

【操作步骤】

1. 在【文件】面板中双击打开网页文档"13-2-1.htm"，如图 13-34 所示。

图 13-33　论文信息提交

图 13-34　打开网页文档

2. 用鼠标单击选定文本"上传日期"右侧的文本域，然后在【行为】面板中单击 ➕ 按钮，在弹出的行为菜单中选择【设置文本】/【设置文本域文字】，打开【设置文本域文字】对话框。

3. 在【设置文本域文字】对话框的【文本域】下拉列表中选择目标文本域"input"riqi""，在【新建文本】文本框中输入"{Date}"，单击 确定 按钮关闭对话框，并在【行为】面板中保证默认事件为"onBlur"，如图 13-35 所示。

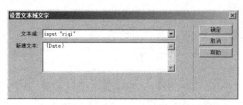

图 13-35　添加【设置文本域文字】行为

4. 用鼠标单击文档窗口左下角标签选择器中的表单标签<form>来选中整个表单"form1"，在【行为】面板中单击 ➕ 按钮，在弹出的菜单中选择【检查表单】命令，打开【检查表单】对话框。

5. 在【检查表单】对话框的【域】列表框中选择"input"xingming""，然后在【值】选项勾选【必需的】复选框，运用同样的方法依次在【域】列表框中选择"input"xuehao""、"input"zhuanye""、"input"timu""、"input"guanjianzi""、"input"neirong""，并在【值】选项均勾选【必需的】复选框，如图 13-36 所示。

6. 单击 确定 按钮完成设置，在【行为】面板中保证默认事件为"onSubmit"，如图 13-37所示。

图 13-36　【检查表单】对话框

图 13-37　保证默认事件为"onSubmit"

7. 将鼠标光标置于文本"友情链接"右侧的单元格内，然后选择菜单命令【插入】/【表单】/【表单】，插入一个表单标签，在【属性】面板中设置表单 ID 名称为"form2"，如图 13-38 所示。

图 13-38　设置表单 ID 名称

8. 将鼠标光标置于表单标签内，然后选择菜单命令【插入】/【表单】/【跳转菜单】，打开【插入跳转菜单】对话框，进行相应的参数设置，单击　确定　按钮，插入一个跳转菜单，如图 13-39 所示。

9. 在刚刚插入的跳转菜单后面插入一个图像"images/button.jpg"，保证选中该图像，然后在【行为】面板中单击 + 按钮，在弹出的菜单中选择【跳转菜单开始】，打开【跳转菜单开始】对话框。

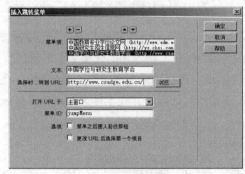

图 13-39　插入跳转菜单

10. 在【跳转菜单开始】对话框的【选择跳转菜单】下拉列表中选择要激活的菜单 ID 名称，然后单击　确定　按钮关闭对话框，在【行为】面板中保证默认事件为"onClick"，如图 13-40 所示。

图 13-40　添加【跳转菜单开始】行为

11. 最后选择菜单命令【文件】/【保存】保存文档。

13.2.2　设置文本域文字

【设置文本域文字】行为可用指定的内容替换表单文本域的内容。用户可以在文本中嵌入任何有效的 JavaScript 函数调用、属性、全局变量或其他表达式。如果要嵌入一个 JavaScript 表达式，需要将其放置在大括号"{}"中。如果要显示大括号，需要在它前面加一个反斜杠"\{"。

在表单标签中插入一个文本域，在【属性】面板中为其设置一个唯一的名称。然后选择文本域，并从【行为】面板的行为菜单中选择【设置文本】/【设置文本域文字】，打开【设置文本域文字】对话框，从【文本域】下拉列表中选择目标文本域，在【新建文本】文本框中输入新文本。单击　确定　按钮，在【行为】面板中验证默认事件是否正确，如图 13-41 所示。

当在浏览器中用鼠标单击文本框，然后离开单击其他位置时，文本框中将显示相应的内容，如图 13-42 所示。

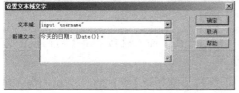

图 13-41　【设置文本域文字】行为　　　　　　　　　图 13-42　浏览效果

13.2.3　跳转菜单

当使用菜单命令【插入】/【表单】/【跳转菜单】创建跳转菜单时，Dreamweaver CS6 会创建一个菜单对象。如果在【插入跳转菜单】对话框中没有选择【菜单之后插入前往按钮】，此时会向跳转菜单附加一个【跳转菜单】行为。通常不需要手动将【跳转菜单】行为附加到对象。如果确实没有【跳转菜单】行为，可以先选中对象，然后从【行为】面板的行为菜单中选择【跳转菜单】，打开【跳转菜单】对话框并进行所需更改，最后单击 确定 按钮即可添加【跳转菜单】行为。

可以通过以下两种方式中的任意一种编辑现有的跳转菜单。

● 通过选择该菜单并单击【属性】面板中的 列表值… 按钮，打开【列表值】对话框编辑这些菜单项，就像在任何菜单中编辑一样。

● 可以通过在【行为】面板中双击现有的【跳转菜单】行为，打开【跳转菜单】对话框，如图 13-43 所示，来重新编辑菜单项、要跳转到的文件以及这些文件的目标窗口。

图 13-43　【跳转菜单】行为

13.2.4　跳转菜单开始

在使用此行为之前，文档中必须已存在一个跳转菜单。当使用菜单命令【插入】/【表单】/【跳转菜单】创建跳转菜单时，如果在【插入跳转菜单】对话框中选择了【菜单之后插入前往按钮】，此时会向 前往 按钮附加一个【跳转菜单开始】行为。通常不需要手动将【跳转菜单开始】行为附加到按钮对象。

如果希望给一个没有 前往 按钮的跳转菜单添加【跳转菜单开始】行为，需要在跳转菜单后插入一个按钮图像，选中该按钮图像，然后从【行为】面板的行为菜单中选择【跳转菜单开始】，打开【跳转菜单开始】对话框。在【选择跳转菜单】菜单中，选择"转到"按钮要激活的菜单，然后单击 确定 按钮关闭对话框，一个【跳转菜单开始】行为添加完成，如图 13-44 所示。

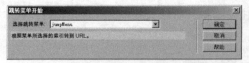 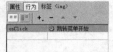

图 13-44 【跳转菜单开始】行为

此时的图像按钮就起到了一个"转到"按钮的作用，相当于在【插入跳转菜单】对话框中选择了【菜单之后插入前往按钮】后插入的 前往 按钮。

【跳转菜单开始】行为与【跳转菜单】行为密切关联，【跳转菜单开始】允许将一个功能为"转到"的按钮和一个跳转菜单关联起来。当将"转到"按钮用于跳转菜单时，"转到"按钮会成为将用户"跳转"到与菜单中的选定内容相关的 URL 时所使用的唯一机制。

通常情况下，跳转菜单不需要一个"转到"按钮。从跳转菜单中选择一项通常会引起 URL 的载入，不需要任何进一步的用户操作。但是，如果浏览者选择已在跳转菜单中选择的同一项，则不发生跳转。通常情况下这不会有多大关系，但是如果跳转菜单出现在一个框架中，而跳转菜单项链接到其他框架中的页，则通常需要使用"转到"按钮，以允许访问者重新选择已在跳转菜单中选择的项。

13.2.5 检查表单

Dreamweaver CS6 可以使用【检查表单】行为验证浏览者是否填写了表单信息或填写的表单信息是否符合要求。

表单在提交到服务器端以前必须进行验证，以确保输入数据的合法性。使用【检查表单】行为可以检查指定文本域的内容，以确保用户输入了正确的数据类型。使用 onBlur 事件将此行为分别添加到各个文本域，在用户填写内容时直接对所填写的文本域进行检查，不合法要求重新填写。使用 onSubmit 事件将此行为添加到表单标签，在用户提交表单时对多个文本域同时进行检查以确保数据的有效性。

如果用户填写表单时需要分别检查各个域，在设置时需要分别选择各个域，然后在【行为】面板中单击 + 按钮，在弹出的菜单中选择【检查表单】命令。如果用户在提交表单时检查多个域，需要先选中整个表单，然后在【行为】面板中单击 + 按钮，在弹出的菜单中选择【检查表单】命令，在打开的【检查表单】对话框中进行参数设置，如图 13-45 所示。

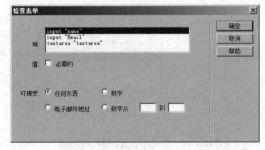

图 13-45 【检查表单】对话框

【检查表单】对话框中的各项参数简要说明如下。

- 【域】：列出表单中所有的文本域和文本区域供选择。
- 【值】：如果选择【必需的】复选框，表示【域】文本框中必须输入内容。
- 【可接受】：包括 4 个单选按钮，其中【任何东西】表示输入的内容不受限制；【电子邮件地址】表示仅接受电子邮件地址格式的内容；【数字】表示仅接受数字；【数字从…到…】表示仅接受指定范围内的数字。

在设置了【检查表单】行为后，当表单被提交时（"onSubmit"大小写不能随意更改），验证程序会自动启动，必填项如果为空则发生警告，提示用户重新填写，如果不为空则提交表单。

13.3　Spry 验证表单对象

下面介绍 Spry 验证表单对象的基本知识及其使用方法。

13.3.1　教学案例——杂志在线投稿

将素材文档复制到站点文件夹下，然后使用 Spry 验证表单对象制作页面，在浏览器中的显示效果如图 13-46 所示。

【操作步骤】

1. 在【文件】面板中双击打开网页文档"13-3-1.htm"，然后将鼠标光标置于"标题:"右侧的单元格中，选择菜单命令【插入】/【表单】/【Spry 验证文本域】，插入一个 Spry 验证文本域，在【属性】面板中设置相应属性，如图 13-47 所示。

图 13-46　杂志在线投稿

图 13-47　Spry 文本域【属性】面板

2. 用鼠标单击选定其中的文本域，然后在【属性】面板中设置相应属性，如图 13-48 所示。

3. 将鼠标光标置于"类别:"右侧的单元格中，然后选择菜单命令【插入】/【表单】/【Spry 验证选择】，插入一个 Spry 验证选择域，在【属性】面板中设置相应属性，如图 13-49 所示。

图 13-48　文本域【属性】面板

图 13-49　Spry 验证选择【属性】面板

4. 用鼠标单击选定其中的选择域，然后单击【属性】面板中的 列表值... 按钮，在打开的对话框中添加列表项，如图 13-50 所示。

5. 接着在【选择】文本框中输入选择域的名称"leibie"，在【初始化时选定】列表框中选定【请选择投稿栏目】作为初始选项，如图 13-51 所示。

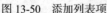

图 13-50　添加列表项　　　　　　　　　　　　图 13-51　添加列表项

6. 将鼠标光标置于"内容："右侧的单元格中，然后选择菜单命令【插入】/【表单】/【Spry 验证文本区域】，插入一个 Spry 验证文本区域，在【属性】面板中设置相应属性，如图 13-52 所示。

7. 用鼠标单击选定其中的文本区域，然后在【属性】面板中设置相应属性，如图 13-53 所示。

图 13-52　Spry 验证文本区域【属性】面板　　　图 13-53　文本域【属性】面板

8. 将鼠标光标置于"图片："右侧的单元格中，然后选择菜单命令【插入】/【表单】/【文件域】，插入一个文件域，在【属性】面板中设置相应属性，如图 13-54 所示。

9. 将鼠标光标置于"联系："右侧的单元格中，然后选择菜单命令【插入】/【表单】/【Spry 验证文本区域】，插入一个 Spry 验证文本区域，在【属性】面板中设置相应属性，如图 13-55 所示。

图 13-54　文件域【属性】面板　　　　　　图 13-55　Spry 验证文本区域【属性】面板

10. 用鼠标单击选定其中的文本区域，然后在【属性】面板中设置相应属性，如图 13-56 所示。

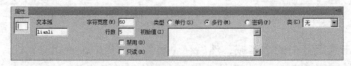

图 13-56　文本区域【属性】面板

11. 将鼠标光标置于最后一行右侧的单元格中，然后选择菜单命令【插入】/【表单】/【按钮】，依次插入两个按钮，并在【属性】面板中设置相应属性，如图 13-57 所示。

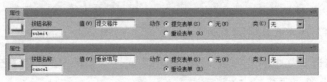

图 13-57　按钮【属性】面板

12. 最后选择菜单命令【文件】/【保存】保存文档，效果如图 13-58 所示。

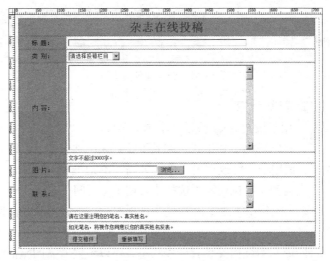

图 13-58　表单的应用

13.3.2　认识 Spry 验证表单对象

Dreamweaver CS6 除了使用【检查表单】行为验证表单外，也可以使用 Spry 验证表单对象来同时完成表单信息收集和表单信息验证这两项功能。Dreamweaver CS6 提供了 7 个 Spry 验证表单对象：Spry 验证文本域、Spry 验证文本区域、Spry 验证复选框、Spry 验证选择、Spry 验证密码、Spry 验证确认和 Spry 验证单选按钮组。

Spry 验证表单对象是在普通表单的基础上添加了验证功能，可以通过 Spry 验证表单对象的【属性】面板进行验证方式的设置。这就意味着 Spry 验证表单对象的【属性】面板是设置验证方面的内容的，不涉及具体表单对象的属性设置，如图 13-59 所示。

图 13-59　Spry 验证表单对象【属性】面板

如果要设置具体表单对象的属性，仍然需要单独选择表单对象，然后按照设置常规表单对象的方法进行，如图 13-60 所示。

图 13-60　表单对象【属性】面板

13.3.3　Spry 验证文本域

Spry 验证文本域用于在输入文本时显示文本的状态。选择菜单命令【插入】/【表单】/【Spry 验证文本域】，将在文档中插入 Spry 验证文本域。单击【Spry 文本域：sprytextfield1】，可选中 Spry 验证文本域，其【属性】面板如图 13-61 所示。

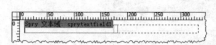

图 13-61　Spry 验证文本域

相关属性参数功能简要说明如下。

- 【Spry 文本域】：用于设置 Spry 验证文本域的名称。
- 【类型】：用于设置验证类型和格式，在其下拉列表中共包括 14 种类型，如整数、电子邮件地址、日期、时间、信用卡、邮政编码、电话号码、IP 地址和 URL 等。
- 【格式】：当在【类型】下拉列表中选择【日期】、【时间】、【信用卡】、【邮政编码】、【电话号码】、【社会安全号码】、【货币】或【IP 地址】选项时，该项可用，并根据各个选项的特点提供不同的格式设置。
- 【预览状态】：验证文本域构件具有许多状态，可以根据所需的验证结果，通过【属性】面板来修改这些状态。
- 【验证于】：用于设置验证发生的时间，包括浏览者在文本域外部单击（onBlur）、更改文本域中的文本时（onChange）或尝试提交表单时（onSubmit）。
- 【最小字符数】和【最大字符数】：当在【类型】下拉列表中选择【无】、【整数】、【电子邮件地址】或【URL】选项时，还可以指定最小字符数和最大字符数。
- 【最小值】和【最大值】：当在【类型】下拉列表中选择【整数】、【时间】、【货币】或【实数/科学记数法】选项时，还可以指定最小值和最大值。
- 【必需的】：用于设置 Spry 验证文本域不能为空，必须输入内容。
- 【强制模式】：用于禁止用户在验证文本域中输入无效内容。例如，如果对【类型】为"整数"的构件集选择此项，那么当用户输入字母时，文本域中将不显示任何内容。
- 【提示】：设置在文本域中显示的提示内容，当单击时文本域中的提示内容消失，可以直接输入需要的内容。

13.3.4　Spry 验证文本区域

Spry 验证文本区域用于在输入文本段落时显示文本的状态。选择菜单命令【插入】/【表单】/【Spry 验证文本区域】，将在文档中插入 Spry 验证文本区域，Spry 验证文本区域【属性】面板如图 13-62 所示。

图 13-62　Spry 验证文本区域

在 Spry 验证文本区域的属性设置中，可以添加字符计数器，以便当用户在文本区域中输入文本时知道自己已经输入了多少字符或者还剩多少字符。

13.3.5　Spry 验证复选框

Spry 验证复选框用于显示在用户选择（或没有选择）复选框时构件的状态。选择菜单命令【插入】/【表单】/【Spry 验证复选框】，将在文档中插入 Spry 验证复选框，Spry 验证复选框【属性】

面板如图 13-63 所示。

图 13-63　Spry 验证复选框

默认情况下，Spry 验证复选框设置为"必需（单个）"。但是，如果在页面上插入了多个复选框，则可以指定选择范围，即设置为"实施范围（多个）"，然后设置【最小选择数】和【最大选择数】参数。

13.3.6　Spry 验证选择

Spry 验证选择构件是一个下拉菜单，该菜单在用户进行选择时会显示构件的状态（有效或无效）。选择菜单命令【插入】/【表单】/【Spry 验证选择】，将在文档中插入 Spry 验证选择域，Spry 验证选择域【属性】面板如图 13-64 所示。

图 13-64　Spry 验证选择域

【不允许】选项组包括【空值】和【无效值】两个复选框。如果选择【空值】复选框，表示所有菜单项都必须有值；如果选择【无效值】复选框，可以在其后面的文本框中指定一个值，当用户选择与该值相关的菜单项时，该值将注册为无效。例如，如果指定"-1"是无效值（即选择【无效值】复选框，并在其后面的文本框中输入"-1"），并将该值赋予某个选项标签，则当用户选择该菜单项时，将返回一条错误的消息。

如果要添加菜单项和值，必须选中菜单域，在列表/菜单【属性】面板中进行设置。

13.3.7　Spry 验证密码

Spry 验证密码用于在输入密码文本时显示文本的状态。选择菜单命令【插入】/【表单】/【Spry 验证密码】，将在文档中插入 Spry 验证密码域，Spry 验证密码域【属性】面板如图 13-65 所示。

图 13-65　Spry 验证密码文本域

通过【属性】面板，可以设置在 Spry 验证密码文本域中，允许输入的最大字符数和最小字符数，同时可以定义字母、数字、大写字母以及特殊字符的数量范围。

13.3.8　Spry 验证确认

Spry 验证确认用于在输入确认密码时显示文本的状态。选择菜单命令【插入】/【表单】/【Spry 验证确认】，将在文档中插入 Spry 验证确认密码域，Spry 验证确认密码域【属性】面板如图 13-66 所示。

图 13-66　Spry 验证确认密码文本域

【验证参照对象】通常是指表单内前一个密码文本域，只有两个文本域内的文本完全相同，才能通过验证。

13.3.9　Spry 验证单选按钮组

Spry 验证单选按钮组用于在进行单击时显示构件的状态。选择菜单命令【插入】/【表单】/【Spry 验证单选按钮组】，打开【Spry 验证单选按钮组】对话框，设置相应的参数，单击　确定　按钮将在文档中插入 Spry 验证单选按钮组，如图 13-67 所示。

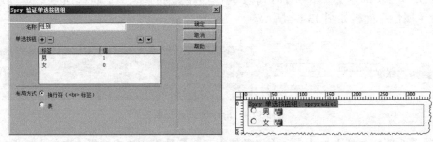

图 13-67　Spry 验证单选按钮组

Spry 验证单选按钮组【属性】面板如图 13-68 所示。通过【属性】面板可以设置单选按钮是不是必须选择，即【必填】项，如果必须，还可以设置单选按钮组中哪一个是空值，哪一个是无效值，只需将相应单选按钮的值填入到【空值】或【无效值】文本框中即可。

图 13-68　Spry 验证单选按钮组【属性】面板

习　　题

一、问答题

1. 常规表单对象有哪些？
2. Spry 验证表单对象有哪些？
3. 隐藏域的作用是什么？
4. 验证文本域的方法有哪些？

二、操作题

运用本章所学知识，然后结合生活实践，制作一个表单网页。

第 14 章
开发 ASP 应用程序基础

可以在 Dreamweaver CS6 的可视化环境下开发应用程序，实现信息查询等功能。而 "IIS+ACCESS+ASP" 是学习开发应用程序的基本模式，也是开发中小型网站应用程序经常使用的模式。本章将给合这一模式，介绍开发 ASP 应用程序的基础知识。

【学习目标】
- 掌握配置 Web 服务器的方法。
- 掌握配置 FTP 服务器的方法。
- 掌握定义 Dreamweaver 站点的方法。
- 掌握基本 SQL 语句和函数的使用方法。
- 掌握数据库连接的基本方式。

14.1 搭建本地 ASP 开发环境

使用 Dreamweaver CS6 开发应用程序，首先必须搭建好本地开发环境，这样才能在本地开发应用程序并测试。开发环境主要是指本地 Web 服务器运行环境和在 Dreamweaver CS6 中使用测试服务器的站点环境。

14.1.1 教学案例——配置 Web 服务器

ASP 必须在安装有 IIS 的服务器中才能运行，因此在制作 ASP 动态网页之前，必须首先安装和配置 IIS。通常可以在本地 Windows 系统中安装并配置 IIS 服务器。IIS 服务器通常包括 Web、FTP 和 SMTP 等服务器功能，一般配置好 Web 服务器即可。

在 Windows XP Professional 中配置 Web 服务器的方法是：在【控制面板】/【管理工具】中双击【Internet 信息服务】选项，打开【Internet 信息服务】窗口，单击 按钮，依次展开相应文件夹，用鼠标右键单击【默认网站】选项，在弹出的快捷菜单中选择【属性】命令，弹出【默认网站属性】对话框，根据实际情况配置好【网站】选项卡的【IP 地址】选项、【主目录】选项卡的【本地路径】选项、【文档】选项卡的默认首页文档即可。

现在 Windows 7 使用已经比较普遍，学会在 Windows 7 中配置 Web 服务器也是非常重要的。在配置 Web 服务器时，可以直接针对站点进行配置，这通常需要有单独的 IP 地址才能够访问。也可以在已有站点的下面创建一个虚拟目录进行配置，这样只需要使用已有站点的 IP 地址加上虚拟目录名称就可以访问。

下面介绍在 Windows 7 的 Web 服务器中新建一个站点并进行配置的基本操作过程。

【操作步骤】

1. 在 Windows 7 中打开【控制面板】，在【查看方式】中选择【小图标】选项（也可选择【大图标】选项），如图 14-1 所示。

2. 单击【管理工具】选项，进入【管理工具】窗口，如图 14-2 所示。

图 14-1　打开【控制面板】

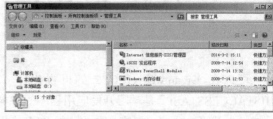

图 14-2　【管理工具】窗口

3. 双击【Internet 信息服务（IIS）管理器】选项，打开【Internet 信息服务（IIS）管理器】窗口，并在左侧列表中展开【网站】的相关选项，如图 14-3 所示。

4. 选择【网站】选项，然后单击鼠标右键，在弹出的快捷菜单中选择【添加网站】命令，打开【添加网站】对话框，设置【网站名称】、【物理路径】、【IP 地址】和【端口】等选项，如图 14-4所示。

图 14-3　【Internet 信息服务（IIS）管理器】窗口

图 14-4　【添加网站】对话框

如果本地计算机没有固定的 IP 地址，【添加网站】对话框的【IP 地址】选项可以不设置。如果在 Web 服务器中已有一个默认的站点，它的端口通常默认是"80"，新添加网站的端口可以设置成一个其他的数值，如"8080"。如果两个网站的 IP 地址不同的话，端口就不需要进行更改了。

5. 单击　确定　按钮，在【Internet 信息服务（IIS）管理器】窗口的【网站】下创建了一个新的网站"mengxiang"，如图 14-5 所示。

6. 在【Internet 信息服务（IIS）管理器】窗口的左侧列表中选择网站【mengxiang】，如图 14-6所示。

7. 在中间窗口中双击【ASP】选项，在打开的【ASP】窗口中将【启用父路径】的值设置为"True"，如图 14-7 所示。

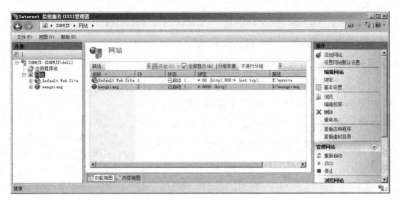

图 14-5　添加网站

图 14-6　选择网站【mengxiang】

图 14-7　启用父路径

8. 在【Internet 信息服务（IIS）管理器】窗口左侧列表中选择网站【mengxiang】，然后在中间窗口中双击【默认文档】选项，结果如图 14-8 所示。

9. 在右侧列表中单击【添加】选项，打开【添加默认文档】对话框，根据需要添加默认文档名称（如果已存在不需要再添加），如图 14-9 所示。

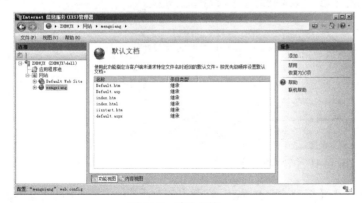

图 14-8　默认文档

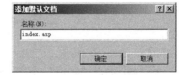

图 14-9　【添加默认文档】对话框

如果要重命名网站的名称，可以在左侧列表中选择网站名称【mengxiang】，然后单击鼠标右键，在弹出的快捷菜单中选择【重命名】命令。如果要修改网站的物理路径，可以在右侧列表中选择【基本设置】选项，打开【编辑网站】对话框进行修改。如果要修改端口，可以在右侧列表中选择【绑定】选项，打开【绑定网站】对话框进行修改。

这样在 Windows 7 的 Web 服务器中新建一个站点并进行配置的基本操作就完成了，可以运行 ASP 网页了。在明白了配置 Web 服务器的基本过程后，在一个网站下添加虚拟目录并进行配置的操作就变得相对简单了。可以选择一个网站，然后单击鼠标右键，在弹出的快捷菜单中选择【添加虚拟目录】命令，打开【添加虚拟目录】对话框，设置虚拟目录别名和物理路径即可，如图 14-10 所示。对虚拟目录的配置过程与配置一个网站的过程是一样的，这里不再详细介绍。

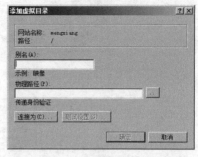

图 14-10 【添加虚拟目录】对话框

在配置完网站后，如果本地计算机有 IP 地址，如"10.6.5.251"，可以使用"http://10.6.5.251:8080"来测试网页。如果没有 IP 地址，可以使用"localhost"来代替，如"http://localhost:8080"。另外，还可以使用"127.0.0.1"，如"http://127.0.0.1:8080"来测试网页。如果使用的是虚拟目录，相应地要加上虚拟目录名称来浏览网页，如 "http://localhost:8080/mengxiang"等。当然，如果没有添加一个新的网站，而是直接对默认网站【Default Web Site】进行配置，其默认立端口是"80"，在浏览网站时就不需要再加上端口了，如"http://localhost"。

14.1.2　教学案例——定义测试服务器

在本地计算机上配置好了 Web 服务器后，还需要在 Dreamweaver CS6 中定义一个可以使用服务器技术的站点，以便于程序的开发和测试。这就需要在【站点设置对象】对话框中设置好【站点】和【服务器】两个选项。下面介绍在 Dreamweaver CS6 中配置测试服务器的基本过程。

【操作步骤】

1. 在 Dreamveaver CS6 中，选择菜单命令【站点】/【管理站点】，打开【管理站点】对话框，如图 14-11 所示。

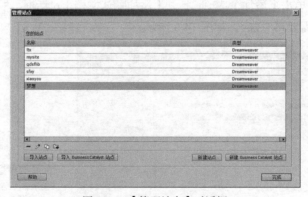

图 14-11 【管理站点】对话框

2. 选中站点"梦想"，然后单击 ✏ （编辑站点）按钮，在弹出的对话框的【站点名称】文本框中输入站点名称"梦想"，在【本地站点文件夹】文本框中定义站点所在的文件夹，如图 14-12 所示。

第 2 章已经创建了站点"梦想"，这里在此基础上进行设置。读者也可以在【管理站点】对话框中单击 新建站点 按钮打开【站点设置对象】对话框，输入【站点名称】和【本地站点文件夹】来创建一个新的站点。

3. 在【站点设置对象 梦想】对话框左侧列表中选择【服务器】选项，如图 14-13 所示。

图 14-12　本地站点信息

图 14-13　【服务器】选项

4. 单击 ➕（添加新服务器）按钮弹出新的对话框，在【基本】选项卡中，设置【服务器名称】、【连接方法】、【服务器文件夹】和【Web URL】，在【高级】选项卡中设置测试服务器的【服务器模型】，如图 14-14 所示。

图 14-14　设置【基本】和【高级】选项卡

【基本】选项卡中的【Web URL】要与配置 Web 服务器时的设置保持一致，即与浏览网页的 URL 保持一致。

5. 单击 [　保存　] 按钮关闭对话框，然后选择【测试】选项，如图 14-15 所示，最后单击 [　保存　] 按钮关闭对话框。

图 14-15　选择【测试】选项

6. 在【管理站点】对话框中，单击 [　完成　] 按钮关闭对话框。

这样在 Dreamweaver CS6 中定义测试服务器的基本操作就完成了。

14.2　搭建远程 ASP 运行环境

制作好的网页通常需要放在互联网或本地局域网服务器上，才能供用户浏览。这些服务器需要配置好 Web 服务器，用户才能浏览网页。需要配置好 FTP 服务器，站点管理者才能通过 FTP 方式上传网页。目前，大多数服务器的操作系统是 Windows Server，如 Windows Server 2003、Windows Server 2008、Windows Server 2012 等。

14.2.1　关于远程 IIS 服务器

IIS（Internet Information Server，互联网信息服务）是由微软公司提供的一种 Web（网页）服务组件，其中包括 Web 服务器、FTP 服务器、NNTP 服务器和 SMTP 服务器，分别用于网页浏览、文件传输、新闻服务和邮件发送等方面，它使得用户在局域网、互联网等网络上发布信息成了一件很容易的事。

作为网页制作者，掌握配置远程 IIS 服务器以及将网页发布到远程服务器的方法是基本要求。这里假设用户能够控制远程服务器，在这种情况下用户就可以自行配置 IIS 服务器。配置好 Web 服务器，可以保证网页能够正常运行。配置好 FTP 服务器，可以保证能够上传网页。在配置 Web 服务器时，可以直接针对网站进行配置，也可以在已有网站的下面创建一个虚拟目录进行配置。在配置 FTP 服务器时，也可以针对网站或虚拟目录进行配置，方法和道理类似 Web 服务器。

14.2.2　教学案例——配置远程 Web 服务器

在 Windows Server 2003 的 IIS 中，如果使用默认 Web 站点可以直接进行配置，如果需要新建 Web 站点可以根据向导进行创建，如果需要在某 Web 站点下新建虚拟目录也可以根据向导进行创建并配置。在 Windows Server 2003 中配置 Web 服务器的具体操作步骤如下。

【操作步骤】

1. 首先在服务器硬盘上创建一个存放站点网页文件的文件夹，如 "mengxiang"。
2. 在 Windows Server 2003 中选择【开始】/【管理工具】/【Internet 信息服务（IIS）管理器】命令，打开【Internet 信息服务（IIS）管理器】窗口，如图 14-16 所示。
3. 在左侧列表中单击 "+" 标识展开列表项，如图 14-17 所示。

 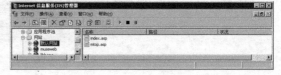

图 14-16　【Internet 信息服务（IIS）管理器】窗口　　　图 14-17　设置 IP 地址

4. 在左侧列表中选择【网站】（或【默认网站】），然后单击鼠标右键，在弹出的快捷菜单中选择【新建】/【网站】命令，打开【网站创建向导】对话框。
5. 单击 下一步(N) > 按钮，在打开的对话框中设置网站名称，如图 14-18 所示。
6. 单击 下一步(N) > 按钮，在打开的对话框中设置网站 IP 地址和端口，如图 14-19 所示。

如果网站有单独的 IP 地址，即与 Web 服务器中的其他网站的 IP 不一样，可以直接填写上，此时端口不需要更改。如果网站的 IP 与 Web 服务器中的其他网站的 IP 一样，需要填写一个不一样的端口号。

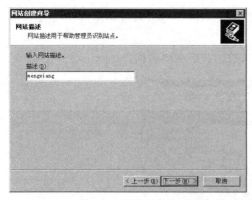
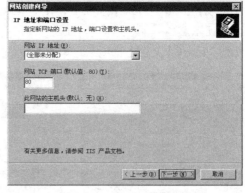

图 14-18　设置网站名称　　　　　　　　　　图 14-19　设置网站 IP 地址

7. 单击 下一步(N) > 按钮，在打开的对话框中设置网站主目录，如图 14-20 所示。

8. 单击 下一步(N) > 按钮，在打开的对话框中设置网站访问权限，如图 14-21 所示。

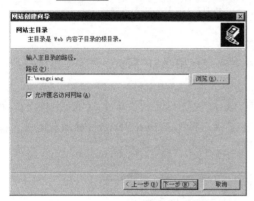
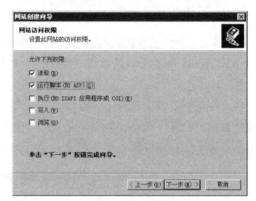

图 14-20　设置网站主目录　　　　　　　　　图 14-21　设置网站访问权限

9. 单击 下一步(N) > 按钮，提示已完成网站创建，单击 完成 按钮完成新网站的创建，如图 14-22 所示。

网站创建完成后，在【网站】选项下出现新创建的网站，可以继续配置其相关属性。

10. 选中刚刚创建的网站【mengxiang】，然后单击鼠标右键，在弹出的快捷菜单中选择【属性】命令，打开【mengxiang 属性】对话框，可以根据需要修改【网站名称】、【IP 地址】等选项，如图 14-23 所示。

图 14-22　创建网站　　　　　　　　　图 14-23　【mengxiang 属性】对话框

11. 切换到【主目录】选项卡，在【本地路径】文本框中可以修改网站所在的文件夹，如图 14-24 所示。

12. 切换到【文档】选项卡，单击 添加(D)... 按钮添加首页文档名称，如图 14-25 所示。

图 14-24 【虚拟目录】选项卡　　　　　　　图 14-25 【文档】选项卡

13. 单击 确定 按钮，完成网站属性的设置。

【mengxiang 属性】对话框设置完毕后，如果网站需要运用 ASP 网页，还需要继续进行下面的配置。

14. 在左侧列表中选择【Web 服务扩展】选项，然后检查右侧列表中【Active Server Pages】选项是否是"允许"状态，如果不是（即"禁止"）需要选择【Active Server Pages】选项，接着单击 允许 按钮使服务器能够支持运行 ASP 网页，如图 14-26 所示。

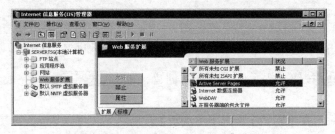

图 14-26　设置【Web 服务扩展】选项

打开 IE 浏览器，在地址栏中输入 IP 地址后按 Enter 键，就可以打开网站的首页了。前提条件是在这个目录下已经放置了包括主页在内的网页文件。

上面重点对在 Web 服务器中配置一个新网站的情况进行介绍，创建虚拟目录并进行配置的方法与配置一个网站大同小异，读者可以根据需要自行学习。

14.2.3　教学案例——配置远程 FTP 服务器

在 Windows Server 2003 的 IIS 中，如果使用默认 FTP 站点可以直接进行配置，如果需要新建 FTP 站点可以根据向导进行创建，如果需要在某 FTP 站点下新建虚拟目录也可以根据向导进行创建并配置。在 Windows Server 2003 中配置 FTP 服务器的具体操作步骤如下。

【操作步骤】

1. 在图 14-22 所示的【Internet 信息服务（IIS）管理器】窗口的左侧列表中单击"+"标识，展开【FTP 站点】列表项。

2. 在左侧列表中选择【FTP 站点】(或【默认 FTP 站点】),然后单击鼠标右键,在弹出的快捷菜单中选择【新建】/【FTP 站点】命令,打开【FTP 站点创建向导】对话框。

3. 单击 下一步(N) > 按钮,在打开的对话框中设置 FTP 站点的描述文字,如图 14-27 所示。

4. 单击 下一步(N) > 按钮,在打开的对话框中设置 FTP 站点的 IP 地址,如图 14-28 所示。

图 14-27 设置 FTP 站点描述

图 14-28 设置 FTP 站点 IP 地址

5. 单击 下一步(N) > 按钮,在打开的对话框中设置 FTP 用户隔离,这里选择【不隔离用户】选项,如图 14-29 所示。

6. 单击 下一步(N) > 按钮,在打开的对话框中设置 FTP 站点主目录,如图 14-30 所示。

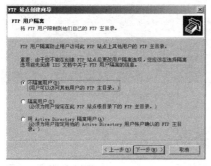
图 14-29 设置 FTP 用户隔离

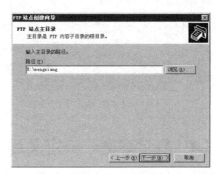
图 14-30 设置 FTP 站点主目录

7. 单击 下一步(N) > 按钮,在打开的对话框中设置 FTP 站点访问权限,如图 14-31 所示。

8. 单击 下一步(N) > 按钮,系统提示已成功完成 FTP 站点创建向导,单击 完成 按钮,完成新 FTP 站点的创建,如图 14-32 所示。

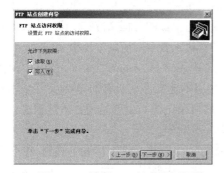
图 14-31 设置 FTP 站点访问权限

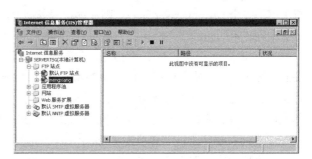
图 14-32 创建新 FTP 站点

FTP 站点创建完成后，在【FTP 站点】选项下将出现新创建的 FTP 站点名称，可以继续配置其相关属性。

9. 选择刚刚创建的 FTP 站点【mengxiang】，然后单击鼠标右键，在弹出的快捷菜单中选择【属性】命令，打开【mengxiang 属性】对话框，根据实际情况在【IP 地址】文本框中设置 IP 地址，如图 14-33 所示。

10. 切换到【主目录】选项卡，在【本地路径】文本框中设置 FTP 站点目录，然后选择【读取】、【写入】和【记录访问】复选框，如图 14-34 所示。

11. 单击 确定 按钮，完成 FTP 站点属性的配置。

FTP 站点创建完成后，在【FTP 站点】选项下将出现新创建的 FTP 站点名称。用户名和密码没有单独配置，使用系统中的用户名和密码即可。如果 IP 地址是"10.6.4.3"，那么此时访问该 FTP 站点的地址就是"ftp://10.6.4.3"。

图 14-33 【FTP 站点】选项卡

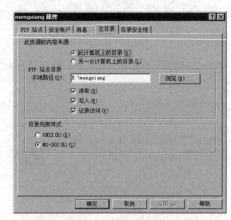

图 14-34 【主目录】选项卡

14.2.4 教学案例——定义远程服务器

在远程服务器配置好了 FTP 站点以后，如果希望使用 Dreamweaver CS6 连接到远程服务器以便发布文件，必须在【站点设置对象】对话框的【服务器】类别中设置远程服务器，这样才能使用 Dreamweaver CS6 发布文件。当然，使用专业的 FTP 传输软件上传文件更方便，使用 Dreamweaver CS6 发布文件只是其中的方式之一。

如果用户直接管理自己的远程服务器，最好使本地根文件夹与远程文件夹同名。通常的情况是，本地计算机上的本地根文件夹直接映射到 Web 服务器上的顶级远程文件夹。但是，如果要在本地计算机上维护多个 Dreamweaver 站点，则在远程服务器上需要等量个数的远程文件夹。这时应在远程服务器中创建不同的远程文件夹，然后将它们映射到本地计算机上各自对应的本地根文件夹。

当首次建立远程连接时，Web 服务器上的远程文件夹通常是空的。之后，当用户使用 Dreamweaver CS6 上传本地根文件夹中的所有文件时，便会用本地文件夹所有的 Web 文件来填充远程文件夹。远程文件夹应始终与本地根文件夹具有相同的目录结构。也就是说，本地根文件夹中的文件和文件夹应始终与远程文件夹中的文件和文件夹——对应。

在设置远程服务器时，必须为 Dreamweaver 选择连接方法，以将文件上传和下载到 Web 服务器。最典型的连接方法是 FTP，但 Dreamweaver CS6 还支持本地/网络、FTPS、SFTP、WebDav 和 RDS 连接方法。Dreamweaver CS6 也支持连接到启用了 IPv6 的服务器。所支持的连接类型包括 FTP、SFTP、WebDav 和 RDS。

为了让读者能够真正体验通过 Dreamweaver CS6 向远程服务器传输数据的方法，下面在 Dreamweaver CS6配置FTP服务器的过程中所提及的远程服务器均是Windows Server 2003 系统中的 IIS 服务器。具体操作步骤如下。

【操作步骤】

1. 在 Dreamweaver CS6 中选择菜单命令【站点】/【管理站点】，打开【管理站点】对话框，选择站点"梦想"，然后单击 ✐ 按钮打开【站点设置对象】对话框。

2. 在左侧列表中选择【服务器】选项，单击 ➕ 按钮，在弹出的对话框中的【基本】选项卡中进行参数设置，如图 14-35 所示。

3. 选择【高级】选项卡，根据需要进行参数设置，如图 14-36 所示。

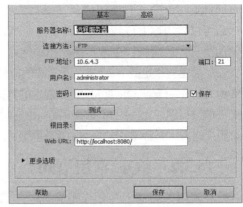

图 14-35　设置基本参数

4. 最后单击 保存 按钮关闭对话框，然后选择【远程】选项，如图 14-37 所示，最后单击 保存 按钮关闭对话框。

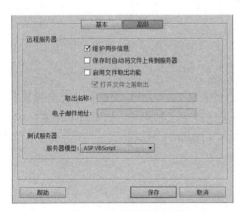

图 14-36　设置高级参数

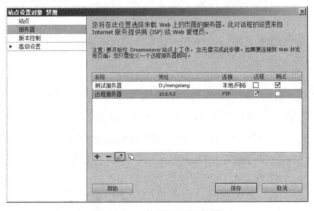

图 14-37　设置远程服务器

5. 在【管理站点】对话框中，单击 完成 按钮关闭对话框。

这样在 Dreamweaver CS6 中定义远程服务器的基本操作就完成了。

14.3　数据库、SQL 语句和 SQL 函数

开发 ASP 应用程序，通常需要对数据库、SQL 语句和 SQL 函数有所了解。虽然在 Dreamweaver CS6 中，可以进行可视化应用程序开发，但在掌握了基本的数据库、SQL 语句和 SQL 函数后，可以根据实际需要修改查询语句，使应用程序更实用。

14.3.1　数据库基础

利用数据库可以存储和维护动态网站中的数据，有利于管理动态网站中的信息。数据库是存

储在表中的数据的集合，表的每一行组成一条记录，每一列组成记录中的一个域。动态网页可以指示应用程序服务器从数据库中提取数据，并将其插入页面的 HTML 中。

通过用数据库存储内容可以使 Web 站点的设计与要显示给站点用户的内容分开。不必为每个页面都编写单独的 HTML 文件，只需为要呈现的不同类型的信息编写一个页面（或模板）即可。然后可以将内容上传到数据库中，并使 Web 站点检索该内容来响应用户请求。还可以更新单个源中的信息，然后将该更改传播到整个网站，而不必手动编辑每个页面。

如果建立稳定的、对业务至关重要的应用程序，则可以使用基于服务器的数据库，如使用 Microsoft SQL Server、Oracle 9i 或 MySQL 创建的数据库。如果建立小型低成本的应用程序，则可以使用基于文件的数据库，如使用 Microsoft Access 创建的数据库。Access 作为 Microsoft Office 办公系统中的一个重要组件，是最常用的桌面数据库管理系统之一，非常适合数据量不是很大的中小型站点。

14.3.2 SQL 常用语句

在使用 ASP 进行应用程序编程时，可以通过 SQL 语句来实现对数据库中数据的检索、添加、修改、删除等操作。这些操作都是在 Dreamweaver CS6 的可视化环境下完成的，设计者几乎不用输入代码。但是了解 SQL 语句的基本使用方法，对于创建高级的应用程序很有帮助。

1. 检索记录（SELECT）

从数据库中检索记录，需要使用 SELECT 语句，其格式为：

```
SELECT <目标表达式>[, <目标表达式>]…
FROM<表名>[, <表名>]…
[WHERE<条件表达式>]
[ORDER BY<列名>[ASC|DESC]];
```

整个 SELECT 语句的含义是，根据 WHERE 子句的条件表达式，从 FROM 子句指定的基本表中找出满足条件的数据，再按 SELECT 子句中的目标列表达式形成结果表。如果有 ORDER BY 子句，则结果表还要按照列名的值来升序（ASC）或者降序（DESC）排列。

检索数据表"UserData"中的所有数据的语句如下。

```
SELECT * FROM UserData
```

"*"表示查询符合条件用户的所有信息。

检索用户名为"Mary"的所有注册信息的语句如下。

```
SELECT * FROM UserData WHERE UserName = 'Mary'
```

在 WHERE 子句中文本型字符串"Mary"一定要包含在一对单引号中，否则会出错。

检索生日大于"1981-9-1"且性别为男性的"用户名、密码"，按照 UserId 升序排列的语句如下。

```
SELECT UserName,Password FROM UserData WHERE Birthday > '1981-9-1' AND Sex = 1 ORDER
BY UserIdp
```

这里读者可能不理解"Sex = 1"为什么表示男性？这是因为在创建数据表中的 Sex 字段时，将数据类型定义为整形数字类型，而且将默认值设置为"0"。在注册表单中，如果选择性别为"男"，那么表单的【选定值】为"1"，这是在表单制作过程中设置的。而性别为"女"，那么表单的【选定值】为"0"，因此数据表中的 Sex 字段就会记录下数字"1"或者"0"，因此"Sex = 1"表示性别为男性。而在 SQL 语句中，数字是不必使用单引号的，而时间字符或者文本字符必须包含在单引号内。

本例的 WHERE 子句中包含两个条件，当这两个条件必须同时满足时，使用 AND 来连接。当只需满足一个条件时，使用 OR 来连接。ORDER 子句默认按升序（ASC）排列。

检索个人签名中包含文本"高尚"的用户注册信息的语句如下。

```
SELECT * FROM UserData WHERE Sign LIKE '%高尚%'
```

LIKE 可以用来表示字符串匹配，表达式中可以是一个完整的字符串，也可以含有通配符"%"和"_"。"%"表示匹配任意多个字符，甚至是零个字符。"_"表示任意单个字符。上面的查询条件中有"%"，说明是部分匹配，即查找包含"高尚"两字的注册信息。如果查询以"高尚"开头的注册信息，可使用：'高尚%'。

检索最新注册的前 20 位用户信息的语句如下。

```
SELECT TOP 20 * FROM UserData ORDER BY RegTime DESC
```

最新注册，也就是要按照注册时间降序排列。前 20 位则使用 TOP 20 来表示，TOP 关键字表明从数据表中得到前 x 行数据。

2. 添加记录（INSERT）

向数据表中添加记录要使用 INSERT 语句，其格式为：

```
INSERT
INTO <表名>[(<属性列 1>[, <属性列 2>]…)]
VALUES (<常量 1>[, <常量 2>]…);
```

如果一个表有多个字段，通过把字段名和字段值用逗号隔开。没有出现的属性列，新记录在这些列上将取空值。如果 INTO 子句中没有指明任何列名，则新插入的记录必须在每个属性列上均有值。

插入注册用户信息的语句如下。

```
INSERT INTO UserData(UserName, Password) VALUES('Mary', '123789')
```

3. 修改记录（UPDATE）

要修改数据表中已经存在的一条或多条记录，需要使用 UPDATE 语句。同 DELETE 语句一样，UPDATE 语句可以使用 WHERE 子句来定义更新特定的记录，如果不提供 WHERE 子句，表中的所有记录都将被更新。UPDATE 语句的格式为：

```
UPDATE <表名>
SET<列名>=<表达式>[, <列名>=<表达式>]…
[WHERE<条件表达式>];
```

将帖子序号为 30 的点击次数加 1 的语句如下所是。

```
UPDATE bbs SET hits=hits+1 WHERE ID = 30
```

字段 hits 表示帖子的点击数，使用数字类型来定义。

4. 删除记录（DELETE）

要从表中删除一个或多个记录，需要使用 DELETE 语句。可以给 DELETE 语句提供 WHERE 子句，WHERE 子句用来定义要删除的记录，如果不给 DELETE 语句提供 WHERE 子句，数据表中的所有记录都将被删除。DELETE 语句的格式为：

```
DELETE
FROM<表名>
[WHERE<条件表达式>];
```

删除用户名为"Mary"的用户信息的语句如下所是。

```
DELETE FROM UserData WHERE UserName='Mary'
```

14.3.3　SQL 常用函数

在使用 ASP 进行应用程序编程时，由于使用的是 SQL 语句，因此 SQL 函数也是经常用到的。下面对 SQL 常用函数进行简要说明。

1. 数字函数

常用的数字函数有以下几个。

- ABS(n)：求 n 的绝对值。
- EXP(n)：求 n 的指数。
- MOD(m,n)：求 m 除以 n 的余数。
- CEIL(n)：返回大于等于 n 的最小整数。
- FLOOR(n)：返回小于等于 n 的最大整数。
- ROUND(n,m)：对 n 小数点后的值做四舍五入处理，保留 m 位。
- TRUNC(n,m)：对 n 小数点后的值做截断处理，保留 m 位。
- SQRT(n)：求 n 的平方根。
- SING(n)：求 n 的值，为正数、0 或负数时分别返回 1、0、-1。

2. 字符函数

常用的字符函数有以下几个。

- LOWER(char)：将大写转换为小写。
- UPPER(char)：将小写转换为大写。
- INITCAP(char)：将首字母转换为大写。
- CONCAT(char1，char2)：连接字符串，相当于"||"。
- SUBSTR(char，start，length)：返回字符串表达式中从第 start 开始的 length 个字符。
- LENGTH(char)：返回字符串表达式 char 的长度。
- LTRIM(char)：去掉字符串表达式后面的空格。
- ASCII(char)：取字符串 char 的首字符的 ASCII 值。
- CHAR(number)：取 number 的 ASCII 字符。
- REPLACE(char1，str1，str2)：将字符串中所有的 str1 换成 str2。
- INSTR(char1，char2，start，times)：在 char1 字符串中搜索 char2 字符串，start 为执行搜索的起始位置，times 为搜索次数。

3. 日期函数

常用的日期函数有以下几个。

- SYSDATE( )：返回系统当前日期和时间。
- NEXT_DAY(day，char)：返回 day 指定的日期之后并满足 char 指定条件的第一个日期，char 所指条件只能为星期几。
- LAST_DAY(day)：返回 day 日期所指定月份中最后一天所对应的日期。
- ADD_MONTHS(day，n)：返回日期在 n 个月后(n 为正数)或前(n 为负数)的日期。
- MONTHS_BETWEEN(day1，day2)：返回 day1 日期与 day2 日期相差的月份。
- ROUND(day，[fmt])：按 fmt 格式对日期数据做舍入处理，默认舍入到日。
- TRUNC(，[fmt])：按照 fmt 指定的格式对日期数据 day 做截断处理，默认截断到日。

4. 转换函数

常用的数据类型转换函数有以下几个。

- TO_CHAR(numer or date)：将一个数字或日期转换成为字符串。
- TO_NUMBER(char)：将字符型数据转换成为数字型数据。
- TO_DATE(char)：将字符型数据转换成为日期型数据。
- CONVERT(char)：将一个字符串从一种字符集转换成为另一种字符集。
- CHARTOROWID(char)：将字符串转换成为 ROWID 数据类型。

- ROWIDTOCHAR(char)：将字符串转换成为 CHAR 数据类型。
- HEXTORAW(char_16)：将一个 16 进制字符串转换成为 RAW 数据类型。
- ROWTOHEX(raw)：将一个 RAW 数据类型转换成为 16 进制数据类型。
- TO_MULTI_BYTE(char_single)：将一个单字节字符串转换成为多字节字符串。
- TO_SINGLE_BYTE(char_multi)：将一个多字节字符串转换成为单字节字符串。

5. 聚合函数

常用的聚合函数有以下几个。

- FIRST(n1,n2,n3,…)：返回第一个值。
- LAST(n1,n2,n3,…)：返回最后一个值。
- AVG(n1,n2,n3,…)：计算一列值的平均值。
- SUM(n1,n2,n3,…)：计算一列值的总和。
- COUNT(n1,n2,n3,…)：统计一列中值的个数。
- STDDEV(n1,n2,n3,…)：计算一列值的标准差。
- MAX(n1,n2,n3,…)：求一列值中的最大值。
- MIN(n1,n2,n3,…)：求一列值中的最小值。
- VARIANCE(n1,n2,n3,…)：计算一列值的方差。

6. 其他函数

另外，还有以下函数也经常用到。

- GREATEST(参数 1[,参数 2]…)：返回参数中的最大值。
- LEAST(参数 1[,参数 2]…)：返回参数中的最小值。
- DECODE(e，s1，t1[,s2,t2]…[,def])：若 e = s1，函数返回 t1；若 e = s2，函数返回 t2，其他依此类推，否则返回 def。表达式 e 允许任何数据类型，但是要求被比较的各个 s 具有相同的数据类型。def 被默认时表示默认值是 null。
- nvl(参数 1，参数 2)：如果参数 1 非空则返回参数 1，反之则返回参数 2。

14.4　数据库连接方式

在 Dreamweaver CS6 中，创建数据库连接必须在打开 ASP 网页的前提下进行。数据库连接创建完毕后，站点中的任何一个 ASP 网页都可以使用该数据库连接。

在 Dreamweaver CS6 中，创建数据库连接的方式有两种：一种是以自定义连接字符串方式创建数据库连接，另一种是以数据源名称（DSN）方式创建数据库连接。需要说明的是，如果要创建使用数据库的应用程序，首先必须创建数据库连接。要创建数据库连接，首先必须创建可以使用服务器技术（如脚本语言）的站点。读者一定要明白这三者之间的关系，为应用程序的开发打好基础。

14.4.1　教学案例——创建 ODBC 数据源 DSN

在使用 ODBC DSN 数据库连接方式连接数据库时，通常需要创建 ODBC 数据源 DSN，在 Windows 7 中的具体操作步骤如下。

【操作步骤】

1. 在 Windows 7 中打开【控制面板】，选择【管理工具】，然后双击【数据源（ODBC）】，打开【ODBC 数据源管理器】对话框，切换至【系统 DSN】选项卡，如图 14-38 所示。

2. 单击 添加(D)... 按钮，在打开的【创建新数据源】对话框中选择 "Microsoft Access Driver (*.mdb)"，如图 14-39 所示。

图 14-38 【ODBC 数据源管理器】对话框

图 14-39 【创建新数据源】对话框

3. 单击 完成 按钮，打开【ODBC Microsoft Access 安装】对话框，在【数据源名】文本框中输入数据源名称 "mydsn"，如图 14-40 所示。

4. 单击 选择(S)... 按钮打开【选择数据库】对话框，选择需要的数据库文件，如图 14-41 所示。

图 14-40 【ODBC Microsoft Access 安装】对话框

图 14-41 【选择数据库】对话框

5. 单击 确定 按钮关闭【选择数据库】对话框，确保已在【ODBC Microsoft Access 安装】对话框的【数据源名】文本框中设置了数据源名，如图 14-42 所示。

6. 单击 确定 按钮关闭对话框，在【ODBC 数据源管理器】对话框中添加了新的数据源名称 "mydsn"，如图 14-43 所示。

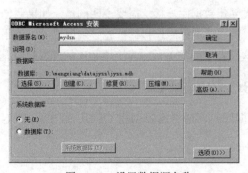

图 14-42 设置数据源名称

图 14-43 【ODBC 数据源管理器】对话框

7. 单击 确定 按钮关闭对话框。

这样 ODBC 数据源就创建完了。

14.4.2　ODBC DSN 数据库连接方式

如果拥有自己的服务器，可以使用面向 ODBC 的 DSN 方式创建数据库连接，这种方式比较安全，操作也比较简单。

使用 Dreamweaver CS6 创建面向 ODBC 的 DSN 数据连接方式的方法是，创建或打开一个 ASP 文档，然后选择菜单命令【窗口】/【数据库】，打开【数据库】面板，在【数据库】面板中单击 按钮，在弹出的菜单中选择【数据源名称（DSN）】命令，打开【数据源名称（DSN）】对话框。在【连接名称】文本框中输入连接名称，在【数据源名称（DSN）】列表框中选择数据源名称，如果有用户名和密码也需要填写，然后选择【使用本地 DSN】单选按钮，单击 确定 按钮关闭对话框，完成数据连接的创建工作，如图 14-44 所示。

如果在【数据源名称（DSN）】列表框中没有适合的数据源名称，可以单击 定义… 按钮打开【ODBC 数据源管理器】对话框进行创建。

单击 测试 按钮，如果弹出一个"成功创建连接脚本"的消息提示框，说明设置成功。成功创建连接以后，单击 确定 按钮关闭【数据源名称（DSN）】对话框，然后在【数据库】面板中展开创建的连接，会看到数据库中包含的表名及表中的各字段，如图 14-45 所示。

图 14-44　【数据源名称（DSN）】对话框

图 14-45　创建数据库连接

但是，如果没有服务器的权限或者服务器中没有设置具体的 DSN，那么自己的网站是无法使用 DSN 来连接数据库的，这也是它的弊端。

14.4.3　OLE DB 数据库连接方式

目前使用 OLE DB 原始驱动面向 Access、SQL 两种数据库的连接字符串已被广泛使用。下面对连接字符串的常用格式、使用数据库创建连接时可能出现的问题进行简要说明。

Access 97 数据库的连接字符串有以下两种格式。

- "Provider=Microsoft.Jet.OLEDB.3.5;Data Source=" & Server.MapPath ("数据库文件相对路径")。
- "Provider=Microsoft.Jet.OLEDB.3.5;Data Source=数据库文件物理路径"。

Access 2000～Access 2003 数据库的连接字符串有以下两种格式。

- "Provider=Microsoft.Jet.OLEDB.4.0;Data Source=" & Server.MapPath("数据库文件相对路径")。
- "Provider=Microsoft.Jet.OLEDB.4.0;Data Source=数据库文件物理路径"。

Access 2007～Access 2010 数据库的连接字符串有以下两种格式。

- "Provider=Microsoft.ACE.OLEDB.12.0;Data Source= "& Server.MapPath ("数据库文件相对路径")。
- "Provider=Microsoft.ACE.OLEDB.12.0;Data Source=数据库文件物理路径"。

SQL 数据库的连接字符串格式如下。

● "PROVIDER=SQLOLEDB;DATA SOURCE=SQL 服务器名称或 IP 地址;UID=用户名;PWD=数据库密码;DATABASE=数据库名称"。

代码中的"Server.MapPath()"指的是文件的虚拟路径，使用它可以不理会文件具体存在服务器的哪一个分区下面，只要使用相对于网站根目录或者相对于文档的路径就可以了。

如果站点使用的是租用的空间，建议通过连接字符串创建数据库连接。使用自定义连接字符串创建数据库连接，可以保证用户在本地计算机中定义的数据库连接上传到服务器上后可以继续使用，具有更大的灵活性和实用性，因此被更多用户选用。

使用 Dreamweaver CS6 创建字符串连接的方法是，创建或打开一个 ASP 文档，然后选择菜单命令【窗口】/【数据库】，打开【数据库】面板，在【数据库】面板中单击 ➕ 按钮，在弹出的菜单中选择【自定义连接字符串】命令，弹出【自定义连接字符串】对话框。在【连接名称】文本框中输入连接名称，在【连接字符串】文本框中输入连接字符串，例如："Provider=Microsoft.Jet.OLEDB.4.0;Data Source=D:\mengxiang\datajyss\jyss.mdb"，然后根据需要选择【使用测试服务器上的驱动程序】或【使用此计算机上的驱动程序】选项，单击 确定 按钮关闭对话框，完成数据连接的创建工作，如图 14-46 所示。

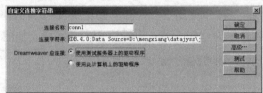

图 14-46　创建数据库连接

在 Windows XP 和 Windows 7 系统下，使用自定义连接字符串连接数据库时可能会出现路径无效的错误。这是因为 Dreamweaver 在建立数据库连接时，会在站点根文件夹下自动生成"_mmServerScripts"文件夹，该文件夹下通常有 3 个文件，主要用来调试程序使用。但是如果使用自定义连接字符串连接数据库时，系统会提示在"_mmServerScripts"文件夹下找不到数据库。对于这个问题，目前还没有很好的解决方法，不过用户可以将数据库按已存在的相对路径复制一份放在"_mmServerScripts"文件夹下，这样就不会出现路径错误的情况了。当然在上传到服务器前将其删除即可，服务器操作系统是不会出现这样的问题的。

习　题

一、问答题

1. 就数据库连接而言，通常有哪两种方式？

2. SQL 常用语句有哪些，各自的作用是什么？

二、操作题

1. 在 IIS 中配置 Web 服务器和 FTP 服务器。

2. 在 Dreamweaver CS6 中，设置测试服务器和远程服务器。

3. 在 Dreamweaver CS6 中，分别使用 OLE DB 字符串方式和数据源 DSN 方式连接 ACCESS 数据库。

第 15 章
制作 ASP 应用程序

随着计算机网络技术的发展，创建带有后台数据库支撑的网页已是大势所趋。在学习了 ASP 应用程序开发的基础知识后，就可以在 Dreamweaver CS6 中制作 ASP 应用程序了。本章将介绍在可视化环境下创建 ASP 应用程序的基本方法。

【学习目标】
- 掌握显示数据库记录的基本方法。
- 掌握插入、更新和删除数据库记录的方法。
- 掌握限制用户对指定页面进行访问的方法。
- 掌握用户登录和注销的基本方法。

15.1 通过浏览显示记录

在显示数据库记录时，通常需要两个页面，即主页面和详细页面。主页面列出所有记录并包含指向详细页面的链接，而详细页面则显示每条记录的详细信息。下面介绍直接通过浏览方式显示数据库记录的方法。

15.1.1 教学案例——学校论文查阅系统数据浏览

将素材文档复制到站点文件夹下，然后使用服务器技术将数据表"jyss"中的数据显示出来，当单击标题链接时能够显示详细内容，在浏览器中的显示效果如图 15-1 所示。

【操作步骤】

下面在网页文档"index.asp"中创建数据库连接。

1. 在【文件】面板中双击打开网页文档"index.asp"，选择菜单命令【窗口】/【数据库】打开【数据库】面板。在【数据库】面板中单击 ➕ 按钮，在弹出的下拉菜单中选择【自定义连接字符串】命令，打开【自定义连接字符串】对话框，并进行相应的参数设置，如图 15-2 所示。

其中，使用的连接字符串如下。

"Provider=Microsoft.Jet.OLEDB.4.0;Data Source=D:\mengxiang\datajyss\jyss.mdb"

连接成功后，可将数据库及其所在的文件夹复制到"_mmServerScripts"文件夹下，在上传远程服务器前可将其删除。如果用户的 Dreamveaver CS6 在 Windows XP 或 Windows 7 中确实创建 OLE DB 字符串数据库连接不成功，建议改用 ODBC 数据源 DSN 方式连接，如果在 Windows XP 或 Windows 7 系统中不能正常测试应用程序，建议将程序放到服务器操作系统下进行测试。

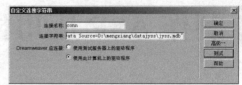

图 15-1　通过浏览显示记录　　　　图 15-2　创建数据库连接

2. 单击 确定 按钮，创建数据库连接，如图 15-3 所示。

下面创建记录集。

3. 选择菜单命令【窗口】/【绑定】，打开【绑定】面板，然后单击 按钮，在弹出的下拉菜单中选择【记录集】命令打开【记录集】命对话框，并进行相应的参数设置，如图 15-4 所示。

4. 单击 确定 按钮，创建记录集"Rs"，如图 15-5 所示。

图 15-3　【数据库】面板　　　图 15-4　【记录集】对话框　　　图 15-5　创建记录集

下面插入动态数据。

5. 将鼠标光标置于"◇"右侧的单元格内，在【绑定】面板中选中"title"，单击 插入 按钮插入动态文本。

6. 利用相同的方法将【绑定】面板中的"dateadd"插入到单元格中，如图 15-6 所示。

图 15-6　插入动态文本

下面插入重复区域。

7. 选中表格中的动态数据行，如图 15-7 所示。

图 15-7　选择动态数据行

8. 在【服务器行为】面板中单击 ➕ 按钮，在弹出的下拉菜单中选择【重复区域】命令，打开【重复区域】对话框，并进行参数设置，如图 15-8 所示。

9. 单击 确定 按钮，设置重复区域，效果如图 15-9 所示。

图 15-8　【重复区域】对话框

图 15-9　设置重复区域

下面插入记录集分页功能。

10. 选中文本"第一页"，在【服务器行为】面板中单击 ➕ 按钮，在弹出的下拉菜单中选择【记录集分页】/【移至第一条记录】命令来设置分页功能，如图 15-10 所示。

图 15-10　设置分页功能

11. 运用相同的方法依次给文本"前一页""下一页"和"最后页"分别设置"移至前一条记录""移至下一条记录"和"移至最后一条记录"功能，如图 15-11 所示。

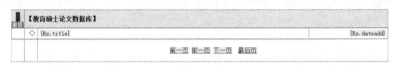

图 15-11　记录集分页

下面插入显示记录记数功能。

12. 将鼠标光标置于文本"【教育硕士论文数据库】"后面，然后选择菜单命令【插入】/【数据对象】/【显示记录记数】/【记录集导航状态】，打开【记录集导航状态】对话框，并进行参数设置，如图 15-12 所示。

图 15-12　【记录集导航状态】对话框

13. 单击 确定 按钮，插入记录记数功能，如图 15-13 所示。

图 15-13　设置记录记数功能

下面插入显示区域功能。

14. 选择嵌套表格的第 1 至 3 行，然后在【服务器行为】面板中单击 ➕ 按钮，在弹出的下拉菜单中选择【显示区域】/【如果记录集不为空则显示区域】命令，打开【如果记录集不为空则显示区域】对话框，参数设置如图 15-14 所示，然后单击 确定 按钮关闭对话框，完成"如果记录集不为空则显示区域"的设置。

15. 选择嵌套表格的第 4 行，接着在【服务器行为】面板中单击 ➕ 按钮，在弹出的下拉菜单中选择【显示区域】/【如果记录集为空则显示区域】命令，打开【如果记录集为空则显示区域】对话框，参数设置如图 15-15 所示。

图 15-14 【如果记录集不为空则显示区域】对话框   图 15-15 【如果记录集为空则显示区域】对话框

16. 单击 确定 按钮，完成"如果记录集为空则显示区域"的设置，如图 15-16 所示。

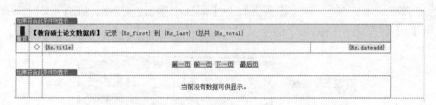

图 15-16 设置显示区域

当在网页文档"index.asp"中单击标题时，能够打开网页文档"content.asp"显示详细内容，下面需要在网页文档"index.asp"中设置传递参数。

17. 在网页文档"index.asp"中，选中动态文本"{Rs.title}"，如图 15-17 所示。

18. 在【属性（HTML）】面板中单击【链接】列表框后面的 🗀 按钮，打开【选择文件】对话框，选中文件"content.asp"，如图 15-18 所示。

图 15-17 创建记录集

19. 单击 参数... 按钮，打开【参数】对话框，在【名称】文本框中输入"id"。单击【值】文本框后面的 🖉 按钮，打开【动态数据】对话框，选择"id"，如图 15-19 所示。

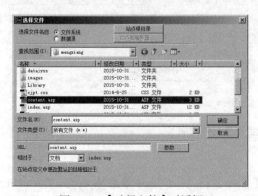 

图 15-18 【选择文件】对话框   图 15-19 【动态数据】对话框

20. 单击 确定 按钮，【参数】对话框如图 15-20 所示。

21. 单击 确定 按钮返回【选择文件】对话框，如图 15-21 所示。

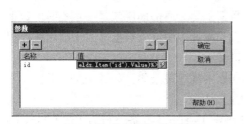

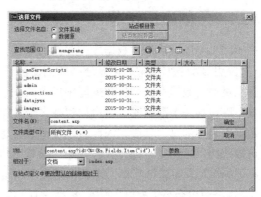

图 15-20 【参数】对话框   图 15-21 设置参数后的【选择文件】对话框

22. 单击 确定 按钮，【属性（HTML）】面板如图 15-22 所示。

图 15-22 【属性（HTML）】面板

23. 选择菜单命令【文件】/【保存】保存该文档。

下面设置网页文档"content.asp"，使其能够根据 URL 参数显示记录。

24. 打开网页文档"content.asp"，选择菜单命令【窗口】/【绑定】，打开【绑定】面板。单击 ➕ 按钮，在弹出的下拉菜单中选择【记录集】命令，创建记录集"Rs"，如图 15-23 所示。

图 15-23 创建记录集

25. 将鼠标光标置于"【 】"内，在【绑定】面板中选中"title"，单击 插入 按钮插入动态文本，然后利用相同的方法插入其他动态文本，如图 15-24 所示。

图 15-24 插入动态文本

26. 选择菜单命令【文件】/【保存】保存该文档。

15.1.2　创建记录集

由于网页不能直接访问数据库中存储的数据，而是需要与记录集进行交互。在创建数据库连接以后，要想显示数据库中的记录还必须创建记录集。记录集在 ASP 中就是一个数据库操作对象，它实际上是通过数据库查询从数据库中提取的一个数据子集，通俗地说就是一个临时的数据表。记录集可以包括一个数据库，也可以包括多个数据表，或者表中部分数据。由于应用程序很少要用到数据库表中的每个字段，因此应该使记录集尽可能小。

可以使用以下任意一种方式打开【记录集】对话框来创建记录集，如图 15-25 所示。

- 选择菜单命令【插入】/【数据对象】/【记录集】。
- 选择菜单命令【窗口】/【服务器行为】或【绑定】，打开【服务器行为】或【绑定】面板，然后单击 ❑ 按钮，在弹出的菜单中选择【记录集】命令。
- 在【插入】面板的【数据】类别中单击 🗊 记录集 按钮。

下面对【记录集】对话框中的相关参数简要说明如下。

- 【名称】：用于设置记录集的名称，同一页面中的多个记录集不能重名。
- 【连接】：用于设置列表中显示成功创建的数据库连接，如果没有则需要重新定义。
- 【表格】：用于设置列表中显示数据库中的数据表。
- 【列】：用于显示选定数据表中的字段名，默认选择全部字段，也可按 Ctrl 键来选择特定的某些字段。
- 【筛选】：用于设置创建记录集的规则和条件。在第 1 个列表中选择数据表中的字段；在第 2 个列表中选择运算符，包括 "=" ">" "<" ">=" "<=" "<>" "开始于" "结束于" 和 "包含" 9 种；第 3 个列表用于设置变量的类型；文本框用于设置变量的名称。
- 【排序】：用于设置按照某个字段 "升序" 或者 "降序" 进行排序。

单击 高级... 按钮可以打开高级【记录集】对话框，进行 SQL 代码编辑，从而创建复杂的记录集，如图 15-26 所示。

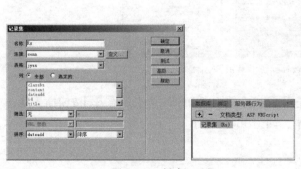

图 15-25　创建记录集

图 15-26　高级【记录集】对话框

如果对创建的记录集不满意，可以在【服务器行为】面板中双击记录集名称，或在其【属性】面板中单击 编辑... 按钮，打开【记录集】对话框，对原有设置进行重新编辑，如图 15-27 所示。

图 15-27 【属性】面板

15.1.3 动态数据

记录集负责从数据库中取出数据，如要将数据插入到文档中，就需要通过动态数据的形式。动态数据包括动态文本、动态表格、动态文本字段、动态复选框、动态单选按钮组和动态选择列表等，下面着重介绍一下动态文本。

动态文本就是在页面中动态显示的数据。插入动态文本的方法是，首先打开要插入动态文本的 ASP 文档，然后将鼠标光标置于需要增加动态文本的位置，在【绑定】面板中选择需要绑定的记录集字段，并单击面板底部的 插入 按钮，将动态文本插入到文档中，如图 15-28 所示，也可以使用鼠标光标直接将动态文本拖曳到要插入的位置。

如果需要直接插入带格式的动态文本，可以在【服务器行为】面板中单击 按钮，在弹出的下拉菜单中选择【动态文本】命令，打开【动态文本】对话框，在【域】列表框中选择要插入的字段，在【格式】下拉列表中选择需要的格式，如图 15-29 所示。如果需要对已经插入又没有设置格式的动态文本设置格式，可以在【服务器行为】面板中双击需要设置格式的动态文本，打开【动态文本】对话框再进行设置即可。

图 15-28 插入动态文本

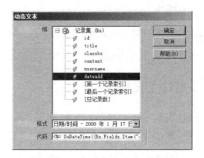

图 15-29 【动态文本】对话框

15.1.4 重复区域

只有添加了重复区域，记录才能一条一条地显示出来，否则将只显示记录集中的第 1 条记录。添加重复区域的方法是，用鼠标光标选中表格中的数据显示行，然后使用以下任意一种方式打开【重复区域】对话框，在该对话框中进行设置即可，如图 15-30 所示。

- 在【服务器行为】面板中单击 按钮，在弹出的下拉菜单中选择【重复区域】命令。

图 15-30 添加重复区域

- 选择菜单命令【插入】/【数据对象】/【重复区域】。
- 在【插入】面板的【数据】类别中单击 重复区域 按钮。

15.1.5 记录集分页

如果定义了记录集每页显示的记录数，那么实现翻页，就要用到记录集分页功能。实现记录集分页的方法是，将鼠标光标置于适当位置，然后使用以下任意一种方式打开【记录集导航条】对话框，在该对话框中进行设置即可，如图 15-31 所示。这是让系统直接自动生成分页功能，导航文本或图像不需要人为设置。

- 在【服务器行为】面板中单击 ➕ 按钮，在弹出的下拉菜单中选择【记录集分页】/【记录集导航条】或其他相应命令。
- 选择菜单命令【插入】/【数据对象】/【记录集分页】/【记录集导航条】或其他相应命令。
- 在【插入】面板的【数据】类别的记录集分页按钮组中单击  按钮或其他相应按钮。

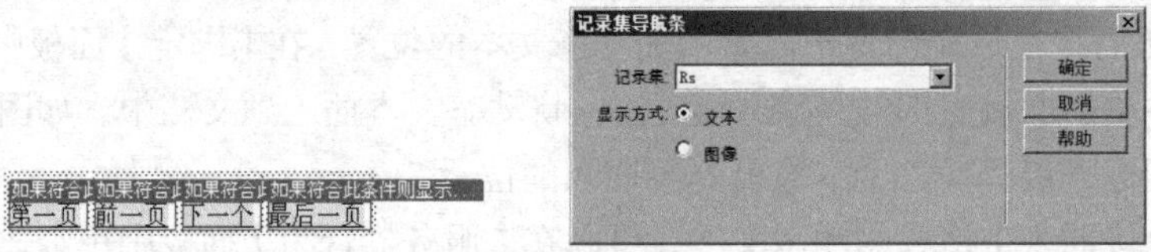

图 15-31　记录集分页

【记录集导航条】对话框中的【记录集】下拉列表将显示在当前网页文档中已定义的记录集名称，如果定义了多个记录集，在其下拉列表中将显示多个记录集名称，如果只有一个记录集，不用特意去选择。在【显示方式】选项组中，如果选择【文本】单选按钮，则会添加文字用作翻页指示；如果选择【图像】单选按钮，则会自动添加 4 幅图像用作翻页指示。

如果是自己输入导航文本或插入导航图像，分别设置导航功能，就要依次选择【移至第一条记录】、【移至前一条记录】、【移至下一条记录】、【移至最后一条记录】等功能。

15.1.6　显示记录记数

使用显示记录记数功能，可以在每页都显示记录在记录集中的起始位置以及记录的总数。设置显示记录计数的方法是，将鼠标光标置于适当位置，然后使用以下任意一种方式打开【记录集导航状态】对话框，在该对话框中进行设置即可，如图 15-32 所示。

- 选择菜单命令【插入】/【数据对象】/【显示记录计数】/【记录集导航状态】。

图 15-32　【记录集导航状态】对话框

- 在【插入】面板的【数据】类别中单击 记录集导航状态 按钮。

15.1.7　设置显示区域

可以基于记录集是否为空来指定页面中的哪些区域是显示区域，哪些区域是隐藏区域。如果记录集为空，如在未找到与查询相匹配的记录时，可以显示一条消息通知用户没有数据返回，这在创建依靠用户输入的搜索词来运行查询的搜索页时尤其有用。

设置显示区域的方法是，选中用于要显示数据的表格行，然后使用以下任意一种方式打开【如果记录集不为空则显示区域】对话框，设置要显示数据的记录集，如图 15-33 所示。

- 在【服务器行为】面板中单击 ➕ 按钮，在弹出的下拉菜单中选择【显示区域】/【如果记录集不为空则显示区域】命令。
- 选择菜单命令【插入】/【数据对象】/【显示区域】/【如果记录集不为空则显示区域】。

- 在【插入】面板的【数据】类别的显示区域按钮组中单击  按钮。

设置在没有数据的情况下显示提示文本区域的方法是，选中提示文本所在的表格行，然后使用以下任意一种方式打开【如果记录集为空则显示区域】对话框，设置要显示数据的记录集，如图 15-34 所示。

图 15-33　【如果记录集不为空则显示区域】对话框　　　图 15-34　【如果记录集不为空则显示区域】对话框

- 在【服务器行为】面板中单击 ➕ 按钮，在弹出的下拉菜单中选择【显示区域】/【如果记录集为空则显示区域】命令。
- 选择菜单命令【插入】/【数据对象】/【显示区域】/【如果记录集为空则显示区域】。
- 在【插入】面板的【数据】类别的显示区域按钮组中单击 显示区域：如果记录集为空则显示 按钮。

15.1.8　URL 参数

传递参数有 URL 参数和表单参数两种，即平时所用到的两种类型的变量 QueryString 和 Form。QueryString 主要用来检索附加到发送页面 URL 的信息。查询字符串由一个或多个"名称/值"组成，这些"名称/值"使用一个问号（？）附加到 URL 后面。如果查询字符串中包括多个"名称/值"时，则用符号（＆）将它们合并在一起。可以使用"Request.QueryString("id")"来获取 URL 中传递的变量值，如果传递的 URL 参数中只包含简单的数字，也可以将 QueryString 省略，只采用 Request ("id")的形式。

在网页文档"index.asp"中，选中动态文本"{Rs.title}"后，在【属性（HTML）】面板【链接】列表框中设置链接目标文件"content.asp"，同时打开【参数】对话框添加传递参数，这就是通常所说的 URL 参数，如图 15-35 所示。

图 15-35　创建记录集

设置传递 URL 参数还有一种更简单的方法，即选择【转到详细页面】命令，打开【转到详细页面】对话框进行参数设置。方法是，选择动态文本"{Rs.title}"，然后利用以下任意一种方法，打开【转到详细页面】对话框进行设置即可，如图 15-36 所示。

- 在【服务器行为】面板中单击 ➕ 按钮，在弹出的下拉菜单中选择【转到详细页面】命令。
- 选择菜单命令【插入】/【数据对象】/【转到】/【详细页】。
- 在【插入】面板的【数据】类别中单击 转到详细页面 按钮。

在【转到详细页面】对话框的【详细信息页】文本框中设置要链接的页面文件，在【传递 URL 参数】文本框中输入要传递的 URL 参数名称，在【记录集】和【列】下拉列表框中指定要传递到详细页的对应记录集中列的值。通常，要传递的参数值对于记录来说是唯一的，如记录的 id。【转到详细页面】功能设置完成后会出现一个围绕所选文本的特殊链接，当用户单击该链接时，【转到详细页面】服务器行为将一个包含记录 id 的 URL 参数传递到详细页。例如，如果 URL 参数的名称为 id，详细页的名称为"content.asp"，当用户单击该链接时，打开的详细页的 URL 将类似于"http://localhost:8080/content.asp?id=2"的形式。URL 的第 1 部分"http://localhost:8080/content.asp"用于打开详细页，第 2 部分"?id=2"是 URL 参数，"id"是 URL 参数的名称，"2"是 URL 参数的值，它告诉详细页要查找和显示哪个记录。记录不同，URL 参数的值也不同。

由于在网页文档"index.asp"中单击记录标题时设置了传递 URL 参数，因此在即将打开的网页文档"content.asp"中必须设置如何根据传递的 URL 参数来创建记录集，这时【记录集】对话框的【筛选】选项就起到作用了，如图 15-37 所示。前一个 id 是传递的参数名称，后一个 id 是创建的记录集中对应的列表项的名称。"="表明两个 id 必须相同才符合条件，"URL 参数"表明传递的变量类型是 URL 参数。

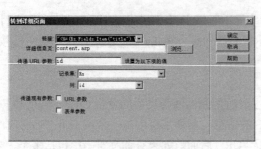

图 15-36 【转到详细页面】对话框

图 15-37 【记录集】对话框

15.2 通过搜索显示记录

在网页文档"index.asp"中，将数据表中的记录全部显示了出来，记录比较多时需要进行翻页浏览，但在数据量非常大的情况下，浏览所有记录有些不现实。在实际应用中，通常是输入检索词进行检索，如果有符合条件的记录便全部显示出来，单击这些记录中含有链接的文本便可查看详细内容，这就是所说的搜索页、结果页和详细页。下面介绍通过搜索方式显示数据库记录的方法。

15.2.1 教学案例——学校论文查阅系统数据搜索

将素材文档复制到站点文件夹下，然后使用服务器技术将数据表"jyss"中的数据通过搜索显示出来，当单击标题链接时能够显示详细内容，在浏览器中的显示效果如图 15-38 所示。

图 15-38 通过搜索方式显示记录

【操作步骤】

首先设置搜索页。

1. 在【文件】面板中双击打开网页文档"search.asp"，将鼠标光标置于表单内，然后在文档窗口底部的标签选择器中选择标签"<form>"来选定表单，如图 15-39 所示。

2. 在表单【属性】面板中的【动作】文本框中，输入将执行数据库搜索的结果页的文件名"search.asp"，在【方法】下拉列表框中选择"POST"，如图 15-40 所示。

图 15-39　选择表单　　　　　　　　　　　　图 15-40　设置表单属性

3. 最后选择菜单命令【文件】/【保存】保存文档。

下面设置结果页。

4. 打开网页文档"index.asp"并将其另存为"searchresult.asp"。

网页文档"index.asp"是第 15.1.1 节制作的显示记录的主页面，由于其中创建的记录集没有设置筛选条件，显示的是所有记录的相关列，因此将其另存为"searchresult.asp"，然后对其中的记录集设置筛选条件，就可完成结果页的设置任务，省时省力。

5. 在网页文档"searchresult.asp"中，双击【服务器行为】面板中的"记录集（Rs）"，打开【记录集】对话框，【筛选】选项设置如图 15-41 所示。

6. 单击 确定 按钮关闭对话框并保存文档。

图 15-41　【记录集】对话框

由于该结果页是由第 15.1.1 节制作的显示记录的主页修改而来，其中的详细页"content.asp"已经设置，这里不需要再重复设置。

15.2.2　表单参数

表单参数即表单变量 Form。Form 主要用来检索表单信息，该信息包含在使用 POST 方法的 HTML 表单所发送的 HTTP 请求正文中。用户可以采用"Request.Form("title")"格式语句来获取表单域中的值。

在使用表单搜索显示记录时通常需要三个页面，即搜索页、结果页和详细页。搜索页包含用户可以在其中输入搜索词的表单，尽管此页面不执行实际的搜索任务，但仍然习惯称它为"搜索页"。结果页执行大部分搜索工作，包括：（1）读取搜索页提交的搜索参数；（2）连接到数据库并查找记录；（3）使用找到的记录建立记录集；（4）显示记录集的内容。详细页，就是在结果页中单击诸如标题的链接时能够显示该记录详细内容的页面。

在搜索页、结果页和详细页三个页面之间传递参数的类型是不一样的。在搜索页和结果页之间，传递的是表单参数。在结果页和详细页之间，传递的是 URL 参数。在结果页中创建记录集时，要根据传递的表单变量进行创建。

在图 15-41 所示对话框的【筛选】部分，第 1 个下拉列表框中，选择要在其中搜索匹配记录的数据库表中的一列。例如，如果搜索页发送的值是论文题名，则需要选择与论文题名相对应的列名。在第1个下拉列表框后面的下拉列表框中选择"包含"，表示只要记录的论文题名包含用户输入的参数值即可。在第 3 个下拉列表框中选择"表单变量"，因为在搜索页"search.asp"中，表单使用的是"POST"方法。如果搜索页上的表单使用 GET 方法，这里需要选择"URL 参数"。总之，搜索页使用表单变量或 URL 参数两种方式中的一种将参数值传递到结果页。在第 4 个文本框中，输入接受搜索页上的搜索参数的表单对象的名称，这里为搜索页"search.asp"中文章题名文本框的名称"title"。

在搜索页中如果只有一个搜索参数，在 Dreamweaver CS6 中只需简单地设计页面并设置几个对话框即可完成任务。如果搜索页中有多个搜索参数，则需要在结果页中创建记录集时，通过高级【记录集】对话框编写一条复杂的 SQL 语句并为其定义多个变量。Dreamweaver CS6 将 SQL 查询插入到页面中。当该页面在服务器上运行时，会检查数据库表中的每一条记录。如果某一记录中的特定字段满足 SQL 查询条件，则将该记录包含在记录集中，SQL 查询将生成一个只包含搜索结果的记录集。

15.3　插入和编辑记录

数据库中的记录固然可以通过记录集和动态文本显示出来，但这些记录必须通过适当的方式提前添加进去，添加进去的记录有时候还需要根据情况的变化进行更新，不需要的记录还需要进行删除，这些均可以通过服务器行为来实现。

15.3.1　教学案例——学校论文查阅系统数据插入和编辑

将素材文档复制到站点文件夹下，然后使用服务器技术制作相应页面，使其分别能够向数据表"jyss"添加记录、更新记录和删除记录，在浏览器中的显示效果如图 15-42 所示。

图 15-42　插入和编辑记录

【操作步骤】

下面首先设置插入记录页面。

1. 在【文件】面板中双击打开网页文档"admin\append.asp"，如图 15-43 所示。

图 15-43　打开文档

下面创建记录集"Rsclass"，目的是为了能够在选择（列表/菜单）域中显示论文类型列表供用户选择。

2. 在【服务器行为】面板中单击 ➕ 按钮，在弹出的下拉菜单中选择【记录集】命令，创建记录集"Rsclass"，如图 15-44 所示。

3. 在文档中选择"所属类型："后面的选择（列表/菜单）域，然后在【服务器行为】面板中单击 ➕ 按钮，在弹出的下拉菜单中选择【动态表单元素】/【动态列表/菜单】命令，打开【动态列表/菜单】对话框，并设置参数，如图 15-45 所示，单击　确定　按钮关闭对话框。

图 15-44　创建记录集"Rsclass"

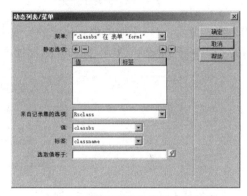

图 15-45　【动态列表/菜单】对话框

下面设置【插入记录】服务器行为。

4. 在【服务器行为】面板中单击 ➕ 按钮，在弹出的下拉菜单中选择【插入记录】命令，打开【插入记录】对话框，并进行参数设置，如图 15-46 所示。

5. 单击　确定　按钮关闭对话框，如图 15-47 所示。

图 15-46　【插入记录】对话框

图 15-47　【服务器行为】面板

6. 选择菜单命令【文件】/【保存】保存该文档。

下面设置编辑内容列表页面，管理人员从该页面可以进入更新记录页面，也可以进入删除记录页面。

7. 在【文件】面板中双击打开网页文档"admin\edit.asp"，然后创建记录集"Rs"，选定的字段名有"id""title"和"dateadd"，如图 15-48 所示。

8. 在【绑定】面板中展开记录集"Rs"，然后将字段"title"插入到"◇"右侧的单元格内，然后选中数据显示行，添加重复区域，如图 15-49 所示。

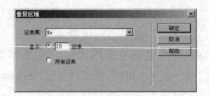

图 15-48　创建记录集　　　　　　　　图 15-49　添加重复区域

9. 给"{Rs.title}"下面的单元格内的导航文本依次添加相应的记录集分页导航功能。

10. 将鼠标光标置于"【 】"内，然后添加记录计数功能，如图 15-50 所示。

图 15-50　编辑页面

下面为文本"更新"和"删除"创建超级链接并设置传递参数。

11. 选中文本"修改"，然后在【属性】面板中单击【链接】后面的□按钮，打开【选择文件】对话框，选择文件"modify.asp"，如图 15-51 所示。

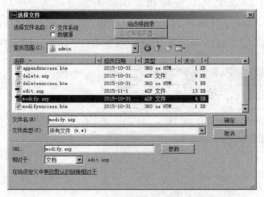

图 15-51　【选择文件】对话框

12. 单击 参数... 按钮打开【参数】对话框，在【名称】下面的文本框中输入传递参数"id"，然后单击【值】下面文本框后面的 按钮，打开【动态数据】对话框，选择记录集中的 "id"，如图 15-52 所示，然后依次单击 确定 按钮关闭所有对话框。

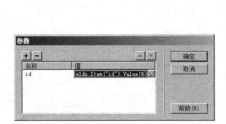

图 15-52　设置传递 URL 参数

13. 选中文本 "删除"，然后按照同样的方法设置传递的 URL 参数，如图 15-53 所示。

图 15-53　设置传递 URL 参数

14. 选择菜单命令【文件】/【保存】保存该文档。

由于在 "edit.asp" 中单击 "修改" 可以打开文档 "modify.asp" 并同时传递 "id" 参数，因此在制作 "modify.asp" 页面时，首先需要根据传递的 "id" 参数创建记录集，然后在单元格中设置动态文本字段，最后插入更新记录服务器行为，更新数据表中的字段内容。

15. 在【文件】面板中双击打开网页文档 "admin\modify.asp"，如图 15-54 所示。

图 15-54　更新页面

下面首先创建记录集 "Rsclass"，目的是为了能够在选择（列表/菜单）域中显示论文类型列表供用户选择。

16. 在【服务器行为】面板中单击 按钮，在弹出的下拉菜单中选择【记录集】命令，创建记录集 "Rsclass"，如图 15-55 所示。

17. 在文档中选择 "所属类型:" 后面的选择（列表/菜单）域，然后在【服务器行为】面板

中单击 ➕ 按钮，在弹出的下拉菜单中选择【动态表单元素】/【动态列表/菜单】命令，打开【动态列表/菜单】对话框，并设置参数，如图 15-56 所示。

图 15-55　创建记录集"Rsclass"

图 15-56　【动态列表/菜单】对话框

18. 单击 确定 按钮关闭对话框，【属性】面板如图 15-57 所示。
下面创建记录集"Rsjyss"。

19. 在【服务器行为】面板中单击 ➕ 按钮，在弹出的下拉菜单中选择【记录集】命令，创建记录集"Rsjyss"，参数设置如图 15-58 所示。

图 15-58　创建记录集"Rsjyss"

图 15-57　【属性】面板

20. 选择"论文题名："后面的文本域，然后在【服务器行为】面板中单击 ➕ 按钮，在弹出的下拉菜单中选择【动态表单元素】/【动态文本字段】命令，打开【动态文本字段】对话框，如图 15-59 所示。

21. 单击【将值设置为】文本框后面的 ✏ 按钮，打开【动态数据】对话框，展开记录集"Rsjyss"并选中"title"，如图 15-60 所示，然后依次单击 确定 按钮关闭对话框。

图 15-59　【动态文本字段】对话框

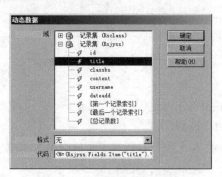
图 15-60　【动态数据】对话框

22. 选中"所属类型:"后面的选择（列表/菜单）域，然后在【属性】面板中单击 动态... 按钮，打开【动态列表/菜单】对话框，接着单击【选取值等于】文本框后面的 按钮，打开【动态列表/菜单】对话框并进行参数设置，如图 15-61 所示，最后依次单击 确定 按钮关闭对话框。

图 15-61 【动态列表/菜单】对话框

23. 选择"添加日期:"后面的文本域，然后在【服务器行为】面板中单击 按钮，在弹出的下拉菜单中选择【动态表单元素】/【动态文本字段】命令，打开【动态文本字段】对话框，单击【将值设置为】文本框后面的 按钮，打开【动态数据】对话框，展开记录集"Rsjyss"并选中"dateadd"，然后设置【格式】选项，如图 15-62 所示，最后依次单击 确定 按钮关闭对话框。

图 15-62 设置动态文本

24. 选中"内容:"后面的文本区域，运用相同的方法打开【动态文本字段】对话框，单击【将值设置为】文本框后面的 按钮，打开【动态数据】对话框，展开记录集"Rsjyss"并选中"content"，然后设置【格式】选项，如图 15-63 所示，最后单击 确定 按钮关闭对话框。

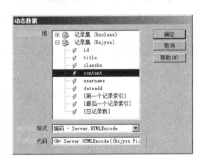

图 15-63 【动态文本字段】对话框

下面插入更新记录服务器行为。

25. 在【服务器行为】面板中单击 按钮，在弹出的下拉菜单中选择【更新记录】命令，打开【更新记录】对话框，参数设置如图 15-64 所示。

26. 单击 确定 按钮关闭对话框，然后保存文件，效果如图 15-65 所示。

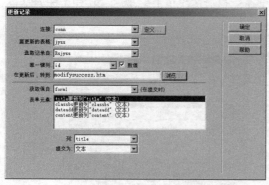

图 15-64 【更新记录】对话框

图 15-65 插入更新记录服务器行为

由于在"edit.asp"中单击"删除"文本，可以打开文档"delete.asp"。文档"delete.asp"的主要作用是，让管理人员进一步确认是否要删除所选择的记录，如果确认将进行删除操作。

27. 在【文件】面板中双击打开网页文档"admin\delete.asp"，根据从文档"edit.asp"传递过来的参数"id"创建记录集"Rsdel"，如图 15-66 所示。

28. 在【绑定】面板中展开记录集"Rsdel"，然后将鼠标光标置于"【 】"内，在【绑定】面板中选中字段"title"，单击 插入 按钮插入动态文本。

29. 在【服务器行为】面板中单击 ➕ 按钮，在弹出的下拉菜单中选择【删除记录】命令，打开【删除记录】对话框并进行参数设置，如图 15-67 所示。

图 15-66 创建记录集"Rsdel"

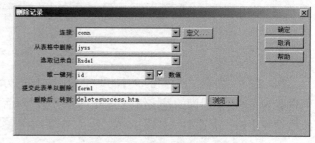

图 15-67 【删除记录】对话框

30. 单击 确定 按钮关闭对话框，然后保存文件，效果如图 15-68 所示。

图 15-68 删除内容页面

15.3.2 插入记录

使用【插入记录】服务器行为可以将记录插入到数据表中，方法是，首先需要制作一个能够输入数据的表单页面,然后使用以下任意一种方式,打开【插入记录】对话框,在该对话框中进行参数设置即可, 如图 15-69 所示。

图 15-69 【插入记录】对话框

- 选择菜单命令【插入】/【数据对象】/【插入记录】/【插入记录】。
- 在【服务器行为】面板中单击 ✚ 按钮, 在弹出的下拉菜单中选择【插入记录】命令。
- 在【插入】面板的【数据】类别中单击 插入记录 按钮。

在【连接】下拉列表中选择已创建的数据连接, 在【插入到表格】下拉列表中选择要插入记录的数据表, 在【插入后, 转到】文本框中定义插入记录后要转到的页面, 在【获取值自】下拉列表中选择表单的名称, 在【表单元素】列表框中选择相应的选项, 在【列】下拉列表中选择数据表中与之相对应的字段名, 在【提交为】下拉列表中选择该表单元素的数据类型, 如果表单元素的名称与数据库中的字段名称是一致的, 这里将自动对应, 不需要人为设置。

15.3.3　更新记录

使用【更新记录】服务器行为可以更新数据表中的记录。首先需要有一个对应的表单页面,然后需要根据传递的参数创建记录集,并通过动态表单元素将要更新的记录的字段值显示出来,最后通过插入【更新记录】服务器行为来更新数据表中的记录。动态表单对象的初始状态由服务器在页面被从服务器中请求时确定,而不是由表单设计者在设计时确定。

可以使用以下任意一种方式打开【更新记录】对话框, 如图 15-70 所示。

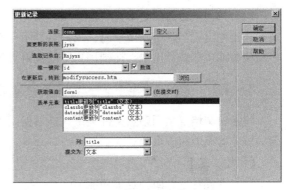

图 15-70 【更新记录】对话框

- 选择菜单命令【插入】/【数据对象】/【更新记录】/【更新记录】。
- 在【服务器行为】面板中单击 ✚ 按钮, 在弹出的下拉菜单中选择【更新记录】命令。
- 在【插入】面板的【数据】类别中单击 更新记录 按钮。

在【连接】下拉列表中选择已创建的数据连接, 在【要更新的表格】下拉列表中选择要更新记录的数据表, 在【选取记录自】下拉列表中选择用来更新记录的记录集名称, 在【唯一键列】下拉列表中选择记录集的唯一标识, 在【更新后, 转到】文本框中定义更新记录后要转到的页面, 在【获取值自】下拉列表中选择表单的名称, 在【表单元素】列表框中选择相应的选项, 在【列】下拉列表中选择数据表中与之相对应的字段名, 在【提交为】下拉列表中选择该表单元素的数据类型, 如果表单元素的名称与数据库中的字段名称是一致的, 这里将自动对应, 不需要人为设置。

15.3.4　删除记录

使用【删除记录】服务器行为可以删除数据表中的记录。首先需要有一个表单页面,至少要有一个具有"提交"功能的按钮,然后需要根据传递的参数创建记录集,最后通过插入【删除记录】服务器行为来更新数据表中的记录。

可以使用以下任意一种方式打开【删除记录】对话框，如图 15-71 所示。

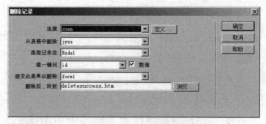

图 15-71 【删除记录】对话框

- 选择菜单命令【插入】/【数据对象】/【删除记录】。

- 在【服务器行为】面板中单击 按钮，在弹出的下拉菜单中选择【删除记录】命令。

- 在【插入】面板的【数据】类别中单击 删除记录 按钮。

在【连接】下拉列表中选择已创建的数据连接，在【从表格中删除】下拉列表中选择要删除记录的数据表，在【选取记录自】下拉列表中选择用来删除记录的记录集名称，在【唯一键列】下拉列表中选择记录集的唯一标识，在【提交此表单以删除】下拉列表中选择用来删除记录的表单名称，在【删除后，转到】文本框中定义删除记录后要转到的页面。

15.4 用户身份验证

后台管理页面通常是不允许普通用户访问的，只有管理员经过登录后才能访问，访问完毕后通常注销退出。当注册新用户时，用户名是不允许重复的。这时需要用到用户身份验证功能，用户身份验证包括登录用户、注销用户、限制对页的访问、检查新用户名等。

15.4.1 教学案例——学校论文查阅系统用户身份验证

将素材文档复制到站点文件夹下，然后使用限制对页的访问、用户登录与注销、检查新用户名等服务器设置相应页面。

【操作步骤】

首先设置登录页面的登录功能。

1. 在【文件】面板中双击打开网页文档"admin\login.asp"，然后选择菜单命令【插入】/【数据对象】/【用户身份验证】/【登录用户】，在打开的对话框中设置相关参数，如图 15-72 所示。

2. 单击 确定 按钮关闭对话框，并保存网页文档。

下面设置限制对页的访问功能。

3. 在【文件】面板中双击打开网页文档"append.asp"，通过菜单命令【插入】/【数据对象】/【用户身份验证】/【限制对页的访问】，打开【限制对页的访问】对话框。

4. 在【基于以下内容进行限制】选项中选择【用户名、密码和访问级别】，然后单击 定义… 按钮，打开【定义访问级别】对话框，添加访问级别，如图 15-73 所示。

5. 单击 确定 按钮关闭对话框，然后按住 Ctrl 键不放，在【选取级别】列表框中依次选取"1"和"2"，在【如果访问被拒绝，则转到】文本框中设置访问被拒绝时转到登录页"refuse.htm"，如图 15-74 所示。

6. 单击 确定 按钮关闭对话框，并保存网页文档。

7. 运用相同的方法依次给网页文档"modify.asp""delete.asp""reguser.asp"添加限制对页的访问功能，其中"modify.asp"访问级别为"1"和"2"，"delete.asp""reguser.asp"访问级别均为"1"。

下面设置注销功能。

8. 在【文件】面板中双击打开网页文档"append.asp"，如图 15-75 所示。

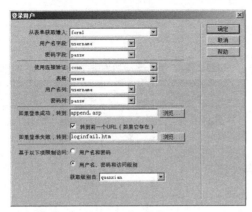

图 15-72 【登录用户】对话框

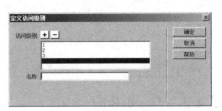

图 15-73 【定义访问级别】对话框

图 15-74 【限制对页的访问】对话框

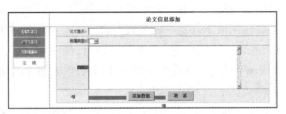

图 15-75　打开网页文档

9. 选中文本"注　销"，然后选择菜单命令【插入】/【数据对象】/【用户身份验证】/【注销用户】，打开【注销用户】对话框，并进行参数设置，如图 15-76 所示。

10. 单击 确定 按钮关闭对话框，并保存网页文档。

下面设置新用户注册检查新用户名功能。

11. 在【文件】面板中双击打开网页文档"reguser.asp"，如图 15-77 所示。

图 15-76 【注销用户】对话框

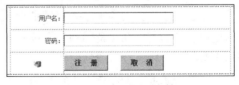

图 15-77　打开网页文档

在用户注册页面中有一个隐藏域"quanxian"，默认值是"2"，即注册的用户默认属于"管理员"级别而不是"系统员"级别，"系统员"级别对应的权限是"1"。

12. 在【服务器行为】面板中单击 ➕ 按钮，在弹出的下拉菜单中选择【插入记录】命令，打开【插入记录】对话框，参数设置如图 15-78 所示，然后单击 确定 按钮关闭对话框。

13. 在【服务器行为】面板中单击 ➕ 按钮，在弹出的下拉菜单中选择【用户身份验证】/【检查新用户名】命令，打开【检查新用户名】对话框。

14. 在【检查新用户名】对话框的【用户名字段】中选择数据表"users"中的用户名字段【username】，在【如果已存在，则转到：】文本框中设置如果用户名已存在时的提示文件，以便用户可以重新输入用户名，如图 15-79 所示。

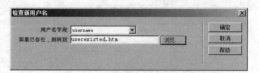

图 15-78 【插入记录】对话框   图 15-79 【检查新用户名】对话框

15. 单击 确定 按钮关闭对话框，并保存文档。

15.4.2 登录用户

页面一旦添加了限制对页的访问功能，管理员就必须通过登录才能访问这些页面，添加用户登

录服务器行为的方法是，打开要添加此功能的页面，
然后使用以下任意一种方式，打开【登录用户】对话
框，在该对话框中进行参数设置即可，如图 15-80 所示。

- 选择菜单命令【插入】/【数据对象】/【用户
身份验证】/【登录用户】。

- 在【服务器行为】面板中单击 ➕ 按钮，在弹
出的下拉菜单中选择【用户身份验证】/【登录用户】
命令。

- 在【插入】面板的【数据】类别中单击
 ▪用户身份验证：登录用户 按钮。

图 15-80 【登录用户】对话框

在【从表单获取输入】下拉列表中选择用户登录
用的表单名称，在【用户名字段】下拉列表中选择表单中的用户名文本域名称，在【密码字段】
下拉列表中选择表单中的密码文本域名称。在【使用连接验证】下拉列表中选择已创建的数据连
接，在【表格】下拉列表中选择要登录验证用的数据表，在【用户名列】下拉列表中选择数据表
中的用户名列名称，在【密码列】下拉列表中选择数据表中的密码列名称。在【如果登录成功，
转到】文本框中定义登录成功后要转到的页面，在【如果登录失败，转到】文本框中定义登录失
败后要转到的页面。如果选中【转到前一个 URL（如果它存在）】复选框，表示登录成功后转到
在登录之前访问的那个页面，而这个页面恰恰要求必须登录后才能访问。在【基于以下项限制访
问】可以设置限制访问页面的形式，其中【用户名和密码】表示只需要使用用户名和密码登录就
可以访问所有限制访问的页面，【用户名、密码和访问级】表示既需要使用用户名和密码登录，又
必须有相应的访问级别才可以访问相应限制访问的页面，此时需要设置【获取级别自】选项，即
数据表 "users" 中的访问级别字段名称。

15.4.3 注销用户

用户登录成功以后，如果要离开，最好进行用户注销。添加注销用户服务器行为的方法是，
选中提示注销的文本，然后使用以下任意一种方式，打开【注销用户】对话框，在该对话框中进
行参数设置即可，如图 15-81 所示。

● 选择菜单命令【插入】/【数据对象】/
【用户身份验证】/【注销用户】。

● 在【服务器行为】面板中单击 ✚ 按
钮，在弹出的下拉菜单中选择【用户身份验
证】/【注销用户】命令。

图 15-81　【注销用户】对话框

● 在【插入】面板的【数据】类别中单击 ⬚▾用户身份验证：注销用户 按钮。

15.4.4　限制对页的访问

通常一个管理系统的后台页面是不允
许普通用户访问的，这就要求必须对每个
页面添加限制对页的访问功能。添加限制
对页的访问服务器行为的方法是，打开要
添加此功能的页面，然后使用以下任意一
种方式，打开【限制对页的访问】对话框
进行参数设置即可，如图 15-82 所示。

图 15-82　【限制对页的访问】对话框

● 选择菜单命令【插入】/【数据对象】/【用户身份验证】/【限制对页的访问】。

● 在【服务器行为】面板中单击 ✚ 按钮，在弹出的下拉菜单中选择【用户身份验证】/【限
制对页的访问】命令。

● 在【插入】面板的【数据】类别中单击 ⬚▾用户身份验证：限制对页的访问 按钮。

在【基于以下内容进行限制】可以设置限制访问页面的形式，其中【用户名和密码】表示只
需要使用用户名和密码登录就可以访问所有限制访问的页面，【用户名、密码和访问级】表示既需
要使用用户名和密码登录，又必须有相应的访问级别才可以访问相应限制访问的页面，此时需要
设置【选取级别】选项，可以通过单击 定义… 按钮添加访问级别，这里的访问级别必须与数据表
"users" 的 "quanxian" 字段中设置的访问级别相对应。【如果访问被拒绝，则转到】文本框，用
于设置访问被拒绝时转到的页面。

15.4.5　检查新用户名

在注册新用户时，通常是不允许用户名相同的，这就要求在注册新用户时能够检查用户名在
数据表中是否已经存在。添加检查新用户
服务器行为的方法是，打开用户注册的页面，然
后使用以下任意一种方式，打开【检查新用户
名】对话框，在该对话框中进行参数设置即可，
如图 15-83 所示。

图 15-83　【检查新用户名】对话框

● 选择菜单命令【插入】/【数据对象】/
【用户身份验证】/【检查新用户名】。

● 在【服务器行为】面板中单击 ✚ 按钮，在弹出的下拉菜单中选择【用户身份验证】/【检
查新用户名】命令。

● 在【插入】面板的【数据】类别中单击 ⬚▾用户身份验证：检查新用户名 按钮。

在【用户名字段】下拉列表中选择数据表中的用户名字段，在【如果已存在，则转到】文本
框中设置当该用户名在数据表中已存在时应转到的页面，该页面主要起到提示用户的作用。

习　题

一、问答题

1. 记录集的作用是什么？

2. 显示记录通常会用到哪些服务器行为？

3. 传递参数时经常用到哪两种类型的变量？

二、操作题

制作一个简单的新闻管理系统，要求管理员具有添加、修改和删除新闻的权限，非管理员只有浏览新闻的权限。

第16章
网站制作综合实训

经过网页设计与制作基本知识的系统学习,现在读者可以尝试设计和制作一个完整的网站了。本章将以一个中小企业网站为例,简要说明建设一个网站的基本流程,具体包括网站规划、页面设计、页面制作等内容。

【学习目标】
- 掌握网站规划的基本知识。
- 掌握网站设计的基本原则。
- 掌握网站页面制作的基本方法。

16.1　网站规划

在设计和制作网站之前,首先要对网站进行基本的规划,明确网站建设目标、内容组成和风格特点,然后据此进行页面布局设计,最后使用相关工具进行页面制作。

16.1.1　网站建设目标

企业网站是企业在互联网上进行网络营销和形象宣传的平台,相当于企业的网络名片。企业网站不但可以帮助企业树立的良好的外部形象,还可以帮助企业实现资讯发布以及产品宣传、展示和销售等任务。作为一个中小型企业,建设网站的目标应该包括用户能够了解公司的基本概况信息、企业产品信息,能够通过网站订购产品,并通过网站向企业进行信息反馈等。当然,复杂的企业网站,实现的目标还要更多。

16.1.2　网站栏目和风格

浏览企业网站的群体通常都是企业的一些客户或潜在客户,因此网站的内容或者说网站栏目应该考虑以下几个方面:企业概况、新闻资讯、产品展示、服务支持、交流社区、联系我们等。在设计页面时,网站主页面1个,二级页面包括企业概况、新闻资讯、产品展示、服务支持、交流社区、联系我们等6个。当然,复杂的网站一级栏目也许会更多,名称也不是完全一样,而且一级栏目下还会有二级栏目,二级栏目下可能还会有三级栏目。也就是说,网站的栏目会有多个层次,这也习惯称为网站的逻辑结构。对应网站的逻辑结构,可能还会有相应的多个文件夹,用来保存相应的栏目内容,这习惯称为网站的物理结构。实际上,一个网站下会包含很多文件夹,甚至还会嵌套多层子文件夹。

本网站是一个企业网站，以企业宣传和产品展示为主，属于信息型的企业网站。网站页面配色以暖色调为主，营造一种温馨、舒适的视觉效果。在页面结构上体现大方、简洁的风格，迎合用户倾向简单、舒适的心理。

16.2　网站页面设计

网站规划完毕后，在进入网站页面制作之前还需要考虑两个基本问题，即网站素材的准备和页面布局的方式。

16.2.1　素材准备

网站素材可以简单的分为两类，一类是网站本身装饰用的素材，起页面点缀的作用，如背景图像、线条等；另一类是网站内容方面的，包括与网站内容密切相关的文本、图像、动画等，这是网站本身要传递的信息素材。网站素材的来源基本上也可以分为两种，一种通过互联网等途径进行搜集，然后根据需要再对这些素材进行加工处理，变成自己网站需要的内容；另一种就是自己进行原创，包括文本、图像、动画等。作为一个企业网站，要把网站建设需要的素材准备好，特别是网站 logo 等具有特殊意义的图像。

16.2.2　页面设计

在网站素材准备好以后，就可以进行页面设计了，包括页面内容的布局方式以及页面布局使用的技术等。在本例中，主页面和二级页面均使用"上中下"三字型布局结构，顶部左侧是网站标识区，右侧是导航区；中间部分是主体内容区，根据实际需要再具体进行内容区域划分；底部左侧仍为导航区，右侧为版权页区，如图 16-1 所示。在网站页面布局技术上，页面主体部分将使用目前流行的 CSS+Div 布局技术，页面的局部区域将根据需要充分发挥传统表格布局技术的优势，适当使用表格进行布局。

网站主页面最终效果如图 16-2 所示。

图 16-1　页面布局

图 16-2　主页面效果

本网站设计的二级页面有多个，其中产品展示页面，效果如图 16-3 所示。

交流社区页面，效果如图 16-4 所示。

图 16-3　产品展示页面

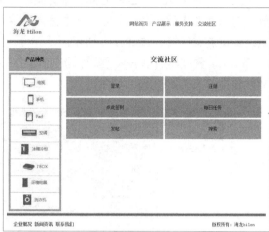

图 16-4　交流社区页面

其他二级页面大同小异，这里不再一一展示。

16.3　网站页面制作

网站素材准备好了，网站页面布局明确了，接下来就可以进行页面制作了。

16.3.1　主页面制作

主页面总体上主要由页眉、主体和页脚 3 部分构成，在 Dreamweaver CS6 中的效果如图 16-5 所示。下面进行主页面的制作。

图 16-5　主页面

【操作步骤】

1. 在 Dreamweaver CS6 中创建站点。

（1）在硬盘上创建文件夹"hilon"，然后将素材文档复制到该文件夹下。

（2）启动 Dreamweaver CS6，选择菜单命令【站点】/【新建站点】，在打开的【站点设置对象】对话框的【站点名称】文本框中输入文本"海龙"，在【本地站点文件夹】选项中单击 ![]按钮设置站点文件夹，如图 16-6 所示。

（3）设置完毕后单击 保存 按钮关闭对话框，此时【文件】面板显示了"海龙"站点内的文件和文件夹，如图 16-7 所示。

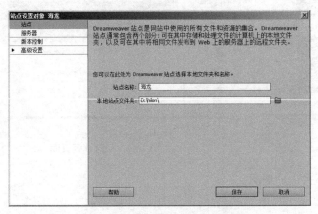

图 16-6 【站点设置对象】对话框

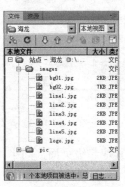

图 16-7 【文件】面板

2. 创建主页文档。

（1）选择菜单命令【文件】/【新建】创建一个空白网页文档，然后将网页保存在站点下，文件名为"index.htm"。

（2）选择菜单命令【修改】/【页面属性】，打开【页面属性】对话框，在【外观（CSS）】分类的中，设置页面字体为"宋体"，文本大小为"14px"，页边距均为"0"，如图 16-8 所示。

（3）在【标题/编码】分类中，设置浏览器标题为"海龙 Hilon"，如图 16-9 所示，然后单击 确定 按钮关闭对话框。

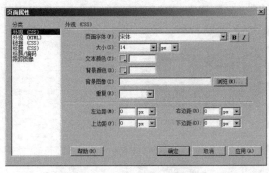

图 16-8 【页面属性】对话框

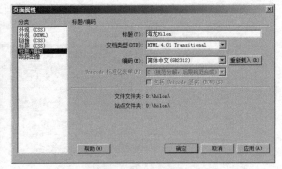

图 16-9 【标题/编码】分类

3. 设置页眉部分。

（1）将鼠标光标置于页面中，选择菜单命令【插入】/【布局对象】/【Div 标签】，打开【插入 Div 标签】对话框，在【插入】下拉列表框中选择"插入点"，在【ID】列表框中输入 Div 标签的 ID 名称"container"，如图 16-10 所示。

（2）单击 新建 CSS 规则 按钮，打开【新建 CSS 规则】对话框，在【选择器名称】文本框中自动出现了 ID 样式名称"#container"，在【规则定义】下拉列表框中选择"（新建样式表文件）"，如图 16-11 所示。

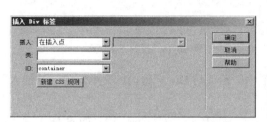

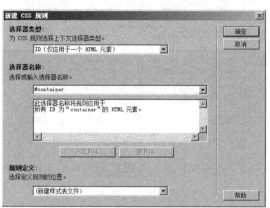

图 16-10　【插入 Div 标签】对话框　　　　　图 16-11　【新建 CSS 规则】对话框

（3）单击 确定 按钮，打开【将样式表文件另存为】对话框，在【文件名】文本框中输入样式表名称"hilon"，如图 16-12 所示。

（4）单击 保存(S) 按钮，打开【#container 的 CSS 规则定义】对话框，在【方框】分类中设置方框宽度为"800px"，左右边界均为"auto"，如图 16-13 所示。

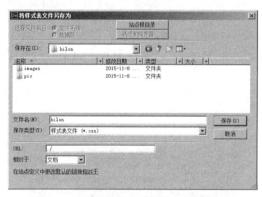

图 16-12　【将样式表文件另存为】对话框　　　　图 16-13　设置【方框】分类

（5）单击 确定 按钮返回【插入 Div 标签】对话框，再次单击 确定 按钮，在文档窗口中插入 ID 名称为"container"的 Div 标签，如图 16-14 所示。

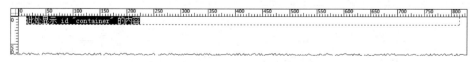

图 16-14　插入 Div 标签

（6）将 Div 标签内的文本删除，然后在其中插入 ID 名称为"logo"的 Div 标签，并创建 ID 名称样式"#logo"，保存在样式表文件"hilon.css"中，如图 16-15 所示。

（7）单击 确定 按钮，在打开的【#logo 的 CSS 规则定义】对话框中，设置宽度为"130px"，浮动为"left"，如图 16-16 所示。

图 16-15　创建 ID 名称样式 "#logo"　　　　　　　　图 16-16　设置方框宽度

（8）连续两次单击 确定 按钮关闭所有对话框，然后将 Div 标签内的文本删除，并插入图像文件 "images/logo.jpg"，如图 16-17 所示。

（9）在 Div 标签 "logo" 后面继续插入一个 Div 标签，ID 名称为 "nav-1"，如图 16-18 所示。

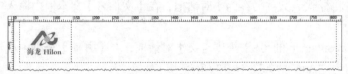

图 16-17　插入图像　　　　　　　　　图 16-18　【插入 Div 标签】对话框

（10）单击 新建 CSS 规则 按钮，创建 ID 名称样式 "#nav-1"，设置行高为 "100px"，文本对齐方式为 "center"，方框宽度和高度分别为 "580px" 和 "100px"，浮动为 "right（右对齐）"，如图 16-19 所示。

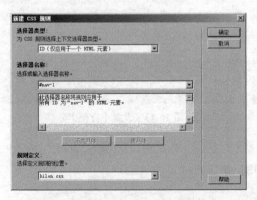

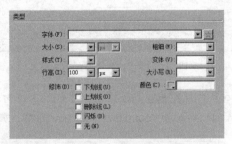

图 16-19　创建 ID 名称样式 "#nav-1"

（11）连续两次单击 确定 按钮关闭所有对话框，然后将 Div 标签内的文本删除，并输入相应的文本，如图 16-20 所示。

图 16-20　输入文本

（12）在 Div 标签 "nav-1" 后面继续插入一个 Div 标签，ID 名称为 "linetop"，如图 16-21 所示。

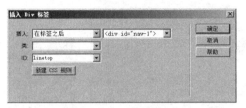

图 16-21　【插入 Div 标签】对话框

（13）单击 新建 CSS 规则 按钮，在【新建 CSS 规则】对话框中创建 ID 名称样式 "#linetop"，单击 确定 按钮，在打开的【#linetop 的 CSS 规则定义】对话框中，设置背景图像为 "images/line.jpg"，重复方式为 "repeat-x"，方框高度为 "10px"，清除方式为 "both"，如图 16-22 所示。

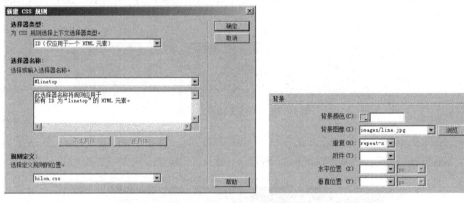

图 16-22　创建 ID 名称样式 "#linetop"

（14）连续两次单击 确定 按钮关闭所有对话框，然后将 Div 标签内的文本删除，效果如图 16-23 所示。

图 16-23　页眉效果

4. 设置主体部分。

（1）在 Div 标签"linetop"后面继续插入一个 Div 标签，ID 名称为"content"，如图 16-24 所示。

（2）单击 新建 CSS 规则 按钮，创建 ID 名称样式 "#content"，设置文本对齐方式为"center"，如图 16-25 所示。

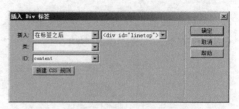

图 16-24 【插入 Div 标签】对话框

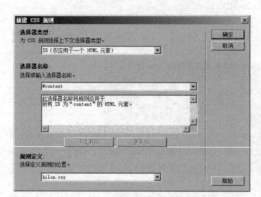

图 16-25 创建 ID 名称样式"#content"

（3）连续两次单击 确定 按钮关闭对话框，然后将 Div 标签内的文本删除，并插入一个 1 行 2 列的表格，表格宽度为"100%"，间距为"5"，填充和边框均为"0"，【属性】面板如图 16-26 所示。

图 16-26 表格【属性】面板

（4）将左侧单元格的水平对齐方式设置为"居中对齐"，宽度设置为"50%"然后插入 SWF 动画文件"pic/hilon.swf"，效果如图 16-27 所示。

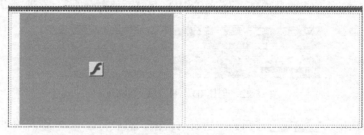

图 16-27 插入 SWF 动画

（5）将右侧单元格的水平对齐方式设置为"居中对齐"，垂直对齐方式设置为"顶端"，然后插入一个 2 行 1 列的嵌套表格，表格宽度为"96%"，间距为"5"，填充和边框均为"0"。

（6）将嵌套表格两个单元格的水平对齐方式均设置为"居中对齐"，将第 2 个单元格的高度设置为"70"，然后在第 1 个单元格插入图像"pic/tonghua.jpg"，在第 2 个单元格输入文本，并将其应用"标题 3"格式，如图 16-28 所示。

图 16-28　设置图像和文本

（7）在最外层表格的后面再插入一个 2 行 3 列的表格，表格宽度为"100%"，填充为"2"，间距为"5"，边框为"0"，如图 16-29 所示。

图 16-29　表格【属性】面板

（8）将第 1 行单元格的水平对齐方式设置为"左对齐"，背景颜色设置为"#FFAC68"，并将第 1 个单元格和第 3 个单元格的宽度均设置为"200"，然后输入相应的文本，如图 16-30 所示。

图 16-30　输入文本

（9）将第 2 行单元格的垂直对齐方式设置为"顶端对齐"，然后在左侧单元格中插入一个 4 行 2 列的表格，表格宽度为"100%"，填充和边框均为"0"，间距为"1"，并设置所有单元格的水平对齐方式均为"左对齐"，单元格宽度和高度分别为"50%"和"50"，最后在单元格中依次插入图像"pic/ch01.jpg"～"pic/ch08.jpg"，如图 16-31 所示。

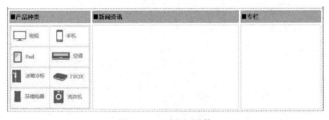

图 16-31　插入图像

（10）在中间单元格中插入一个 7 行 2 列的表格，宽度为"100%"，填充和边框均为"0"，间距为"5"，设置第 1 列单元格的水平对齐方式均为"右对齐"，宽度和高度分别为"30"和"20"，设置第 2 列单元格的水平对齐方式均为"左对齐"，并输入相应文本，如图 16-32 所示。

图 16-32　输入文本

（11）在右侧单元格中插入一个3行1列的表格，表格宽度为"100%"，填充和边框均为"0"，间距为"5"，并设置所有单元格的水平对齐方式均为"居中对齐"，高度均为"50"，然后依次插入图像"pic/r1.jpg""pic/r2.jpg""pic/r3.jpg"，如图16-33所示。

5. 设置页脚部分。

（1）在Div标签"content"后面继续插入一个Div标签，ID名称为"linefoot"，如图16-34所示。

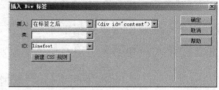

图16-33　主体部分效果　　　　　　图16-34　【插入Div标签】对话框

（2）单击 新建 CSS 规则 按钮，创建ID名称样式"#linefoot"，设置背景图像为"images/line.jpg"，重复方式为"repeat-x"，方框高度为"10px"，如图16-35所示。

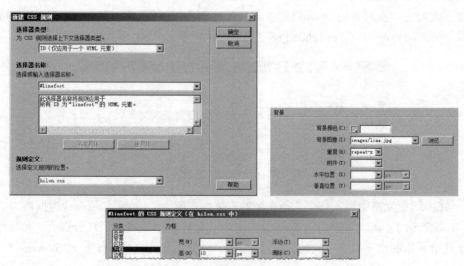

图16-35　创建ID名称样式"#linefoot"

（3）连续两次单击 确定 按钮关闭所有对话框，然后将Div标签内的文本删除，如图16-36所示。

图16-36　横线效果

（4）在 Div 标签 "linefoot" 后面继续插入一个 Div 标签，ID 名称为 "nav-2"，如图 16-37 所示。

（5）单击 新建 CSS 规则 按钮，创建 ID 名称样式 "#nav-2"，设置行高为 "50px"，方框宽度和高度分别为 "550px" 和 "50px"，浮动方式为 "left"，清除方式为 "both"，左填充为 "20px"，如图 16-38 所示。

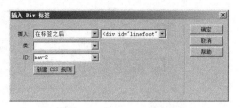

图 16-37 【插入 Div 标签】对话框

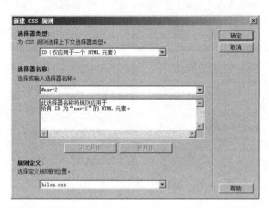

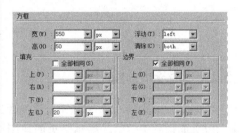

图 16-38　创建 ID 名称样式 "#nav-2"

（6）连续两次单击 确定 按钮关闭所有对话框，然后将 Div 标签内的文本删除，并输入相应的文本，如图 16-39 所示。

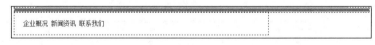

图 16-39　输入相应的文本

（7）在 Div 标签 "nav-2" 后面继续插入一个 Div 标签，ID 名称为 "copyright"，如图 16-40 所示。

（8）单击 新建 CSS 规则 按钮，创建 ID 名称样式 "#copyright"，设置行高为 "50px"，文本对齐方式为 "center"，方框宽度和高度分别为 "200px" 和 "50px"，浮动方式为 "right"，如图 16-41 所示。

图 16-40 【插入 Div 标签】对话框

（9）连续两次单击 确定 按钮关闭所有对话框，然后将 Div 标签内的文本删除，并输入相应的文本，如图 16-42 所示。

（10）最后保存文档。

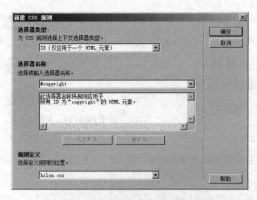

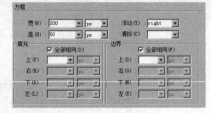

图 16-41　创建 ID 名称样式"copyright"

图 16-42　页脚效果

16.3.2　二级页面制作

作为一个网站，二级页面数量相对较多，这里首先创建二级页面模板，然后通过二级页面模板来创建二级页面，其中"产品展示"页面在浏览器中的显示效果如图 16-43 所示。下面进行二级页面模板和相应页面的制作。

图 16-43　"产品展示"页面

【操作步骤】

1. 制作二级页面模板。

（1）将主页文档"index.htm"另存为"index2.htm"，然后将页面中的 Div 标签"content"内的内容全部删除，并在 Div 标签"content"内插入一个 2 行 2 列的表格，属性设置如图 16-44 所示。

图 16-44　表格属性设置

（2）将表格第 1 行两个单元格的水平对齐方式设置为"居中对齐"，并将左侧单元格的宽度和高度分别设置为"150"和"30"，背景颜色设置为"#FFAC68"，然后输入相应文本。

（3）将第 2 行两个单元格的垂直对齐方式设置为"顶端"，并将左侧单元格的背景颜色设置为"#FFAC68"，右侧单元格的水平对齐方式设置为"左对齐"。

（4）在第 2 行左侧单元格中插入一个 8 行 1 列的表格，表格宽度为"100%"，填充和边框均为"0"，间距为"1"，并将所有单元格的背景颜色设置为"#FFFFFF"，然后在单元格中依次插入图像"pic/ch01.jpg"～"pic/ch08.jpg"，如图 16-45 所示。

（5）选择菜单命令【文件】/【另存为模板】，打开【另存模板】对话框，在【站点】下拉列表框中选择"海龙"，在【另存为】文本框中输入"subindex"，单击 保存 按钮，弹出信息提示对话框，单击 是(Y) 按钮，将网页文档"index2.htm"另存为模板"subindex.dwt"，如图 16-46 所示。

（6）将鼠标光标置于右侧上边的单元格中，然后选择菜单命令【插入】/【模板对象】/【可编辑区域】，打开【新建可编辑区域】对话框，在【名称】文本框中输入"标题"，如图 16-47 所示，单击 确定 按钮完成可编辑区的设置，然后对单元格中的标题文本应用"标题 2"格式。

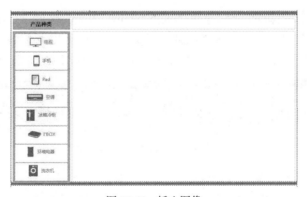

图 16-45　插入图像

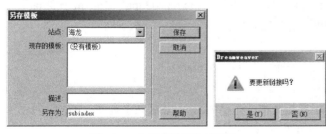

图 16-46　【另存模板】对话框

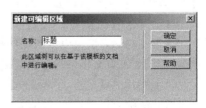

图 16-47　【新建可编辑区域】对话框

（7）运用同样的方法，在右侧下边的单元格中插入名称为"内容"的可编辑区域，然后创建复合内容的 CSS 样式"td p"，设置行高为"22px"，上下边界均为"0"，页面效果如图 16-48 所示。

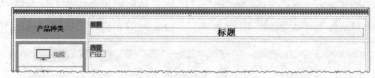

图 16-48　插入可编辑区域

（8）保存模板文档。

2．通过二级页面模板制作相应的二级页面。

（1）选择菜单命令【文件】/【新建】，打开【新建文档】对话框，单击左侧【模板中的页】，在【站点】列表中选择"海龙"，在【站点"海龙"的模板】列表中选择"subindex"，如图 16-49 所示。

图 16-49　【新建文档】对话框

（2）单击 创建(R) 按钮新建一个由模板"subindex.dwt"生成的网页，然后保存为"chanpin.htm"。

（3）将可编辑区域"标题"内的初始文本修改为"产品展示"，接着将可编辑区域"内容"中的初始文本删除，然后插入一个 4 行 2 列的表格，属性设置如图 16-50 所示。

图 16-50　表格属性设置

（4）将所有单元格的水平对齐方式均设置为"居中对齐"，将第 1 行两个单元格的宽度均设置为"50%"，然后在第 1 行第左侧单元格插入图像"pic/new01.jpg"，在其下面单元格中输入相应的说明文本。

（5）运用相同的方法依次在其他单元格中插入图像"pic/new02.jpg""pic/new03.jpg"和"pic/new04.jpg"，并在图像下面单元格中输入相应的说明文本，如图 16-51 所示。

（6）保存网页文档。

根据相同的方法可以依次创建其他二级页面，这里不再详细赘述。

3．设置主页文档中的超级链接。

（1）打开主页文档"index.htm"，选中导航文本"产品展示"，然后在【属性（HTML）】面板中设置其链接目标文件为"chanpin.htm"，如图 16-52 所示。

（2）运用同样的方法，依次给导航文本"网站首页""服务支持""交流社区""企业概况""新闻资讯""联系我们"设置超级链接目标文件，效果如图 16-53 所示。

图 16-51　插入图像　　　　　　　　　　图 16-52　设置超级链接

图 16-53　设置超级链接

（3）保存主页文档。

4．设置二级页面文档中的超级链接。

（1）打开二级页面模板文档"subindex.dwt"，选中导航文本"网站首页"，在【属性（HTML）】面板中设置超级链接目标文件为"index.htm"。

（2）运用同样的方法，依次给其他导航文本设置超级链接目标文件，然后保存模板文档，更新二级页面后完成二级页面的超级链接设置。

5．设置超级链接状态。

（1）在【CSS 样式】面板中单击 按钮，打开【新建 CSS 规则】对话框，在【选择器类型】下拉框中选择"复合内容（基于选择内容）"，在【选择器名称】下拉文本框中输入".nav a:link,.nav a:visited"，在【规则定义】下拉列表框中选择"hilon.css"，单击 确定 按钮，打开【.nav a:link,.nav a:visited 的 CSS 规则定义】对话框，【类型】分类参数设置如图 16-54 所示。

图 16-54　创建复合内容的 CSS 样式".nav a:link,.nav a:visited"

（2）继续创建一个复合内容的 CSS 样式".nav a:hover"，用来设置导航文本链接在鼠标悬停时的颜色，参数设置如图 16-55 所示。

6. 应用超级链接 CSS 样式。

（1）在主页文档"index.htm"中，选择 Div 标签"nav-1"，并在【属性（HTML）】面板的【类】下拉列表中选择"nav"，如图 16-56 所示，运用同样的方法选择 Div 标签"nav-2"，并在【属性（HTML）】面板的【类】下拉列表中选择"nav"。

图 16-55　创建复合内容的 CSS 样式 ".nav a:hover"

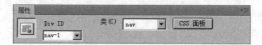

图 16-56　应用 CSS 样式

（2）在网页模板文档"subindex.dwt"中，依次选择 Div 标签"nav-1"和"nav-2"，并分别在【属性（HTML）】面板的【类】下拉列表中选择"nav"。

7. 最后保存所有打开的网页文档。

习　　题

操作题

自行确定一个网站主题并搜集素材，然后设计和制作主页面和二级页面。

参考文献

1. 王君学. 从零开始 Dreamweaver CS6 中文版基础培训教程. 北京：人民邮电出版社，2015.
2. 修毅. 网页设计与制作 Dreamweaver CS6 标准教程（第 2 版）. 北京：人民邮电出版社，2015.
3. 孙海艳. 中文版 Dreamweaver CS6 入门与提高. 北京：人民邮电出版社，2014.
4. 刘贵国. Dreamweaver CS6+ASP 动态网站开发完全学习手册. 北京：清华大学出版社，2014.